应对全球气候变化
关键技术专利分析

中国科学技术信息研究所　著

科学技术文献出版社
SCIENTIFIC AND TECHNICAL DOCUMENTATION PRESS
·北京·

图书在版编目（CIP）数据

应对全球气候变化关键技术专利分析 / 中国科学技术信息研究所著. —北京：科学技术文献出版社，2018.7
ISBN 978-7-5189-2637-4

Ⅰ. ①应… Ⅱ. ①中… Ⅲ. ①气候变化—专利—研究—世界 Ⅳ. ① P467 ② G306.3

中国版本图书馆 CIP 数据核字（2017）第 093631 号

应对全球气候变化关键技术专利分析

策划编辑：周国臻　　责任编辑：赵　斌　　责任校对：文　浩　　责任出版：张志平

出　版　者　科学技术文献出版社
地　　　址　北京市复兴路15号　邮编 100038
编　务　部　(010) 58882938，58882087（传真）
发　行　部　(010) 58882868，58882870（传真）
邮　购　部　(010) 58882873
官 方 网 址　www.stdp.com.cn
发　行　者　科学技术文献出版社发行　全国各地新华书店经销
印　刷　者　北京地大彩印有限公司
版　　　次　2018 年 7 月第 1 版　2018 年 7 月第 1 次印刷
开　　　本　710 × 1000　1/16
字　　　数　246千
印　　　张　16
书　　　号　ISBN 978-7-5189-2637-4
定　　　价　98.00元

版权所有　违法必究

购买本社图书，凡字迹不清、缺页、倒页、脱页者，本社发行部负责调换

《应对全球气候变化关键技术专利分析》编写组

组　　长：佟贺丰　郑　佳

撰写人员：雷孝平　贠　强　杜艳艳　孟　浩　周肖贝
杨冠灿　刘润生　陈　亮　张　静　刘　琳
龚春红　张丽娟　谷峻战

前　言

专利既是技术创新活动中重要的制度安排，又是创新过程的重要产出。开展应对气候变化技术专利分类体系研究，并进行相关关键技术的产出对比研究，有助于我国在该领域的科技管理和技术研发工作。本课题作为国家科技支撑计划项目“气候变化国际谈判与国内减排关键支撑技术研究与应用”的第9课题“我国应对气候变化科技发展的关键技术研究”的重要研究内容，基于专利分析技术和工具，对全球范围内的减缓与适应技术进行了对比分析。

在课题开展过程中，每年都会对一些重点技术领域的全球技术发展态势和政策出台趋势进行跟踪研究，并从专利角度做出领域分析与监测报告。本书是使用该技术方法最后形成的课题最终总报告基础上形成的。系统梳理了课题开展过程中取得的一系列成果，并进行了相对完整的关键技术分析，每部分的技术发展态势分析既有国内外出台的一些重要技术与产业政策，又有各国最新的技术进展。另外就是从专利角度进行的技术分析，以期对国内的应对气候变化关键技术研发与管理工作提供一些帮助。

在课题开展过程中，得到了科技部社会发展司、中国21世纪议程管理中心、中国科学技术交流中心的大力帮助，在此表示感谢。佟贺丰、孟浩和郑佳负责课题的统筹和最终报告的组织，佟贺丰、郑佳、孟浩、雷孝平、贠强、杜艳艳、周肖贝等分别负责各章节的撰写，刘润生、刘琳、龚春红、张丽娟、谷峻战等提供了大量国外的技术发展跟踪报告，杨冠灿、陈亮、张静等提供了专利数据与平台的支撑。在此一并表示感谢。

因课题要求，成书时间较短，内容多有不完善之处，错误也在所难免，敬请读者谅解并指出。

佟贺丰

目　录

1 基于专利分析的技术发展态势分析基础

1.1 应对气候变化技术专利分类体系

专利，是专利权的简称。专利既是技术创新活动中重要的制度安排，又是创新过程的重要产出。专利与技术创新的关系十分密切，是世界上最大的技术信息源。开展应对气候变化技术专利分类体系研究，有助于我国在该领域的科技管理和技术研发工作。应对气候变化技术专利分类体系的构建，一是为用户创建了方便气候变化相关专利申请及信息获取的便捷通道，二是有利于对其提供法律保护，鼓励技术创新，促进新技术的商业化，三是为构建专门专利数据库提供了便捷高效的选择，有助于开展后续的专利信息分析服务。利用专利信息服务，在气候变化技术研发领域可以起到保护自己、打击对手、支撑创新、规避风险的作用。

1.1.1 专利信息分析与技术创新密切相关

专利信息是以专利文献为主要内容或依据，经分解、加工、标引、统计、分析、整合和转化等信息化手段处理，并通过各种信息化方式传播而形成的与专利有关的各种信息的总称。根据世界知识产权组织（WIPO）统计，有效运用专利信息，可缩短60%的研发时间，并可节约40%的研发经费。

通过定性和定量的分析方法对专利信息进行加工、整理和分析，可以反映技术发展现状、挖掘研发热点、预测发展趋势、扫描创新资源、揭示竞争对手的技术实力与战略布局，从而为国家制定产业政策，为创新主体把握特定技术研发投资方向、寻找合适的战略合作伙伴等提供依据。同时，在专利分析的基础上，对可能发生的重大专利争端和可能产生风险或危害的程度进行预测，并根据风险程度的不同及时向有关政府部门、行业组织、企业决策层发出警示预报。实现专利预警的管理体制和运作程序共同构成了专利预警机制，避免陷入专利争端的风险，减少不必要的损失。

1.1.2 应对气候变化技术研发事关经济社会发展全局

气候变化是涉及社会、能源、经济、环境和科技等多方面的复杂系统，科技是应对气候变化的关键手段。世界各国都非常重视利用科技应对气候变化，纷纷提出应对气候变化的科技战略、政策和计划，投入巨额经费资助相关科学研究和技术开发，不断提高本国应对气候变化的科技能力。

我国在应对气候变化技术方面在国际上处于相对落后的位置。韩国科学技术企划评价院2014年的研究报告指出，韩国的主要绿色技术水平不到世界顶尖技术的80%，落后4.1年，而中国还落后韩国2.1年左右。美国、欧盟和日本占有世界最先进的技术，其中，27个重点绿色技术领域的顶尖技术多数掌握在美国手中，接下来是欧盟和日本。131种战略产品和服务中，美国拥有67项，欧盟拥有46项，日本拥有18项。韩国和中国没有掌握最先进技术。报告预测，到2014年，中国与世界顶尖技术的差距有望从2011年的6.2年缩短到4.2年。我国在追赶国外应对气候变化技术方面，面临着极大的专利壁垒，发达国家已经在这些领域全面领先。

1.1.3 构建气候变化技术专利分类体系是研发工作的重要支撑

气候变化技术专利分类体系是开展相关专利分析的基础。应对气候变化对于各国都是全新的课题，相关的技术分类体系十分缺乏，应对气候变化技术种类众多，急需构建应对气候变化技术的专利分类体系。

发达国家已经开始开展相关专利分类体系的构建工作。简单来说，应对气候变化技术可以分为适应技术和减缓技术，大多数国家关注的是气候变化减缓技术的专利分类体系，即所谓“绿色”技术的分类体系。目前，包括美国专利与商标局（USPTO）、欧洲专利局（EPO）和世界知识产权组织（WIPO）等在内的世界各主要知识产权机构和组织均在建立专门的气候变化减缓专利数据库方面展开了积极的探索和努力。英国知识产权局于2009年1月率先正式提出创建专门的气候变化减缓技术专利分类的建议，并于2010年4月，公布其“环境友好型”技术（EST）专利分类索引体系建立计划报告，将EST专利分为七大类（核能发电、可替代能源、交通运输、能源存储、污染控制、固体废物管理，以及EST规则、设计或教育），共计179个子类和细类。美国专利与商标局于2009年6月正式推出“环境友好型”技术专利分类索引。该EST专利分类基于现有通用的专利分类体系，是在不改变已有分类标准的基础上，专门针对应对气候变化相关技术的特定专利群的重组，以此作为EST专利分类的指导原则。该分类索引是目前基于国际专利分类（IPC分类）体系的气候变化减缓技术专门分类体系的范本之一。该EST专利分类将所有与应对气候变化有关的专利划分为五大类（可替代能源，能源存储，环境友好型农业，环境净化、保护或修复，以及EST相关规则、设计或教育），共74个子类和细类。USPTO在其网站为EST专利分类号创建了完整链接，可以迅速而方便地使用户直接通过链接最终获取相关专利数据。由此，USPTO已经基于美国专利分类和国际专利分类标准构建起了专门的有关应对气候变化的EST专利数据库。欧洲专利局主持的，由欧洲专利局审查员研究的新的清洁能源专利分类体系在2010年完成。在该分类体系下，清洁能源技术相关的YO2分类，包括YO2C（温室气体的捕获、封存、利用或处理）和YO2E（涉及能源生产、传输和配送的温室气体减排技术）。

通过应对气候变化专利分类体系，有助于分析我国在相关领域的技术发展态势与情况。从技术发展的角度看，气候减缓技术专利数据库的建立，有利于应对气候变化的环境友好型技术知识信息及“绿色技术”理念的传播，有助于用户和产业界准确了解和把握相关技术的研发现状及发展动向，进而有益于气候变化减缓技术的推广与转化，促进其完善和进步；基于政策发展的角度，气候减缓技术专利数据库的建立，有助于推动基于证据的有关气候变化问题的国际谈判，为气候变化问题的讨论和政府的相关决策制定提供客观的数据基础，从而对在全球范围内就气候变化问题达成统一共识及技术转让的政策框架产生积极影响。目前，国内尚无统一的有关应对气候变化专利技术的专门分类体系，同时根据现有专利分类体系，应对气候变化相关专利分散于众多技术领域，除通过具体的功能或应用外，缺乏有效识别应对气候变化相关专利的手段。这种现状有碍于应对气候变化相关技术的专利申请，同时也不利于公众对相关技术信息及知识的获取，更加不利于通过专利分析，评估我国相关领域的技术发展态势与情况，以及进行相关的技术引进与转让。

1.1.4 相关政策建议

（1）构建我国应对气候变化技术专利分类体系

建议我国相关机构尽快组织力量，形成研究团队，建成适合我国应对气候变化技术研发体系的专利分类体系。建议可将IPC分类体系作为研究的基础，结合关键词进行分类体系开发。分类体系形成后，尽快向社会公布和推广，使之成为全社会广泛认可并使用的标准。

（2）将专利信息服务嵌入政府应对气候变化科技计划管理过程

加强应对气候变化科技计划管理过程中的专利信息服务。建立以专利信息为辅助的信息保障和决策支持体系，持续跟踪和分析国内外应对气候变化技术领域的发展状况，为关键技术决策提供参考。可采取以下措施提高对专利信息的使用：

第一，在科技计划的规划制定阶段，有针对性地开展专利战略分析；

第二，专业机构提供的专利分析报告作为科技计划项目立项的重要依据；

第三，建立面向气候变化关键技术领域的专利信息保障体系。

（3）建设具有自主知识产权的深加工专利信息资源

建立面向气候变化研发的统一的专利信息资源加工规范，建立和完善公益性的专利信息资源。

第一，增加专利信息资源的覆盖面：目前，国内的专利信息服务一般仅限于“七国两组织”的专利信息，与气候变化谈判涉及的主要国家不一致。因此，应尽可能广泛覆盖主要气候变化谈判国家，为创新主体和科技管理部门提供全面的专利信息参考。

第二，加强专利信息资源加工的数据融合程度：专利信息是一种复合型信息资源，其内容不仅涉及技术、法律、经济等方面，专利信息本身也与科技信息的其他载体，如科技论文、商情信息等具有千丝万缕的联系。因此，在信息的组织方法上要突破知识产权局面向专利申请、查询等事务性服务的资源组织方式，加强专利信息与其他资源的融合程度，以期从更为丰富的角度为应对气候变化技术研发提供信息支撑。

1.2 气候变化减缓技术 IPC 代码分类

根据国外最新的研究进展，综合国内的发展实际，本课题将气候变化减缓技术分为可替代能源生产，能源存储，环境净化、保护或修复，交通运输及环境友好型农业五大部分，并且从 IPC 分类号的角度，提出了每个技术领域及其相关子技术对应的相关代码类别或技术关键词（表 1 –1 至表 1 –5）。

表 1 –1 可替代能源生产领域相关代码类别或技术关键词

技术 1	风力
IPC 号码	F03D *
备选 IPC	B60L 8/ * 、H02K 7/18、B63B 35/ * 、E04H 12/ * 、B60K 16/ * 、B63H 13/ *
关键词	(wind * power *) or (wind * turbin *) or (wind * -power *) or (wind energy)
技术 2	太阳能
子技术 2.1	太阳能电池（材料、电池及模块）
IPC 号码	H01L 31/04 * 、H01L 31/ * 、H01L 31/05 * 、H01L 27/142、H02N 6/ *
备选 IPC	H01L 25/ * 、H01L 31/052、E04D 13/18、H01L 31/18、H01L 33/ * 、H01G 9/20、H01L 25/03、H01L 25/16、H01L 25/18、C01B 33/02、C23C 14/14、C23C 16/24、C30B 29/06、G05F 1/67、F21L 4/ * 、F21S 9/03、H02J 7/35、H01G 9/20、H01M 14/ *
关键词	(solarcell or (solar cell *) or solar-cell * or photovoltaic * or ((solar or photo * or PV or sun) adj (light or cell or batter * or panel or module *)))
子技术 2.2	太阳热能收集器
IPC 号码	F24J 2/ * 、F03G 6/ *
备选 IPC	G02B 5/10、H01L 31/052
关键词	CSP or (concentrate * or collect *) and solar
子技术 2.3	太阳能热利用
IPC 号码	F03G 6/ * 、C02F 1/14、F26B 3/28
备选 IPC	F03G 6/06、E04D 13/ * 、E04D 13/18、F02C 1/05、F22B 1/ * 、F24C 9/ * 、F24H 1/ * 、F24J 2/02、F24J 3/ * 、F25B 27/ * 、H01L 31/058

续表

关键词	((solar * or sun *) and (heat * or thermal or accumulate * or power or generat * or warm * or boiler * or building or system or house or hot or boiling))
技术 3	地热能源
IPC 号码 备选 IPC 关键词	F24J 3/08、F03G 4/ *、F24J 3/ * F03G 7/ *、F03G 7/04、F24J 3/06、F01K 23/10、F01K 27/ *、F01K 25/ *、F24F 5/ *、F25B 30/06 geothermal hydrothermal (geo * earth * magma ground underground terrestrial lake pond water (hot adj water) hydro rock brine * steam) adj3 (heat source resource power thermal electric * resource energy system)
技术 4	海洋能源
子技术 4.1 IPC 号码 备选 IPC 关键词 子技术 4.2 IPC 号码 备选 IPC 关键词	潮汐或波浪发电 E02B 9/08、F03B 13/1 *、F03B 13/2 * E02B 9/ *、F03B 13/ *、E02B 9/0 * tidal * or tide * or seawater or (sea adj water) or ocean * or wave * or bollow * or offshore * or onshore * or duck * or float * 海洋热能转换 F03G 7/05 F03G 7/ * tidal * or tide * or seawater or (sea adj water) or ocean * or wave * or bollow * or offshore * or onshore * or duck * or float *
技术 5	水力
IPC 号码 备选 IPC 关键词	(E02B 9/ * not E02B 9/08)、(F03B 3/ *、F03B 7/ *、F03B 13/06、F03B 13/08、F03B 13/ *、F03B 17/06) not (F03B 13/1 *、F03B 13/2 *) F03B 15/ *、F03B 17/ *、F03B 1/ *、F03B 13/02、F03B 7/ *、F16H 41/ *、H02K 57/ *、F01B 25/ * hydropower or hydroelectric or hydro-electr * or hydro-power or water-power * or waterpower * or flow or fluid or fluidpressure or (fluid adj pressure) or dam or hydro * or water * or river or drainag * or float * or hydraulic * or buoyancy or tunnel or pump or ((pelton or turgo or ossberger or fransis or kaplan or tubular or bulb or rim) adj (turbine))

续表

技术 6	生物能源
IPC 号码	C10L 5/4 * 、C10L 5/ * 、C10B 53/02、C10L 9/ * 、C10L 1/ * 、C10L 1/02、C10L 1/14、C02F 3/28、C02F 11/04、C10L 3/ * 、C12M 1/107、C12P 5/02、C12N 1/13、C12N 1/15、C12N 1/21、C12N 5/10、C12N 15/ * 、A01H * 、A01K 67/027、A01K 67/033
备选 IPC	F02B 43/08、C10L 1/19、C11C 3/10、C12P 7/64、C07C 67/ * 、C07C 69/ * 、C12N 9/24、C12P 7/06、C12P 7/14
关键词	biomass or bio-mass or Bio-recycling or Biological * or biorefinery or ((bio * or organic * or wood or (sugar adj (cane or beet)) or corn or pulp or rape or palm or wast * or ((organic or bio or living) adj2 (waste or substance * or material or resource * or source * or sludge *)) or ((Vegitable or mineral or used or wast *) adj (Oil or fuel))) adj3 (mass or recycl * or energy or fuel or power or oil or generat * or regenerat * or refin *))
技术 7	废料变能源
IPC 号码	B09B3/ * 、F27D 17/ * 、B09B 1/ * 、B09B 5/ *
备选 IPC	
关键词	
子技术 7.1	农业废物
IPC 号码	C05F 17/ * 、C10L 5/ * 、C10L 5/42、C10L 5/44
备选 IPC	C10J 3/02、C10J 3/46
关键词	(field * or garden * or wood * or crop * or agricultur *) and (wast * or residu *)
子技术 7.2	化学废物
IPC 号码	B09B 3/ * 、F23G 7/ *
备选 IPC	
关键词	Chemical and wast *
子技术 7.3	工业废物
IPC 号码	C10L 5/48、C21B 5/06、D21C 11/ * 、A62D 3/02、C02F 11/04、C02F 11/14、F23G 7/10、F23G 7/ *
备选 IPC	F23G 5/ *
关键词	Industrial and wast *

续表

子技术 7.4	医院废物
IPC 号码	B09B 3/ * 、C10L 5/48
备选 IPC	F23G 5/ *
关键词	Hospital and wast *
子技术 7.5	垃圾堆填沼气
IPC 号码	B09B 3/ *
备选 IPC	B01D 53/02、B01D 53/04、B01D 53/047、B01D 53/14、B01D 53/22、B01D 53/24
关键词	Landfill gas *
子技术 7.6	市政废物
IPC 号码	C10L 5/46
备选 IPC	F23G 5/ *
关键词	Municipal wast *
技术 8	燃料电池
IPC 号码	H01M 8/ * 、H01M 12/ *
备选 IPC	H01M 4/ * 、H01M 4/86、H01M 4/88、H01M 4/9 * 、H01M 2/ * 、H01M 2/02、H01M 2/04、H01M 12/ *
关键词	fuel-cell * or fuel-batter * or （fuel and cell * ） or （fuel and batter * ）
子技术 8.1	质子交换膜燃料电池
IPC 号码	H01M 8/ * 、H01M 12/ *
备选 IPC	H01M 4/ * 、H01M 4/86、H01M 4/88、H01M 4/9 * 、H01M 2/ * 、H01M 2/02、H01M 2/04、H01M 12/ *
关键词	（fuel-cell * or fuel-batter * or （fuel and cell * ） or （fuel and batter * ）） and （PEM or PEMFC or polymer * or （（proton or ion） and （exchang * ）） and membrane）
子技术 8.2	固体氧化物燃料电池
IPC 号码	H01M 8/ * 、H01M 12/ *
备选 IPC	H01M 4/ * 、H01M 4/86、H01M 4/88、H01M 4/9 * 、H01M 2/ * 、H01M 2/02、H01M 2/04、H01M 12/ *
关键词	（fuel-cell * or fuel-batter * or （fuel and cell * ） or （fuel and batter * ）） and （SOFC * or solidoxide * or （solid and oxid * ） or zirconium or ZrO * ）

续表

子技术 8.3	熔融碳化物燃料电池
IPC 号码	H01M 8/＊、H01M 12/＊
备选 IPC	H01M 4/＊、H01M 4/86、H01M 4/88、H01M 4/9＊、H01M 2/＊、H01M 2/02、H01M 2/04、H01M 12/＊
关键词	(fuel-cell＊ or fuel-batter＊ or (fuel and cell＊) or (fuel and batter＊)) and (MCFC or ((molten or melt＊) and (carbonat＊)))
子技术 8.4	其他类型的燃料电池
IPC 号码	H01M 8/＊、H01M 12/＊
备选 IPC	H01M 4/＊、H01M 4/86、H01M 4/88、H01M 4/9＊、H01M 2/＊、H01M 2/02、H01M 2/04、H01M 12/＊
关键词	(fuel-cell＊ or fuel-batter＊ or (fuel and cell＊) or (fuel and batter＊)) and ((potassium and hydroxide) or phosphoric＊ or (phosphoric and acid) or (liquid and phosphoric＊) or ((direct) and (methanol or oxidation)) or alkaline or DMFC or AFC or PAFC)
技术 9	整体煤气化联合循环
IPC 号码	C10L 3/＊、F02C 3/28

表 1-2　能源存储领域相关代码类别或技术关键词

技术 1	热能存储
IPC 号码	F24H 7/＊、C09K 5/＊、F28D 20/＊、F28D 20/02
备选 IPC	E04B 1/74、E04B 2/＊
关键词	thermal＊ and storage
技术 2	电能存储
IPC 号码	B60K 6/28、B60W 10/26、H01M 10/44、H01M 10/46、H01G 9/155、H02J 3/28、H02J 7/＊、H02J 15/＊
备选 IPC	
关键词	electrical and Storage
技术 3	电力供应线路
IPC 号码	H02J 9/＊
备选 IPC	
关键词	

续表

技术 4	电力消耗测度
IPC 号码	B60L 3/ * 、G01R *
备选 IPC	
关键词	Measurement of electricity consumption
技术 5	低能照明（如 LED、OLED、PLED）
IPC 号码	F21K 99/ * 、F21L 4/02、H01L 33/ * 、H01L 51/5 * 、H05B 33/ *
备选 IPC	
关键词	Low and （energy or light * ）
技术 6	建筑保温
IPC 号码	E04B 1/62、E04B 1/74、E04B 1/76、E04B 1/78、E04B 1/80、E04B 1/88、E04B 1/90、E04C 1/40、E04C 1/41、E04C 2/284、E04C 2/288、E04C 2/292、E04C 2/296
备选 IPC	
关键词	Therm * and insulat * and （build * or construct * or house * ）
技术 7	机械能恢复
IPC 号码	F03G 7/08、B60K 6/10、B60K 6/30、B60L 11/16
备选 IPC	
关键词	Recover * and （mechanical energy）

表 1－3　环境净化、保护或修复领域相关代码类别或技术关键词

技术 1	生物降解
IPC 号码	C08L 101/16
备选 IPC	
关键词	
技术 2	碳捕集与封存
IPC 号码	B01D 53/14、B01D 53/22、B01D 53/62、B01D 53/73、B65G 5/ * 、C01B 31/20、E21B 41/ * 、E21B 43/16、E21F 17/16、F25J 3/02
备选 IPC	
关键词	Carbon and （capture or storage）

续表

技术 3	空气质量管理
IPC 号码	B01D 53/ * 、F01N 3/ * 、F02B 75/10、C21C 5/38、C10B 21/18、F23B 80/02、F23C 9/ * 、F23G 7/06、F01N 9/ * 、B01D 45/ * 、B01D 46/ * 、B01D 47/ * 、B01D 49/ * 、B01D 50/ * 、B01D 51/ * 、B03C 3/ * 、C21B 7/22、F27B 1/18、F27B 15/12、C10L 10/02、C10L 10/06、F23J 7/ * 、F23J 15/ * 、C09K 3/22、G08B 21/12
备选 IPC	
关键词	(air or (waste and gase *)) and (treat * or manag *)
技术 4	水污染控制
IPC 号码	B63J 4/ * 、C02F * 、C05F 7/ * 、C09K 3/32、B63B 35/32、E02B 15/04、E03C 1/12、C02F 1/ * 、C02F 3/ * 、C02F 9/ * 、E03F *
备选 IPC	
关键词	(water and pollut *) and (control * or manag *)
技术 5	核泄漏防污染装置
IPC 号码	G21C 13/10
备选 IPC	
关键词	

表 1－4　交通运输领域相关代码类别

技术 1	陆地交通工具
IPC 号码	B60L 8/ * 、B60K 16/ *
子技术 1.1	替代能源交通工具
IPC 号码	B60L 8/ * 、B60L 9/ * 、B60L 11/18
子技术 1.2	降阻
IPC 号码	B62D 35/ *
子技术 1.3	人力交通工具
IPC 号码	B62M *
子技术 1.4	混合动力交通工具
IPC 号码	B60K 6/ * 、B60K 6/20、B60W 20/ *
子技术 1.5	铁路交通工具
IPC 号码	B61C 1/ *

续表

子技术 1.6	道路设计
IPC 号码	E01C 1/ *
技术 2	波能驱动艇发动机
IPC 号码	B63H 19/02
技术 3	风能驱动艇发动机
IPC 号码	B63H 13/ *
技术 4	风能驱动轮船
IPC 号码	B63H 9/ *

表 1-5　环境友好型农业领域相关代码类别

技术 1	污染减轻、土壤保持
IPC 号码	B63B 35/32、E02B 15/04、E02D 3/ *
子技术 1.1	动物废物处理或再循环
IPC 号码	（C05F 1/ * AND C05F 3/ * ）、A01K 1/01，B09B *
子技术 1.2	化肥替代品（如堆肥）
IPC 号码	C05F * 、C05G *
子技术 1.3	杀虫剂替代品（如综合性害虫防治）
IPC 号码	A01N 61/ * 、A01N 63/ * 、A01N 65/ *
技术 2	水保持
IPC 号码	E02D 3/ * 、E02B 11/ * 、E02B 13/ * 、C02F *
子技术 2.1	替代灌溉技术
IPC 号码	E02D 3/ * 、E02B 11/ * 、E02B 13/ * 、A01G 25/ * 、A01G 27/ *
技术 3	植物细胞、细胞系或植物
IPC 号码	A01H 1/ * 、A01H 5/ * 、C12N 5/04
子技术 3.1	抗除草剂、抗虫害或致死性
IPC 号码	A01H * 、C12N *
子技术 3.2	物种转化、细胞融合、基因转变过程
IPC 号码	C12N 15/ *
技术 4	产量增加
IPC 号码	A01G * 、C05 * 、C09K 17/ *

新一轮金融危机引发了全球性的对“高碳经济”的反思和对气候变化问题的再度关注，“绿色新政”理念应运而生，世界各国纷纷将经济复苏寄希望于应对气候变化的“能源革命”和“绿色技术”的开发。以推出一系列气候变化相关政策及法案、专利制度改革及绿色能源领域巨额税收优惠计划为标志，美国已经率先开始利用知识产权武器，维护其在气候变化技术领域的优势地位，抢占新的制高点。欧盟也启动了相关专利制度改革及知识产权对于气候变化技术发展作用的研究行动。

本书拟通过德温特创新索引数据库（DII）、汤森路透数据分析软件（TDA）、中国科学技术信息研究所专利分析数据库（ISTIC），对全球四大知识产权机构，即世界专利组织（WIPO）、美国专利与商标局（USPTO）、欧洲专利局（EPO）、日本专利局（JPO），以及澳大利亚、中国、德国、英国、法国等国家和地区的气候变化相关专利进行统计分析，揭示目前国际气候变化专利技术的发展态势，以及我国在该领域的技术发展现状及其同其他国家和地区之间的差距。

2 全球气候变化技术发展态势的宏观分析

2.1 全球气候变化专利分析

进入21世纪以来，全球范围内气候变化相关专利申请呈现快速发展的态势。专利与技术创新的关系十分密切，专利转化后，一方面可以为应对气候变化做出巨大社会贡献，另一方面可以带来巨大的经济效益。虽然我国近年来应对气候变化相关专利数量增长较快，但在海外布局较少。美国等发达国家（地区）在应对气候变化高技术领域的知识产权采取了强保护的态度，并且出台了一系列相关措施，因此我国应该提前布局，为气候变化“绿色技术”专利申请和绿色产业发展做好应对。

20世纪90年代以来，全球关于气候变化的专利获得授权的数量呈明显上升趋势。从德温特专利数据库中，以“climat *”为关键词检索到1963年至今（检索时间为2015年6月2日）关于气候变化的授权专利共16 133件。1986—2000年，有4057件专利公开；2001—2015年，有14 268件专利公开（由于专利从申请、公开到收录入数据库需要一定的时间，所以2014年和2015年数据不全）。21世纪最初15年授权专利总数比20世纪最后15年增长了2倍多，2013年达到峰值。这些已公开的专利优先权年分布情况如图2-1所示。

根据专利累计增长分析，可将整个专利技术研发发展历程划分为3个主要阶段：第一阶段即20世纪90年代以前，为技术研发起步阶段，此阶段专利数量有限；第二阶段即20世纪90年代，为技术研发稳步发展阶段，专利数量稳步上升；第三阶段即进入21世纪以来，为技术研发快速增长期，专利数量保持较快增长。2014年和2015年专利数量急剧下降，是由于专利从申请、公开到收录入数据库一般需要十几个月的时间，因此这两年数据不全。

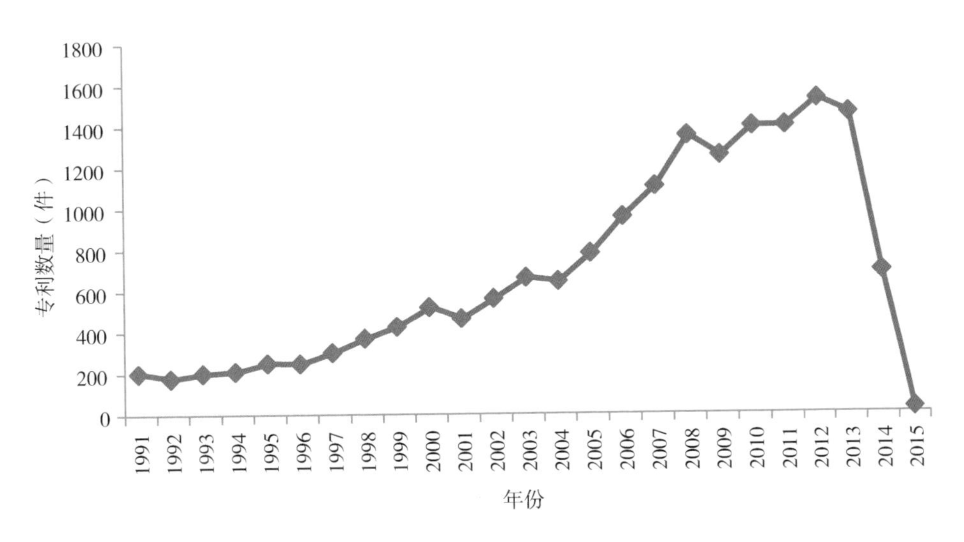

图 2－1　1991—2015 年国际气候变化专利的年度分布

对国际气候变化专利作为专利优先权[①]基础的在先申请即其首次提出专利申请的国家（优先权国）和日期（优先权年）进行分析。根据专利优先权的数量，可将相应的国家（地区）分为3个梯队（图2－2）：第一梯队为

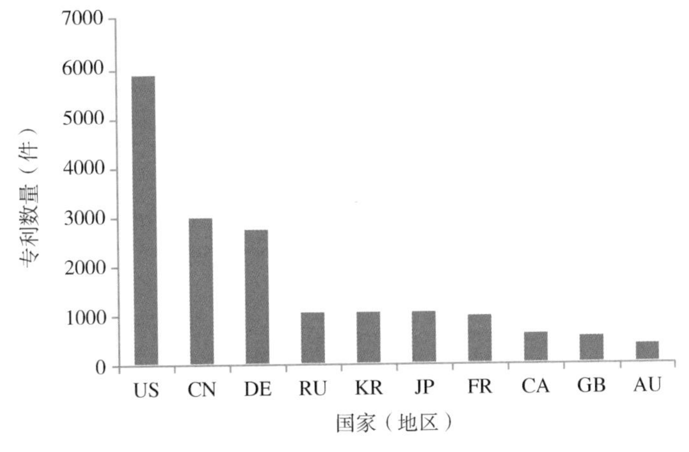

图 2－2　国际气候变化专利优先权国家（地区）分布[②]

① 专利优先权：按照《保护工业产权巴黎公约》，在缔约国提出专利申请时，专利申请人有权要求将首次申请日期作为其后同一主题申请专利的日期。首次申请日期称为优先权日。设立优先权日的意义在于为专利新颖性和创造性的判断提供时间基准，避免因专利保护的地域性导致专利权人相关权益受损。

② 为简化图表，本书图表中的国家（地区）统一使用英文字母缩写，如 TW 表示中国台湾地区。

美国、中国和德国，为气候变化相关优先权专利的首要拥有国家；第二梯队为俄罗斯、韩国、日本和法国；第三梯队为加拿大、英国和澳大利亚。

优先权专利数量排名前 10 位的国家（地区），在 1986—2000 年与 2001—2015 年 2 个时间段内的份额变化情况如图 2 - 3 所示。从图中可见，最近 15 年优先权国为美国、中国、韩国和加拿大的专利数量所占比例增幅明显，表明这些国家近年来很重视气候变化方面专利技术的研发。德国、俄罗斯、日本、法国和英国所占份额有下降趋势，表明其专利数量虽也在增加，但增长速度不及前者。澳大利亚所占份额保持不变。值得注意的是，中国的增幅最为明显，在全球的比重由 2000 年前仅占 1%，飞速上升到 21%，表明中国近 15 年非常重视气候变化技术研发和相关专利申请，同时也说明中国在全球气候变化领域扮演着越来越重要的角色。

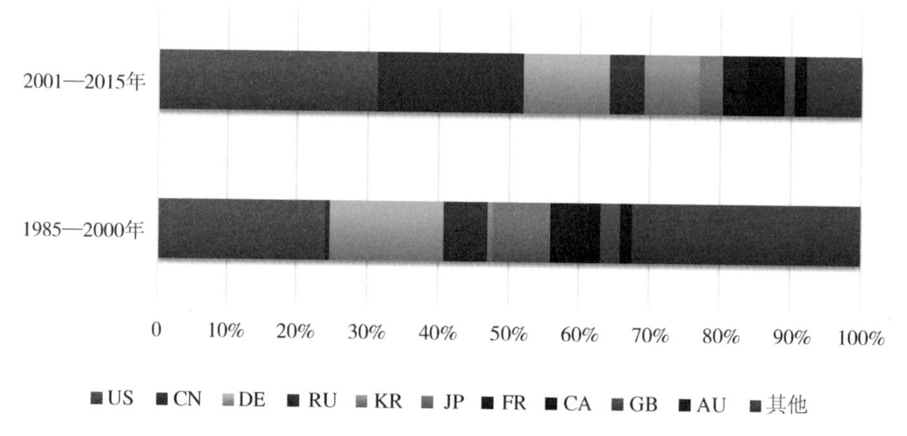

图 2 - 3　主要优先权国家（地区）气候变化相关专利份额的变化情况

对 1991—2015 年气候变化专利数量较多的国家（地区）进行分析（图 2 - 4），结果显示中国、俄罗斯要求本国优先权的专利数量明显多于要求外国优先权的专利数量，表明中国和俄罗斯关于气候变化的专利主要源自本土技术，对国外市场布局较弱；日本要求本国优先权的专利数量稍多于要求外国优先权的专利数量；而美国、德国、韩国、法国、加拿大、英国、澳大利亚要求本国优先权的专利数量明显少于要求外国优先权的专利数量，也许可以说明这些国家在全球有较好的布局。

同族专利的地理分布状况即某发明创造寻求专利保护的国家分布情况，由此可以看出其开拓市场的地理分布，从而发现该发明创造寻求商业利益的市场趋向，反映其潜在的国际技术市场和在全球的经济势力范围。主要

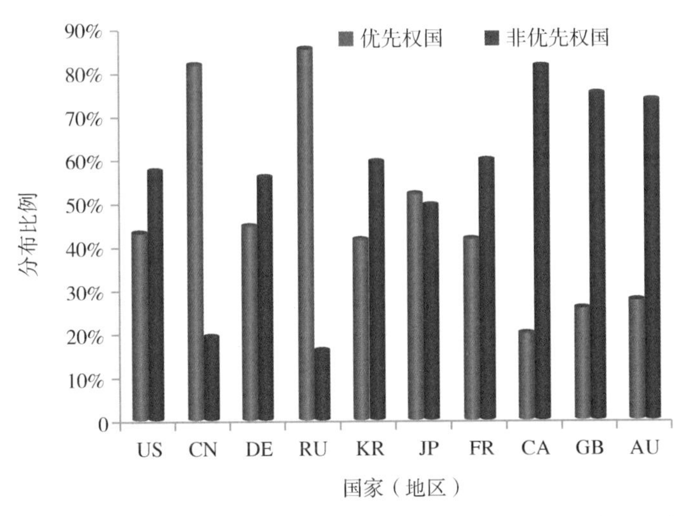

图2－4　主要国家（地区）气候变化相关专利本国及国外优先权分布比例

国家（地区）都在积极寻求他国保护以开拓国际市场。总体上，欧美国家的专利族分布范围比较广，以美国为代表的传统发达国家除在欧洲、加拿大、澳大利亚、日本等经济发达国家（地区）开展商业活动寻求经济利益外，尤其积极加强开拓中国、韩国、墨西哥、印度、巴西等新兴国家市场。亚洲国家的专利族分布范围相对较窄，日本、韩国等在国际气候变化科技市场上已占据一席之地，中国在开拓相关国际市场方面还有待提高。

我国气候变化科技相关专利在国外申请专利族保护的数量近年来呈上升趋势，但与科技发达的欧美国家相比还存在较大差距（图2－5）。美国、

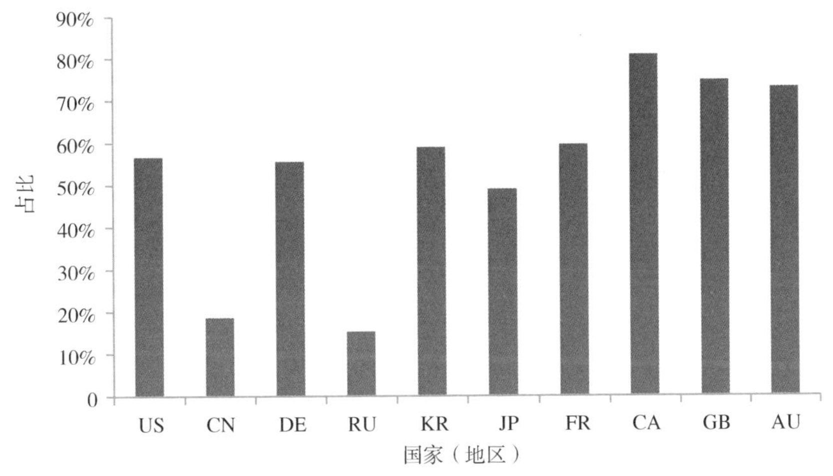

图2－5　主要优先权国家（地区）的国外专利族所占比例

德国、韩国、法国、加拿大、英国和澳大利亚气候变化相关专利在国外申请专利族保护的比例高达50%以上，日本接近50%，中国约为20%。我国相关技术开拓国际市场的能力还有待进一步提高。

基于国际专利分类（IPC），国际上关于气候变化的专利主要集中在空气调节、农林种植、交通运输工具的热交换及通风、电数字数据处理、加热及制冷系统等技术领域（图2－6）。需要指出的是，同一件专利有可能同时归属于不同IPC分类，按照国际专利分类统计出来的专利总量会超过实际专利总量，所以图2－6为各类技术相对比例示意。

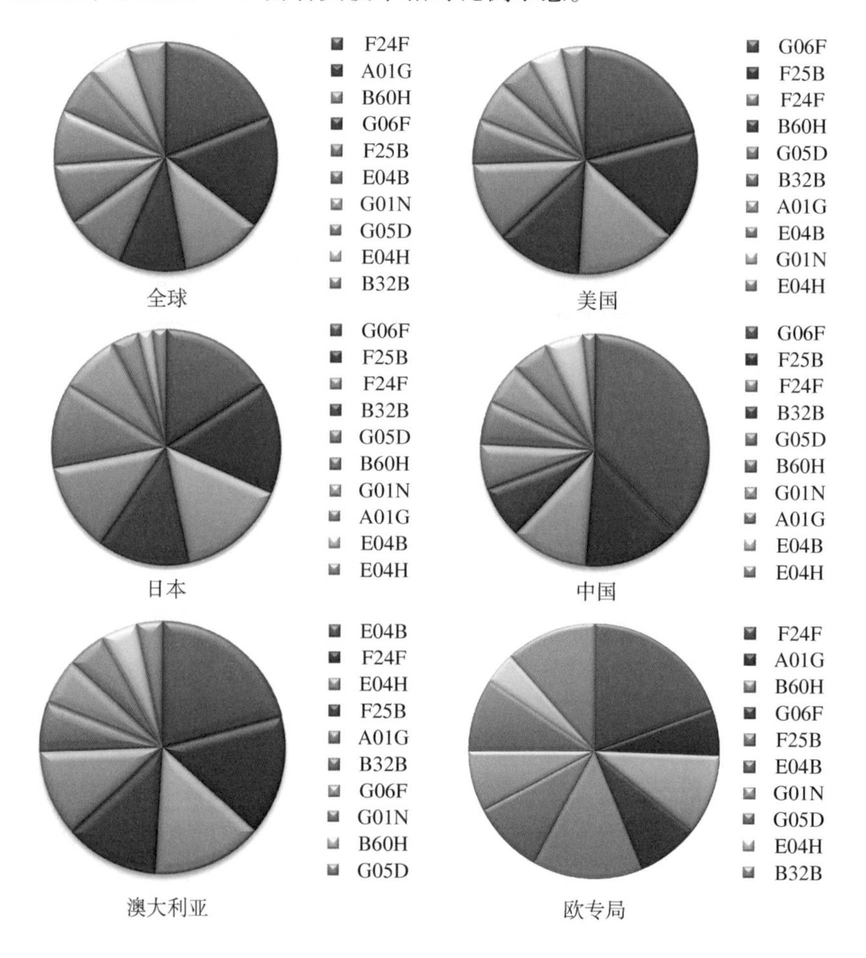

图2－6 主要优先权国家（组织）的专利技术布局

不同国家（地区）专利技术类型的具体分布反映出其相应的技术布局。美国和日本气候变化相关专利主要涉及电数字数据处理、加热及制冷系统、空气调节等技术；欧专局气候变化相关专利主要涉及空气调节、农林种植和交通运输工具的热交换及通风等；澳大利亚的专利主要与建筑相关和空气调节等技术；中国与美国、日本的技术很相似，主要集中在电数字数据处理、加热及制冷系统，其中，电数字数据处理所占比重非常大。

2.2 中国气候变化专利分析

通过中国科学技术信息研究所专利数据库（ISTIC 专利数据库），在名称、摘要、主权利要求和申请人字段，以气候为关键词，检索到 1986—2015 年（检索时间为 2015 年 6 月 3 日）关于气候变化的中国专利 9078 件。专利申请总体呈逐年增长趋势，其中，发明专利申请量增幅较大（图 2 -7）。

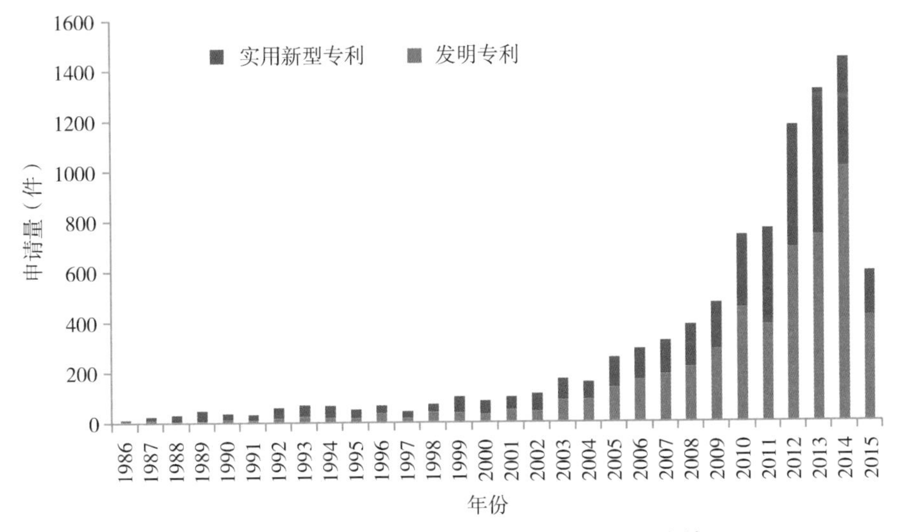

图 2 -7　中国气候变化相关专利申请的年度分布情况

中国知识产权局受理的应对气候变化技术专利申请类别中，申请发明专利的比例为 57.8%，申请实用新型专利的比例为 42.2%。已授权的专利数量占总数的 31.9%，在审中的专利数量占 20.4%，已撤回、被驳回、放弃、期满和无效的专利数量占 37.4%。建设创新型国家需要加强原始自主创新和集成创新的发明专利，我国专利的质量有待提高。国内方面，有关气候变化方面的专利较多来自江苏（1167 件）、北京（821 件）、广东（630 件）、浙江（625 件）、上海（438 件）等地的高校及企业；国外方面，主要来自美国（204 件）、日本（187 件）、德国（119 件）等国家的企业，这在一定程度上显示出发达国家研发的应对气候变化的技术在中国经济市场上的拓展。中国涉及气候变化方面的相关专利主要面向农林种植、半导体等电固体器件、涂料合成、高分子化合物等领域。国外在华申请专利中：日本主要集中于高分子化合物合成技术，美国主要为交通运输工具的热交换及通风和空气调节技术，德国则关注材料的结构性质研究技术。

2.3 关键技术领域专利分析

根据国际气候变化行动框架发展计划及国内应对气候变化行动科技现状与合作需求，从我国未来需要加强的气候变化减缓技术中，重点选择碳捕集与封存、整体煤气化联合循环、太阳能、风能、质子交换膜燃料电池、热能存储、生物质能和页岩气等技术进行专利分析。

数据源为德温特专利数据库，检索时间为 2015 年 6 月 2 日（对应数据库收录时间为 1963—2015 年），下载为 txt 文本格式，导入 TDA 分析。各类关键技术检索策略与专利数量如下：

“碳捕集与封存技术”检索策略为 IP =（B01D - 053/14 OR B01D - 053/22 OR B01D - 053/62 OR B01D - 053/73 OR B65G - 005/ * OR C01B - 031/20 OR E21B - 041/ * OR E21B - 043/16 OR E21F - 017/16 OR F25J - 003/02)，检索获得专利共计 36 870 件。

“整体煤气化联合循环技术”检索策略为 IP =（C10L - 003/ * OR F02C - 003/28)，检索获得专利共计 9154 件。

“太阳能技术”检索策略为 IP =（H01L - 031/04 * OR H01L - 031/05 *）AND TS =（solar cell OR（solar cell *）OR solar-cell * OR photovoltaic * OR（（solar OR photo * OR PV OR sun）AND（light OR cell OR batter * OR panel OR module *）））, 检索获得专利共计 64 554 件。

“风能技术”检索策略为 IP =（F03D * OR B60L - 008/00）AND TS =(Wind power)，检索获得专利共计 26 646 件。

“质子交换膜燃料电池技术”检索策略为 IP =（H01M - 004/00 OR H01M - 004/86 OR H01M - 004/88 OR H01M - 004/90 OR H01M - 008/ *）AND TS =（（fuel-cell * OR fuel-batter *）AND（PEM OR PEMFC OR polymer *））,

检索获得专利共计 17 692 件。

“热能存储技术”检索策略为 IP = （F24H –007/ * OR C09K –005/ * OR F28D –020/02），检索获得专利共计 19 928 件。

“生物质能技术”检索策略为 IP = （C10L –005/4 * OR C10L –005/ * OR C10B –053/02 OR C10L –009/ * OR C10L –001/ * OR C10L –001/02 OR C10L –001/14 OR C02F –003/28 OR C02F –011/04 OR C10L –003/ * OR C12M –001/107 OR C12P –005/02 OR C12N –001/13 OR C12N –001/15 OR C12N –001/21 OR C12N –005/10 OR C12N –015/ * OR A01H * OR A01K –067/027 OR A01K –067/033） AND TS = （biomass OR bio-mass OR Bio-recycling OR Biological * OR biorefinery），检索获得专利共计 31 231 件。

“页岩气技术”检索策略为 TS = （（fractur OR refractur OR frack） OR （（horizontal drill） OR （horizontal well） OR （shale gas） OR （gas shale））） AND （IP = E21 * OR DC = H01 * ），检索获得专利共计 10 849 件。

2.3.1 碳捕集与封存技术

从德温特专利总量看，该技术领域整体研发实力较强的国家（地区）有美国、日本、中国、加拿大、德国、韩国、俄罗斯、法国、英国和澳大利亚等(图 2 –8)。

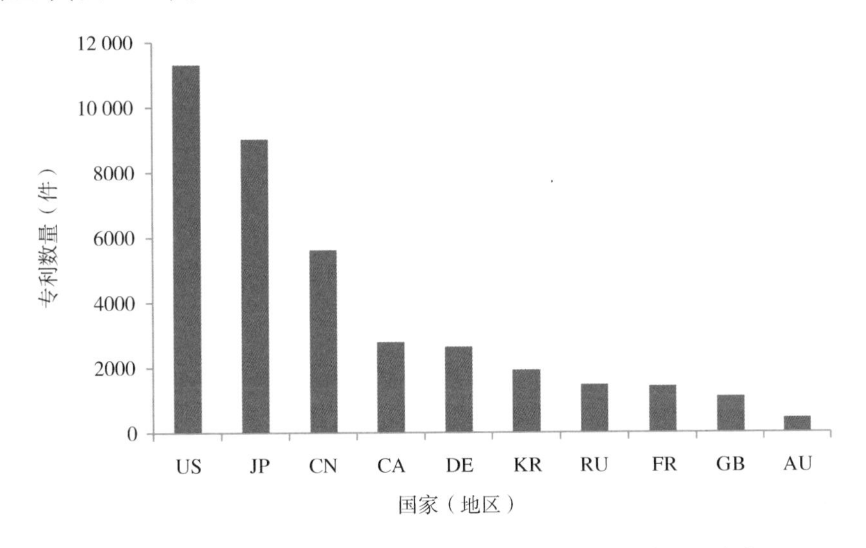

图 2 –8 国际碳捕集与封存技术专利优先权国家（地区）分布

优先权专利数量排名前 10 位的国家（地区），在 1986—2000 年与 2001—2015 年 2 个时间段内的分布比例变化情况如图 2－9 所示。从图中可见，最近 15 年优先权国为美国、中国、加拿大、韩国、俄罗斯和澳大利亚的专利数量所占比例增幅明显，表明这些国家近年来很重视碳捕集与封存领域专利技术的研发。德国、日本、法国和英国所占份额有下降趋势，表明其专利数量虽也在增加但增长速度不及前者。值得注意的是，中国的增幅最为明显，在全球的比重由 2000 年前仅占 2%，飞速上升到 19%，表明中国近 15 年非常重视碳捕集与封存技术研发和相关专利申请，同时也说明中国在全球碳捕集与封存技术领域扮演着越来越重要的角色。

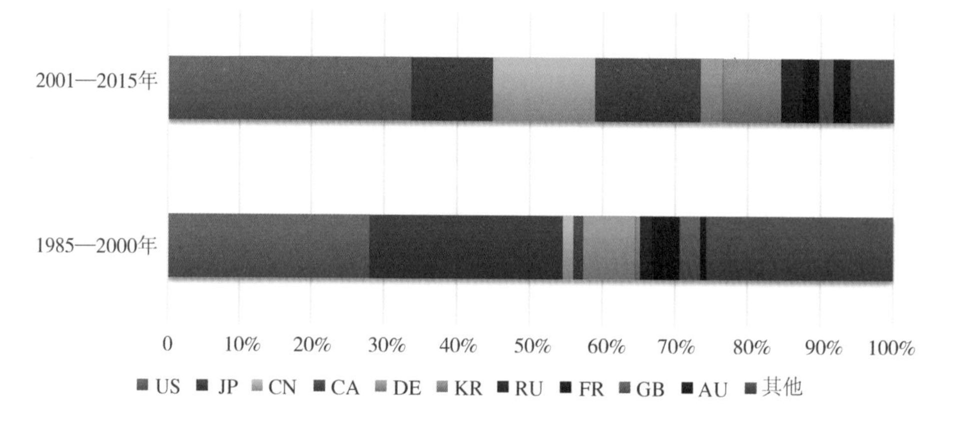

图 2－9　主要优先权国家（地区）碳捕集与封存技术相关专利份额的变化情况

美国专利族除本土外主要分布在加拿大、欧洲、澳大利亚、日本和中国等。欧专局专利族除本土外主要分布在北美、中国和澳大利亚等。澳大利亚专利族除本土外主要分布在欧美及日本、中国等。中国、日本目前以国内专利为主，少量分布在欧美、澳大利亚等国家（地区）（图 2－10）。

进入 21 世纪以来，国际碳捕集与封存技术发展迅速，中国最近两三年在专利数量上逐渐缩小了与美国、日本等国家（地区）的差距。图 2－11 列出了全球及各国碳捕集与封存技术专利情况。与国际总体技术情况相比较，中国在碳及其化合物、二氧化碳、化合物中分离氢、氢的提纯方面的专利较多，在废气处理、各类应用材料及传输存储设备等方面相对较弱，需加强这些技术的研发和与该技术领域科技实力较强的国家（如美国、日本等）的合作。

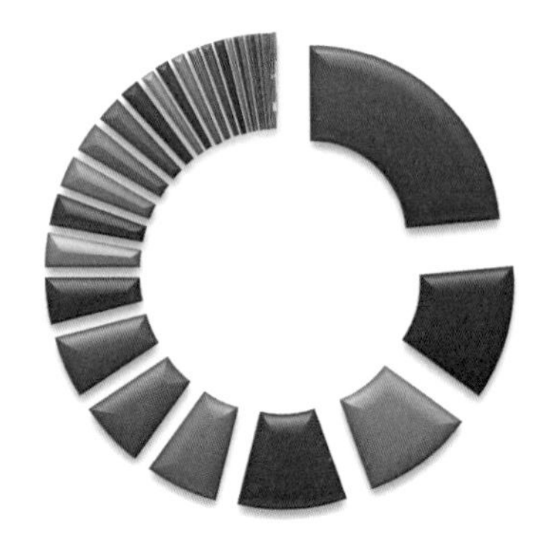

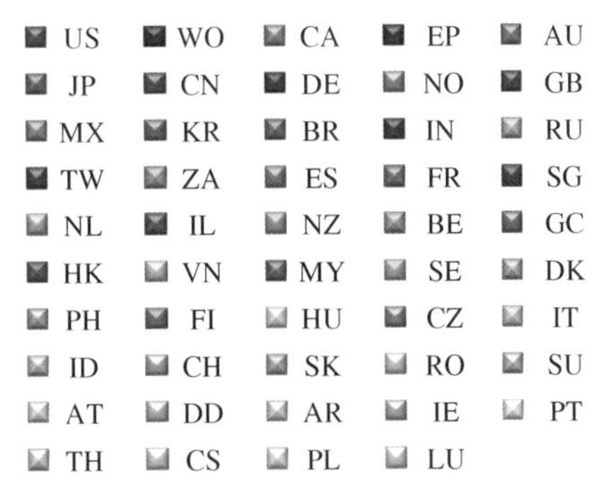
US WO CA EP AU
JP CN DE NO GB
MX KR BR IN RU
TW ZA ES FR SG
NL IL NZ BE GC
HK VN MY SE DK
PH FI HU CZ IT
ID CH SK RO SU
AT DD AR IE PT
TH CS PL LU

美国

JP US EP WO CN
DE KR CA AU TW
GB FR IN RU ES
MX BR SG NO ZA
NL VN BE HK PH
NZ IL MY CZ ID
IT DD SE CS SU
FI HU GC CH TH
DK AT RO SK PT
PL IE AR LU

日本

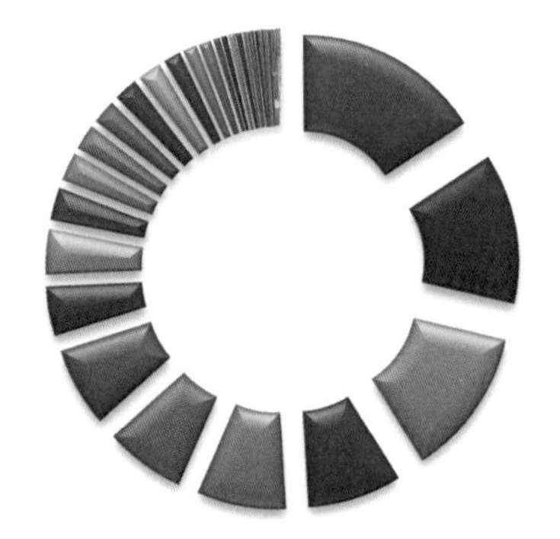
EP US WO CN CA
AU JP DE KR IN
BR MX ES NO RU
ZA TW SG GC GB
IL NZ HK FI DK
PH MY CZ VN HU
FR NL SK RO ID
TH SE SU BE IT
DD CS PT CH IE
AR AT PL LU

欧专局

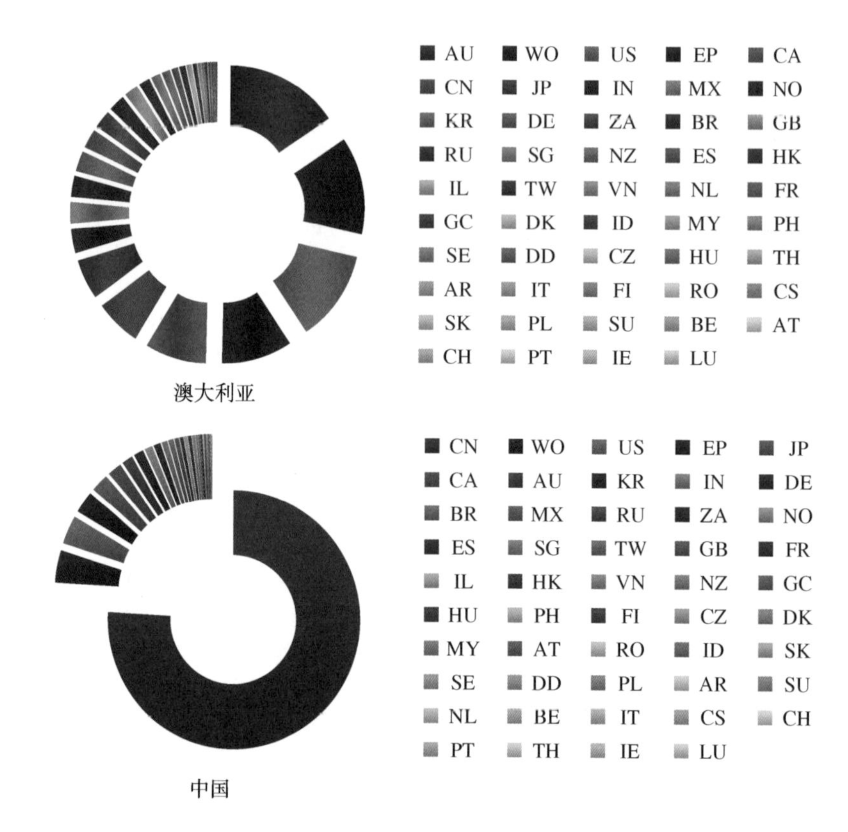

图 2-10　主要优先权国家（组织）碳捕集与封存技术专利家族国家（地区）分布情况

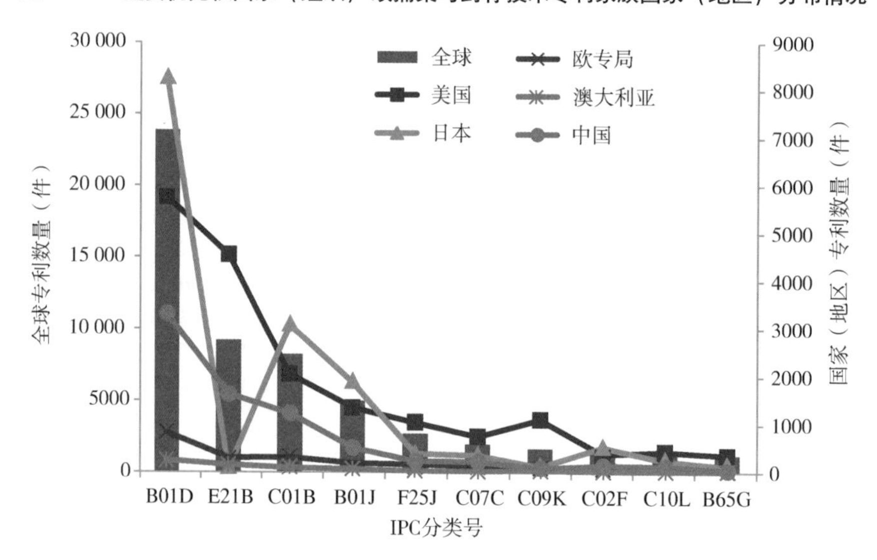

图 2-11　中国与国际碳捕集与封存技术比较

2.3.2 整体煤气化联合循环技术

从德温特专利总量看，该技术领域整体研发实力较强的国家（地区）有中国、日本、美国、韩国、加拿大、德国、法国、英国、澳大利亚和俄罗斯等（图2－12）。

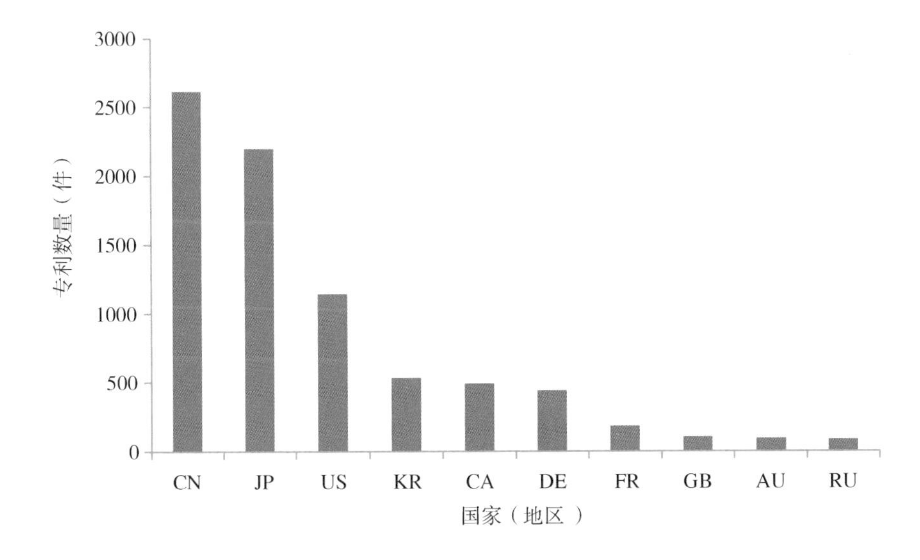

图2－12　国际整体煤气化联合循环技术专利优先权国家（地区）分布

优先权专利数量排名前10位的国家（地区），在1986—2000年与2001—2015年2个时间段内的分布比例变化情况如图2－13所示。从图中可见，最近15年优先权国为中国、美国、韩国、澳大利亚和俄罗斯的专利数量所占比例增幅明显，表明这些国家近年来很重视整体煤气化联合循环技术领域专利技术的研发。日本、德国和法国所占份额有明显下降趋势，表明其专利数量虽也在增加但增长速度不及前者。

美国专利族除本土外主要分布在加拿大、欧洲、澳大利亚、日本和中国等。欧专局专利族除本土外主要分布在北美、中国、日本和澳大利亚等。澳大利亚专利族除本土外主要分布在欧美及日本、中国等。中国、日本目前以国内专利为主，少量分布在欧美、澳大利亚及东亚等国家（地区）（图2－14）。

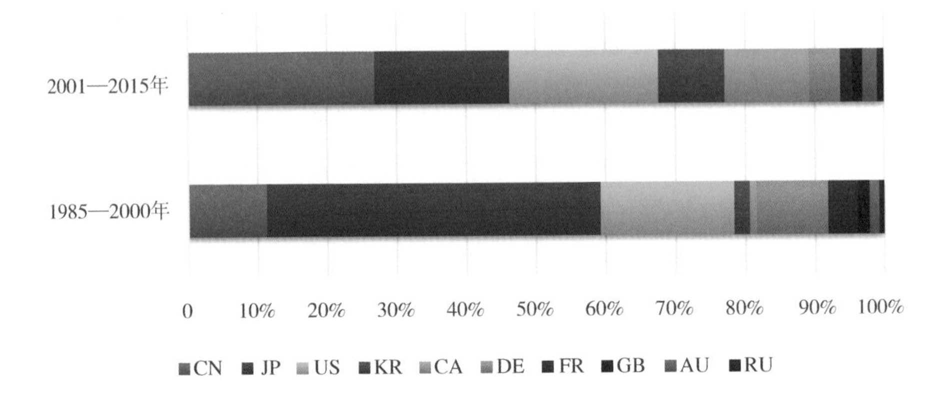

图 2-13　主要优先权国家（地区）整体煤气化联合循环技术相关专利份额的变化情况

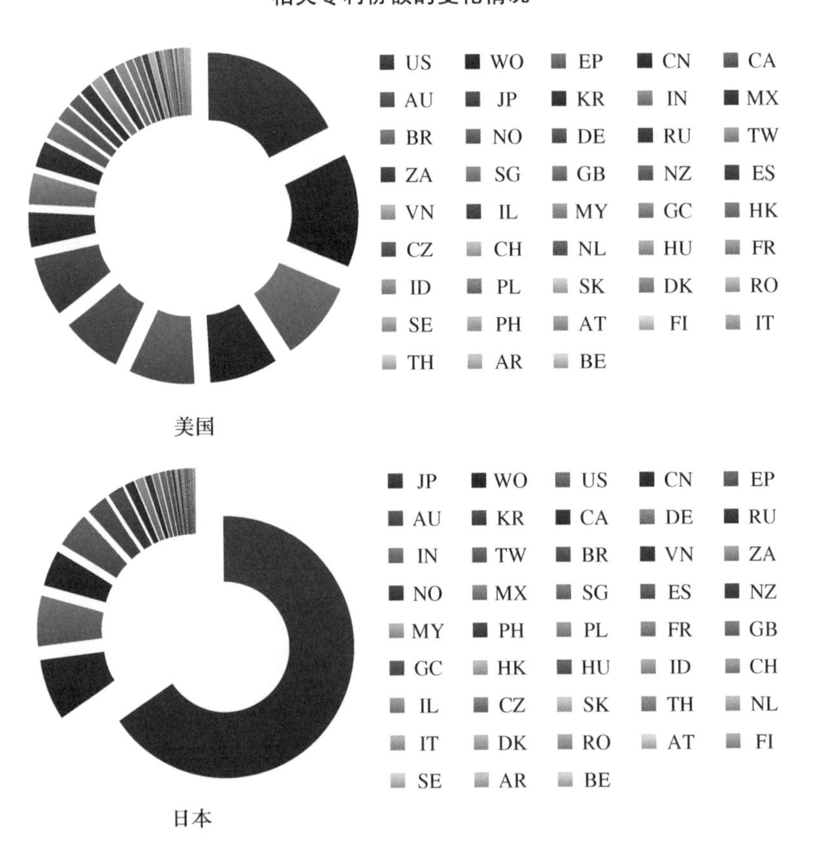

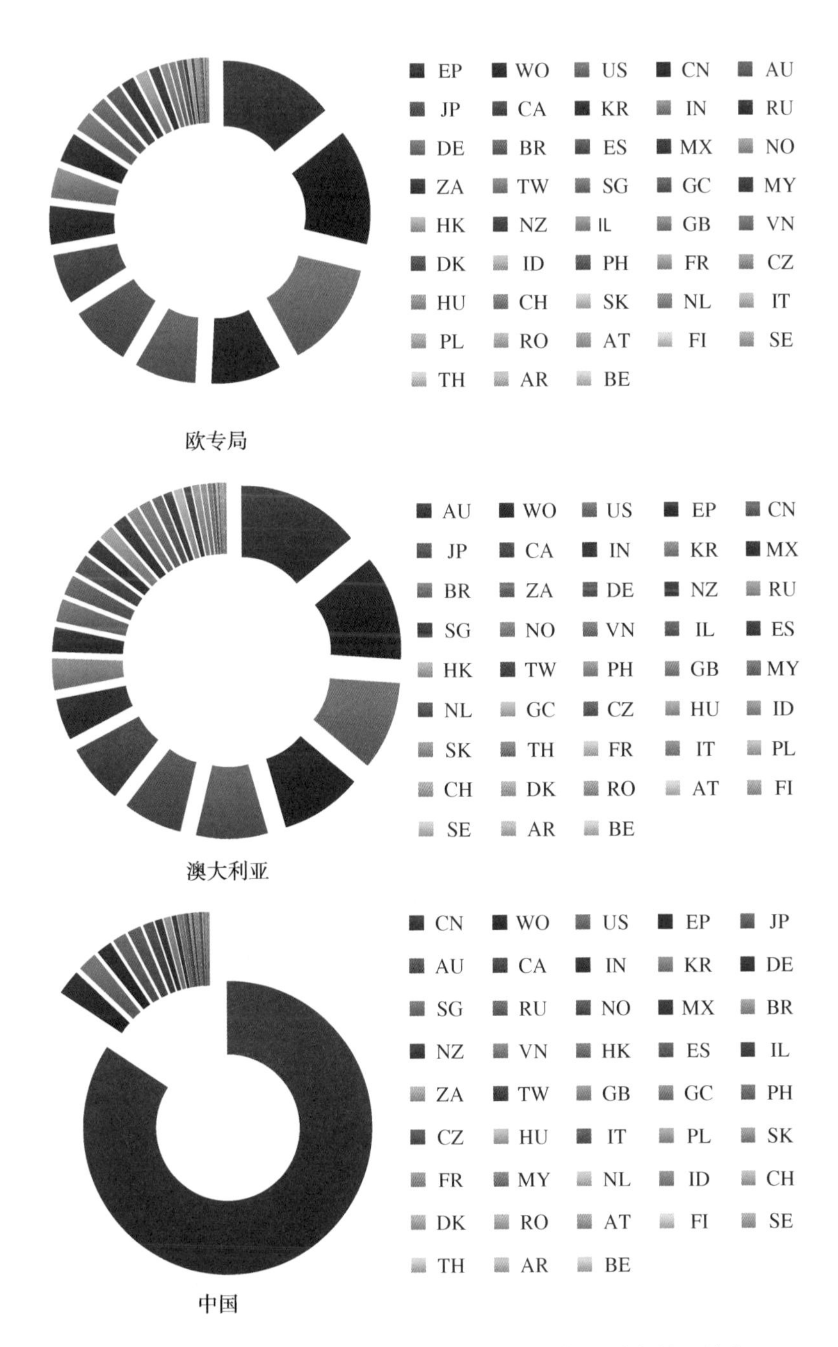

图 2-14　主要优先权国家（组织）整体煤气化联合循环技术专利家族国家（地区）分布情况

进入21世纪以来，中国的煤气化联合循环技术发展迅速，在专利数量上逐渐缩小了与日本及欧美等国家（地区）间的差距。与国际总体技术情况相比较（图2-15），中国在燃气轮机装置，包括喷气推进装置的空气进气道和空气助燃的喷气推进装置燃料供给的控制及废弃物处理技术方面相对较弱，需加强这些技术的研发和与该技术领域科技实力较强的美国、日本等国家（地区）的合作。

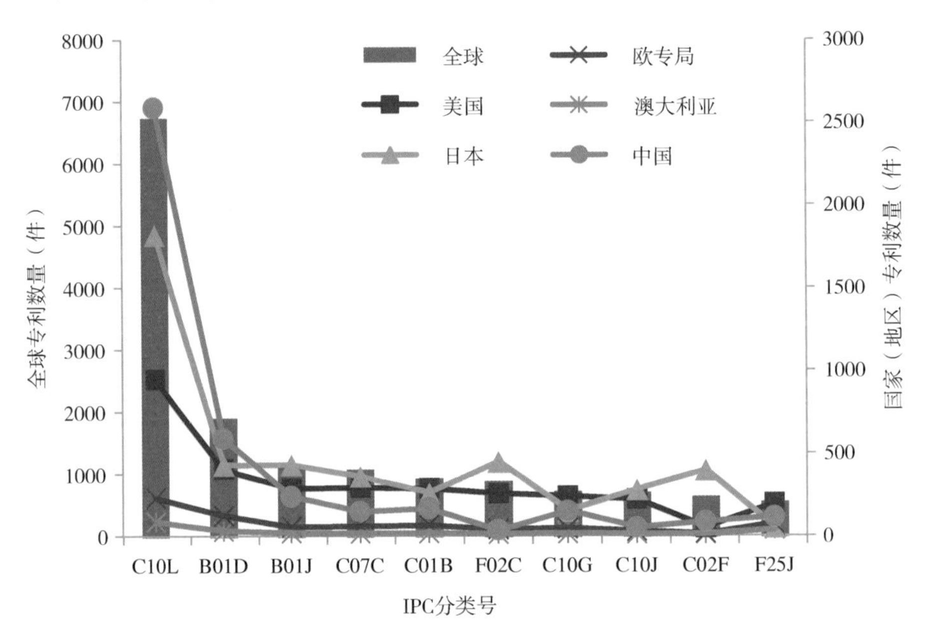

图2-15　中国与国际整体煤气化联合循环技术比较

2.3.3　太阳能技术

从德温特专利总量看，该技术领域整体研发实力较强的国家（地区）有日本、韩国、中国、美国、德国、中国台湾、法国、加拿大、澳大利亚、英国等（图2-16）。

优先权专利数量排名前10位的国家（地区），在1986—2000年与2001—2015年2个时间段内的分布比例变化情况如图2-17所示。从图中可见，最近15年优先权国家（地区）为韩国、中国、美国、中国台湾地区、法国、英国和澳大利亚的专利数量所占比例增幅明显，表明这些国家（地区）近年来很重视太阳能技术领域专利技术的研发。随着各国家（地区）对太阳能技术的日益重视，日本和德国所占份额明显下降。

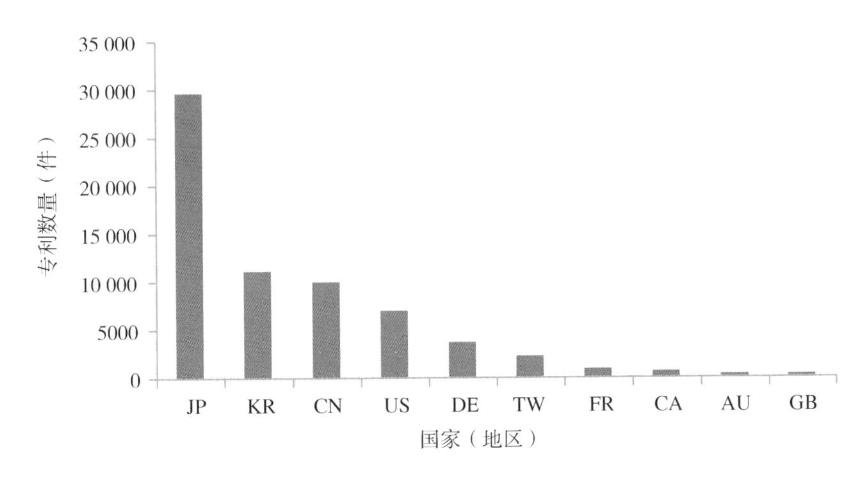

图 2－16　国际太阳能技术专利优先权国家（地区）分布

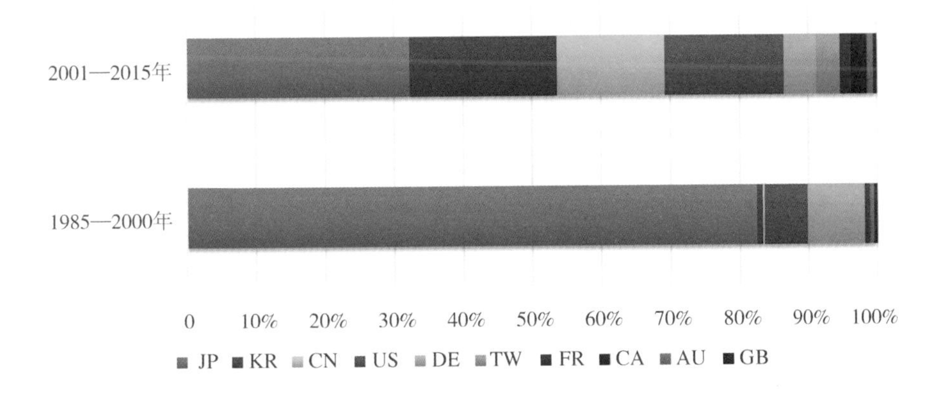

图 2－17　主要优先权国家（地区）太阳能技术相关专利份额的变化情况

美国专利族除本土外主要分布在欧洲和东亚。欧专局专利族除本土外主要分布在美国、东亚和澳大利亚等。澳大利亚专利族除本土外主要分布在欧美及东亚等。中国、日本目前以国内专利为主，少量分布在美欧和东亚等（图 2－18）。

20 世纪 80 年代以来，国际太阳能技术发展迅速。2005 年以来，中国相关专利突飞猛进，迎头赶上并超过欧美国家，在专利数量上跃居世界前列。与国际总体技术情况相比较（图 2－19），中国在太阳能电池仪的表盘或光电管数组、改装的转换装置方面还需要加强研发和与该技术领域科技实力较强的美国、日本等国家的合作。

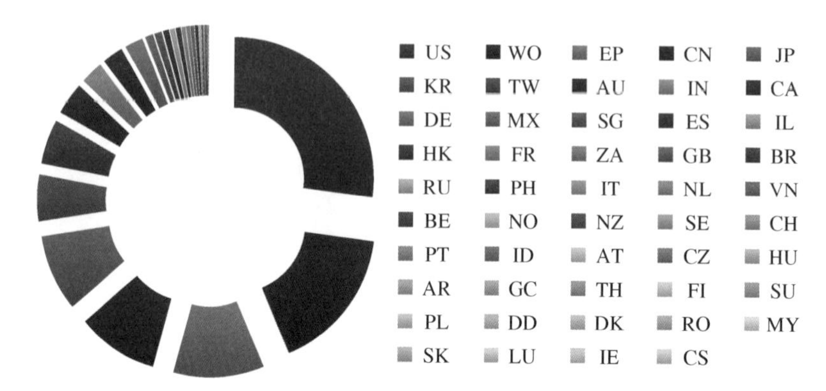
US
WO
EP
CN
JP
KR
TW
AU
IN
CA
DE
MX
SG
ES
IL
HK
FR
ZA
GB
BR
RU
PH
IT
NL
VN
BE
NO
NZ
SE
CH
PT
ID
AT
CZ
HU
AR
GC
TH
FI
SU
PL
DD
DK
RO
MY
SK
LU
IE
CS

美国

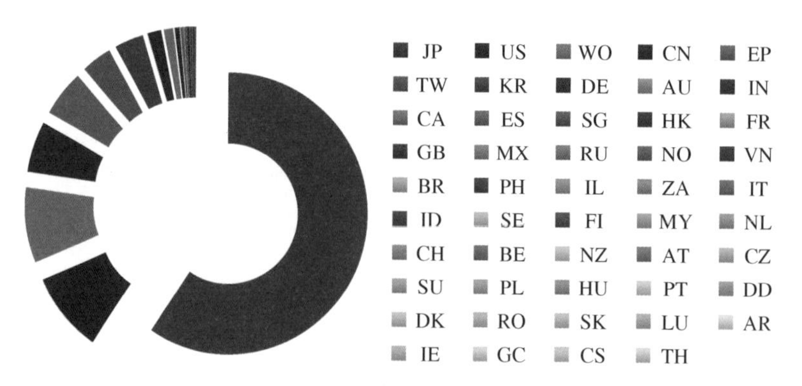
JP
US
WO
CN
EP
TW
KR
DE
AU
IN
CA
ES
SG
HK
FR
GB
MX
RU
NO
VN
BR
PH
IL
ZA
IT
ID
SE
FI
MY
NL
CH
BE
NZ
AT
CZ
SU
PL
HU
PT
DD
DK
RO
SK
LU
AR
IE
GC
CS
TH

日本

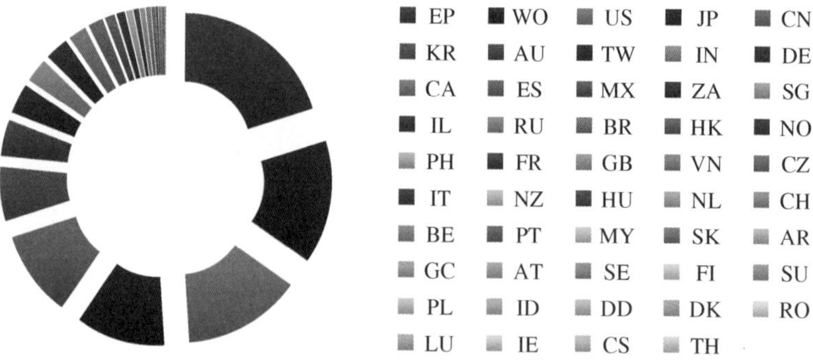
EP
WO
US
JP
CN
KR
AU
TW
IN
DE
CA
ES
MX
ZA
SG
IL
RU
BR
HK
NO
PH
FR
GB
VN
CZ
IT
NZ
HU
NL
CH
BE
PT
MY
SK
AR
GC
AT
SE
FI
SU
PL
ID
DD
DK
RO
LU
IE
CS
TH

欧专局

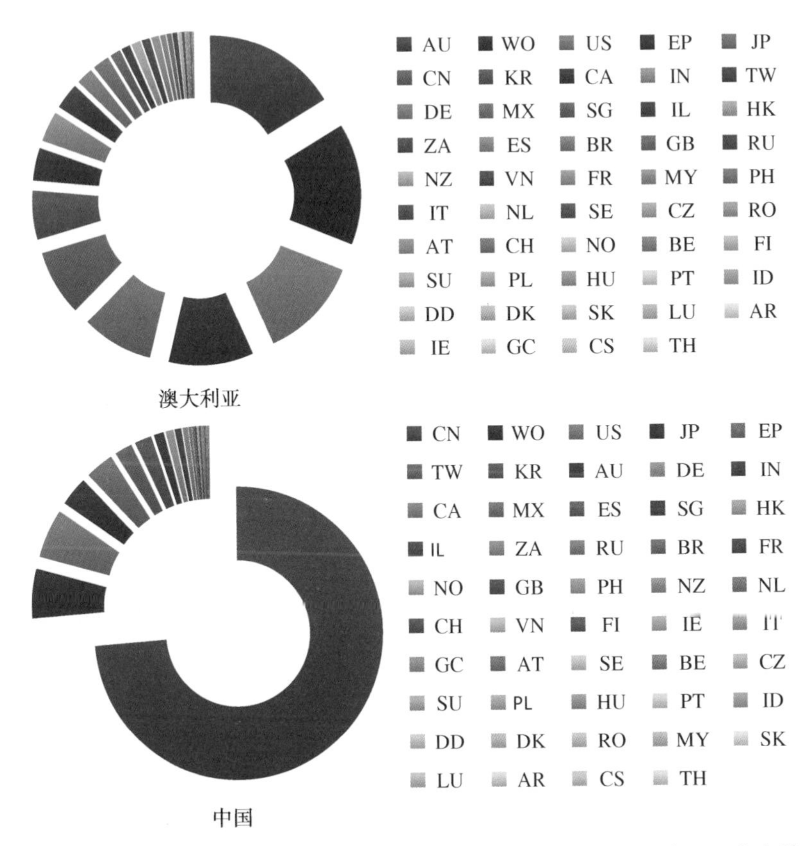

图 2-18　主要优先权国家（组织）太阳能技术专利家族国家（地区）分布情况

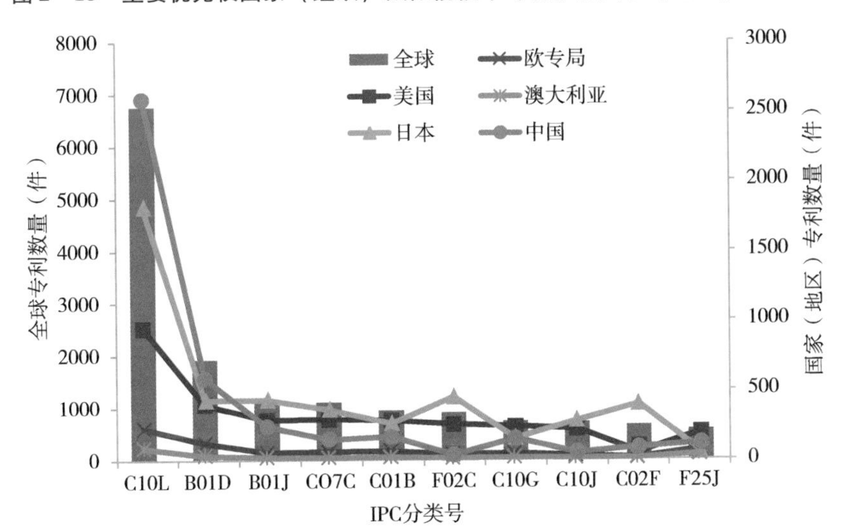

图 2-19　中国与国际太阳能技术比较

2.3.4 风能技术

从德温特专利总量看，该技术领域整体研发实力较强的国家（地区）有中国、日本、韩国、德国、美国、俄罗斯、中国台湾、加拿大、英国和法国等（图2－20）。

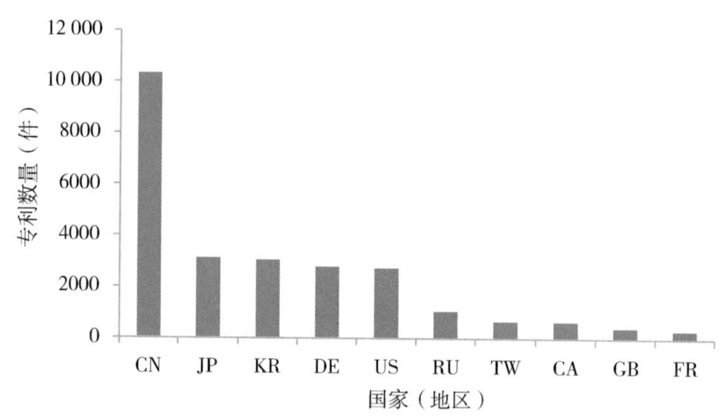

图2－20　国际风能技术专利优先权国家（地区）分布

优先权专利数量排名前10位的国家（地区），在1986—2000年与2001—2015年2个时间段内的分布比例变化情况如图2－21所示。从图中可见，最近15年优先权国为中国、韩国、美国、加拿大的专利数量所占比例增幅明显，表明这些国家近年来很重视风能技术领域专利技术的研发。随着各国家（地区）对风能技术的日益重视，日本、德国所占份额明显下降。值得注意的是，中国的增幅最为明显，表明中国近15年来非常重视风

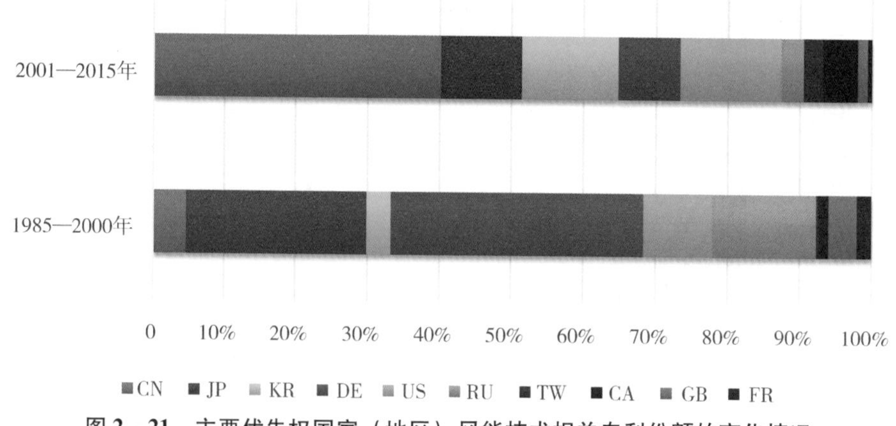

图2－21　主要优先权国家（地区）风能技术相关专利份额的变化情况

能技术研发和相关专利申请。

美国专利族除本土外主要分布在欧洲、中国、加拿大、印度和澳大利亚等。欧专局专利族除本土外主要分布在北美、中国、日本和印度等。澳大利亚专利族除本土外主要分布在欧美及日本、中国等。中国、日本目前以国内专利为主，少量分布在北美、欧洲、澳大利亚和韩国等国家（地区）（图2－22）。

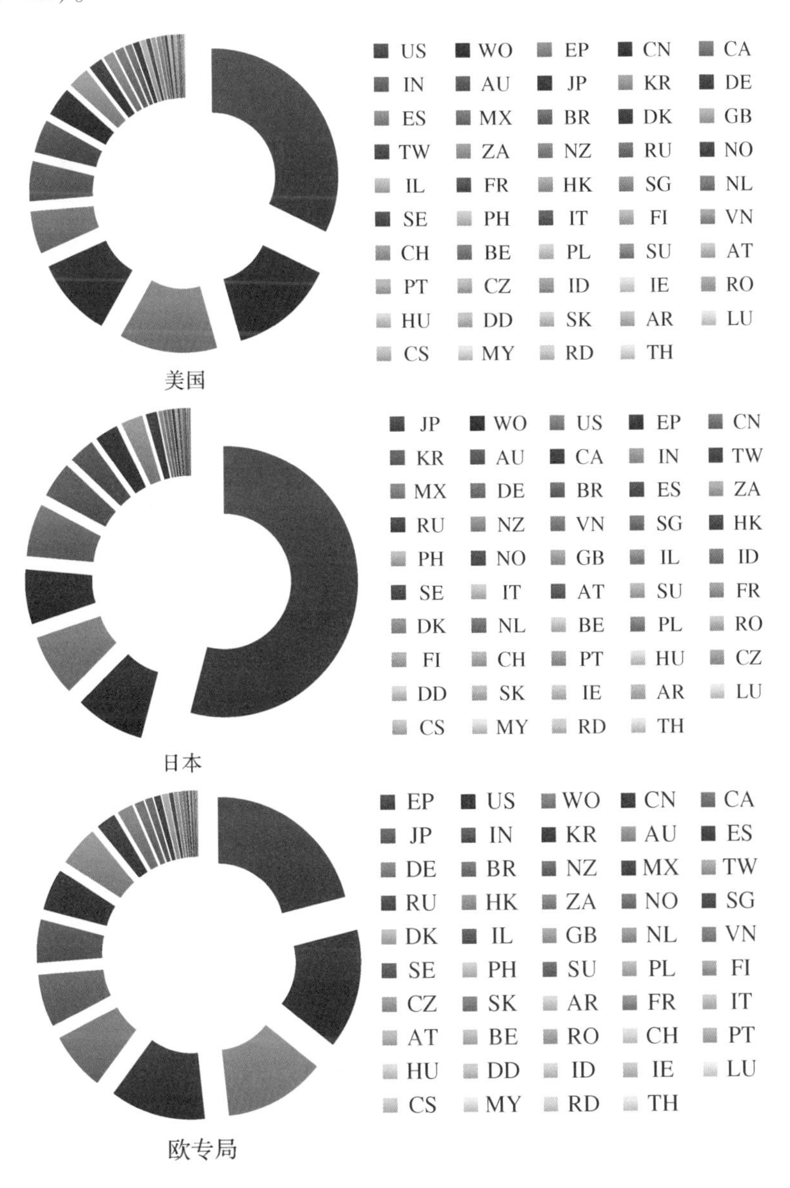

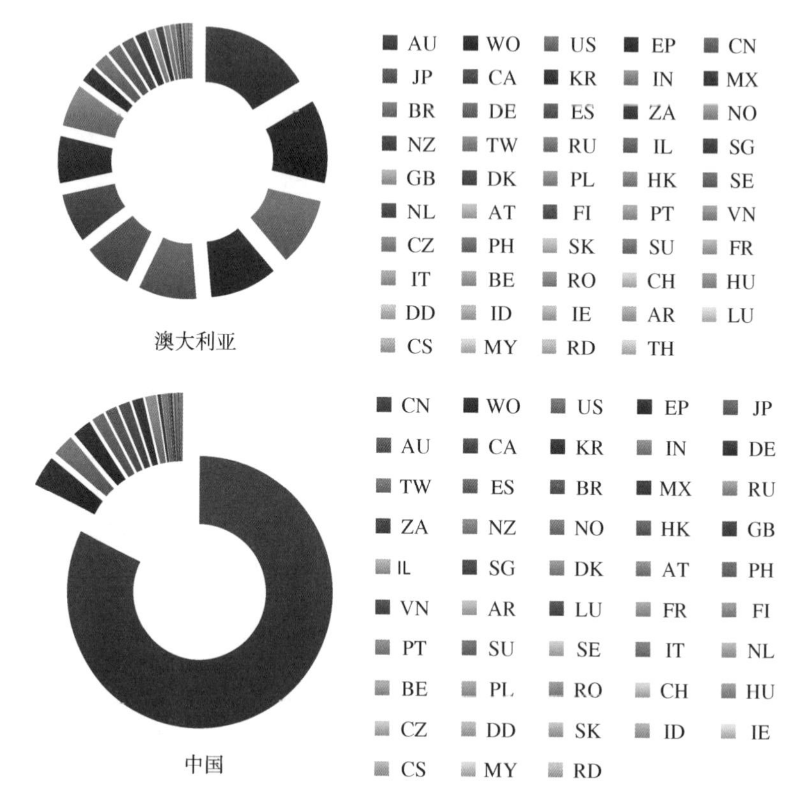

图 2－22　主要优先权国家（组织）风能技术专利家族国家（地区）分布情况

二十世纪七八十年代以来，国际风能技术发展迅速，尤其是 2005 年以来相关专利涨势明显，中国在专利数量上逐渐跃居世界前列。与国际总体

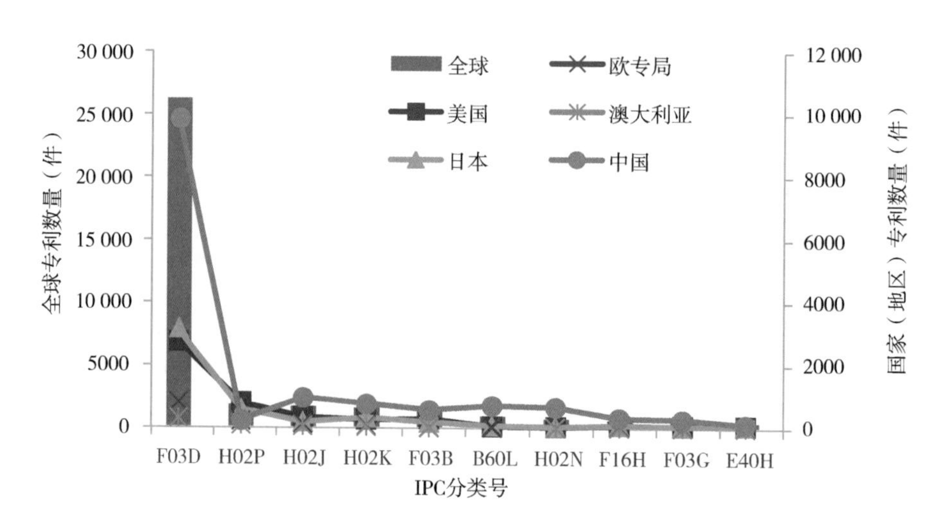

图 2－23　中国与国际风能技术比较

技术情况相比较（图2－23），中国的技术偏重风力发动机、适供电或配电的电路装置及系统、电能存储系统，在电动机、发电机或机电变换器的控制及调节，控制变压器、电抗器或扼流圈等技术方面还需要加强研发和与该技术领域科技实力较强的美国、日本等国家的合作。

2.3.5 质子交换膜燃料电池技术

从德温特专利总量看，该技术领域整体研发实力较强的国家（地区）有日本、美国、韩国、德国、中国、加拿大、法国、英国、中国台湾和澳大利亚等（图2－24）。

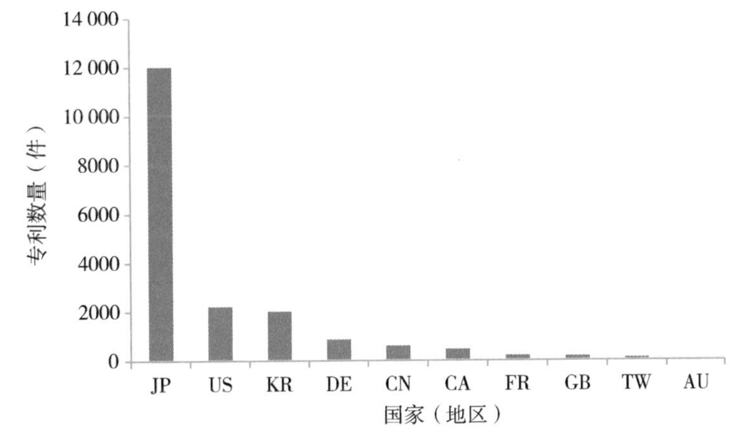

图2－24 国际质子交换膜燃料电池技术专利优先权国家（地区）分布

优先权专利数量排名前10位的国家（地区），在1986—2000年与2001—2015年2个时间段内的分布比例变化情况如图2－25所示。从图中

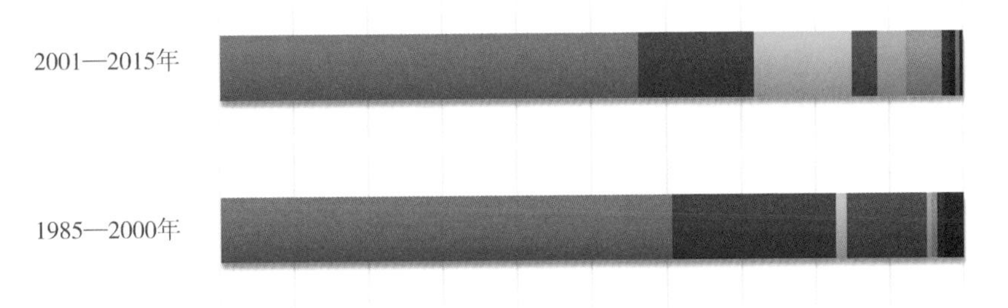

图2－25 主要优先权国家（地区）质子交换膜燃料电池技术相关专利份额的变化情况

可见，最近15年优先权国为中国、韩国、加拿大的专利数量所占比例增幅明显，表明这些国家近年来很重视质子交换膜燃料电池技术领域专利技术的研发。美国、德国和英国所占份额明显下降。

美国专利族除本土外主要分布在日本、中国、欧洲和澳大利亚等。欧专局专利族除本土外主要分布在美国、中国、日本和韩国。澳大利亚专利族除本土外主要分布在欧美及日本、中国等。中国、日本目前以国内专利为主，少量分布在欧美、韩国等国家（地区）（图2－26）。

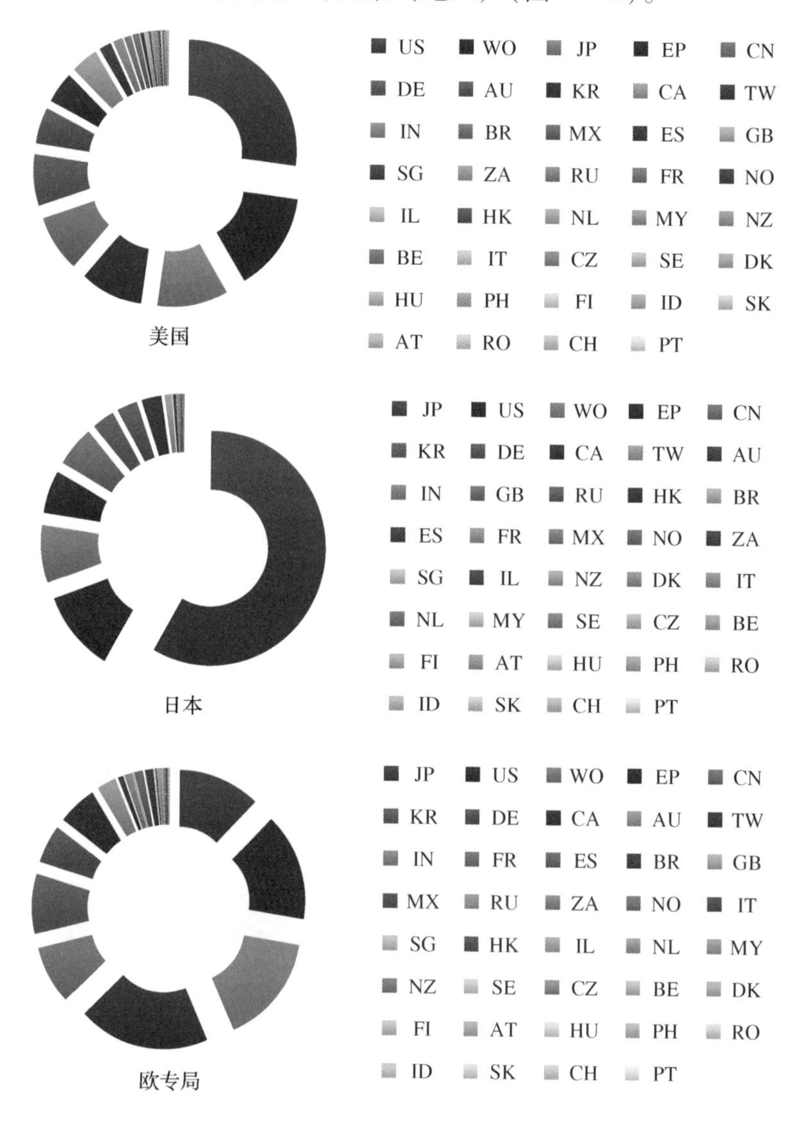

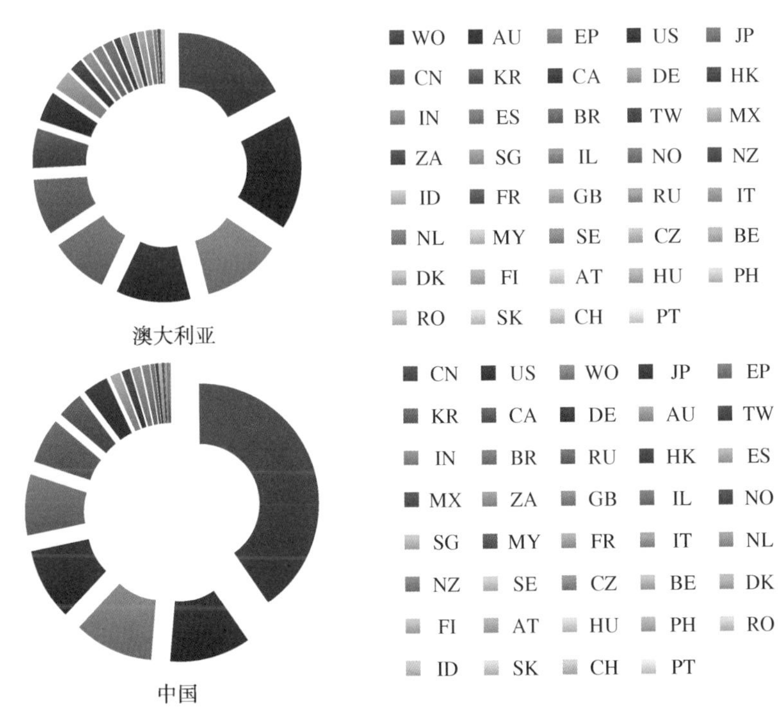

图 2－26 主要优先权国家（组织）质子交换膜燃料电池技术专利家族国家（地区）分布情况

进入 21 世纪以来，国际质子交换膜燃料电池技术发展很快，中国也开始重视该领域技术的研发。与国际总体技术情况相比较（图 2－27），中国

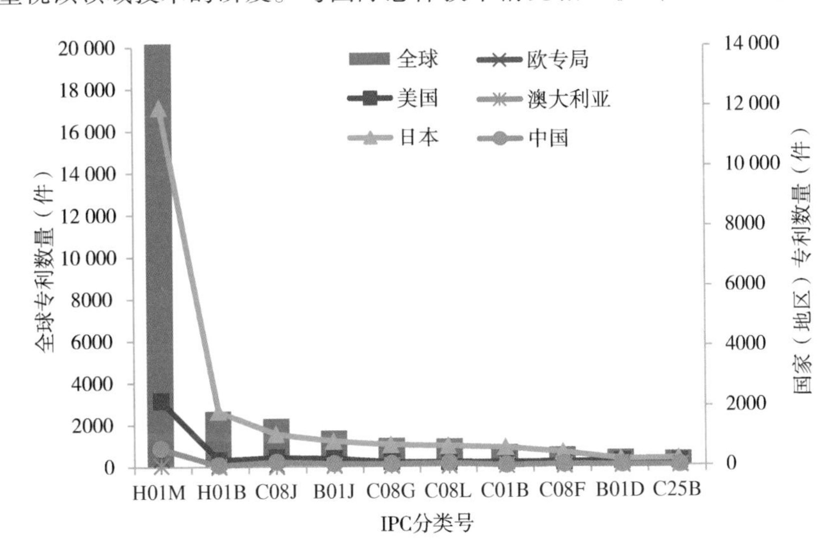

图 2－27 中国与国际质子交换膜燃料电池技术比较

需要在燃料电池组装成电池、导电绝缘和介电材料的选择等方面加强研发和与该技术领域科技实力较强的日本、美国等国家的合作。

2.3.6 热能存储技术

从德温特专利总量看，该技术领域整体研发实力较强的国家（地区）有日本、中国、美国、德国、韩国、法国、英国、俄罗斯和中国台湾等（图 2 - 28）。

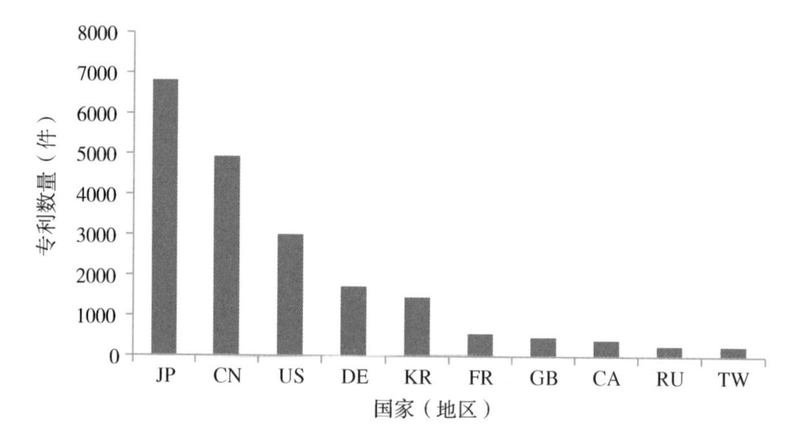

图 2 - 28　国际热能存储技术专利优先权国家（地区）分布

优先权专利数量排名前 10 位的国家（地区），在 1986—2000 年与 2001—2015 年 2 个时间段内的分布比例变化情况如图 2 - 29 所示。从图中可见，最近 15 年优先权国为中国、韩国的专利数量所占比例增幅明显，表明这些国家近年来很重视热能存储技术领域专利技术的研发。日本和德国所占份额明显下降。

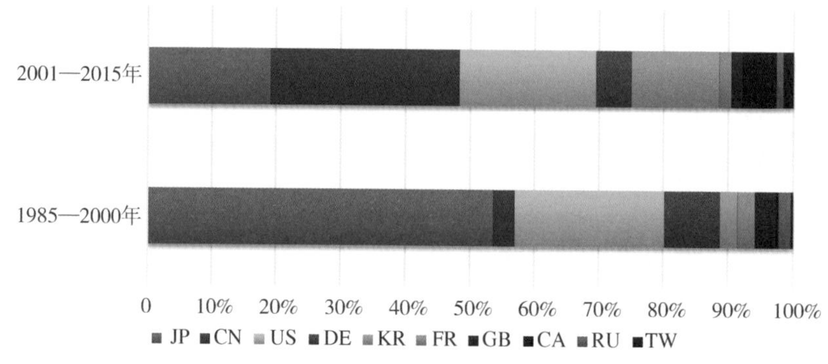

图 2 - 29　主要优先权国家（地区）热能存储技术相关专利份额的变化情况

美国专利族除本土外主要分布在日本、韩国、加拿大和欧洲等。欧专局专利族除本土外主要分布在北美、日本和韩国等。澳大利亚专利族除本土外主要分布在欧美、日本和韩国等。中国目前以国内专利为主，少量分布在北美、日本、韩国和欧洲等国家（地区）（图2－30）。

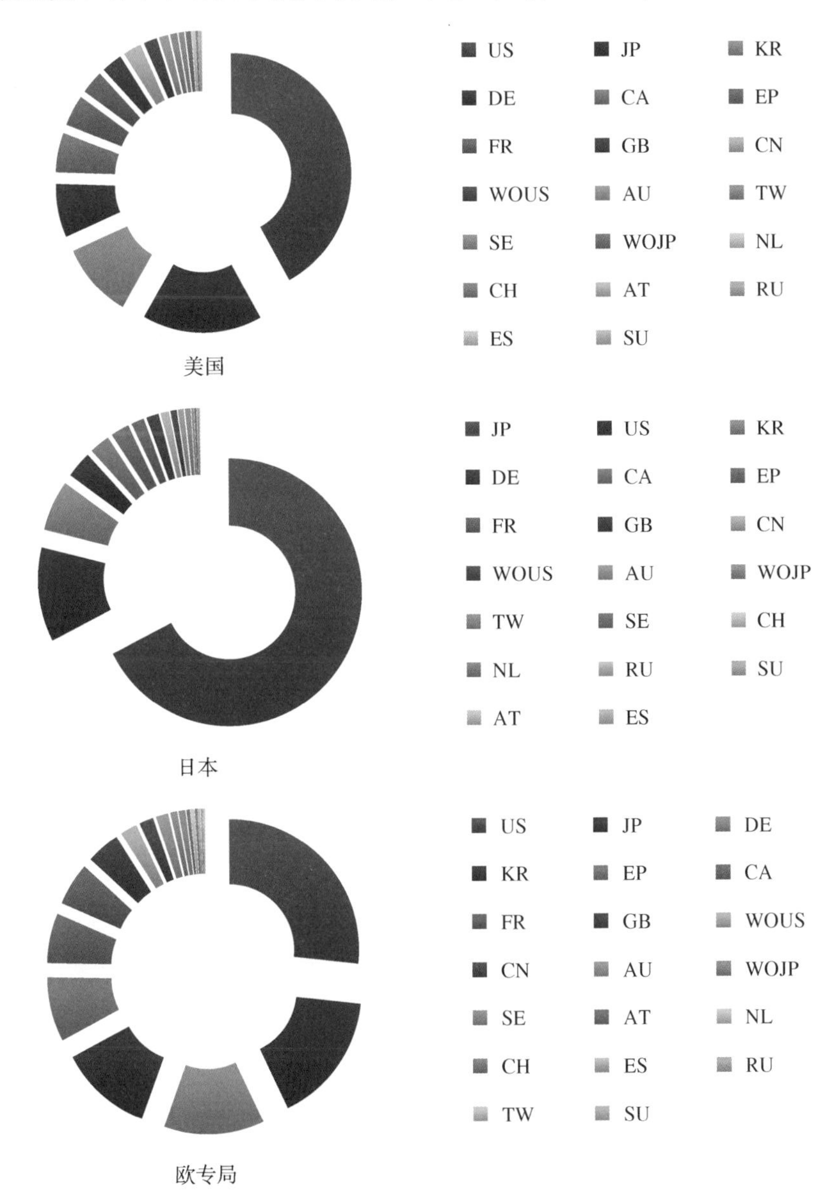

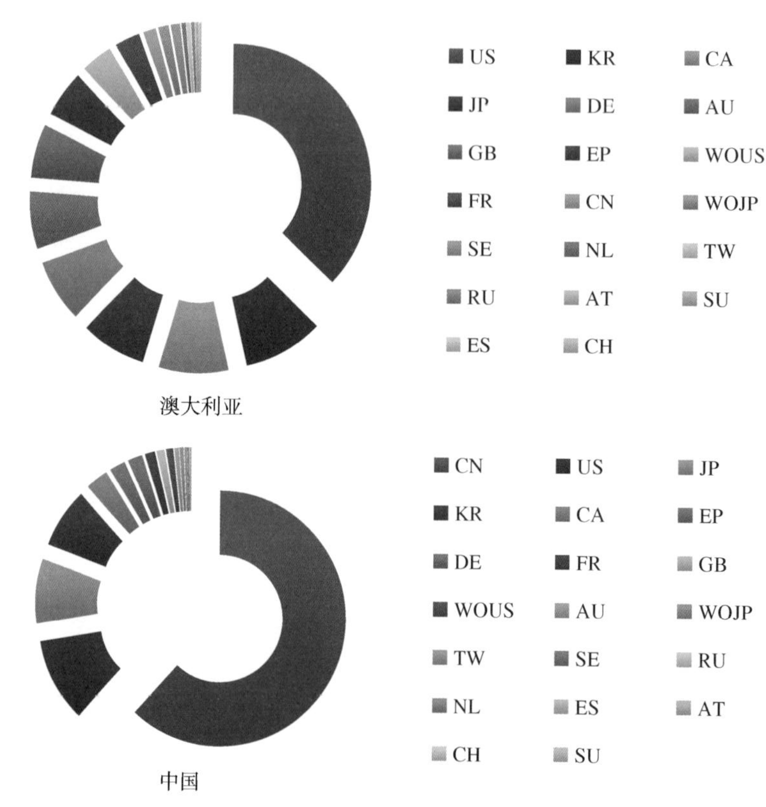

图2-30 主要优先权国家（组织）热能存储技术专利家族国家（地区）分布情况

20世纪70年代以来，国际热能存储技术不断稳步发展，中国自20世纪90年代起，开始重视该领域技术的发展，2007—2009年发展迅速，专利数量超过了许多国家。中国在有热发生装置的流体加热器、热量产生和利用等技术方面发展较快。与国际总体技术情况相比较（图2-31），中国在热交换设备、储热装置或设备、制冷机、制冷设备或系统加热和制冷的联合系统及热泵系统等技术方面相对较弱，需要加强这些技术的研发和与该技术领域科技实力较强的美国、日本等国家的合作。

2.3.7 生物质能技术

从德温特专利总量看，该技术领域整体研发实力较强的国家（地区）有美国、中国、日本、加拿大、韩国、德国、澳大利亚、英国、法国和俄罗斯等（图2-32）。

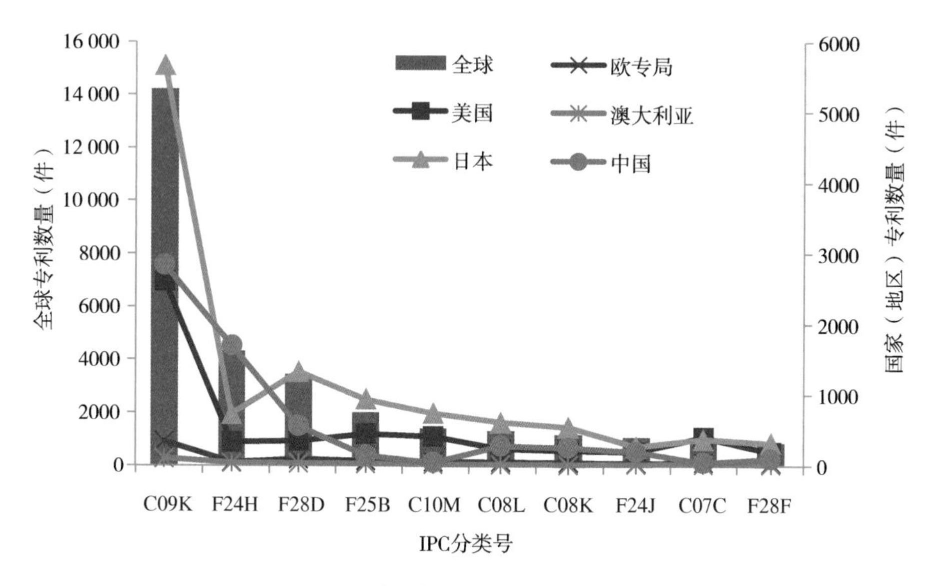

图 2－31　中国与国际热能存储技术比较

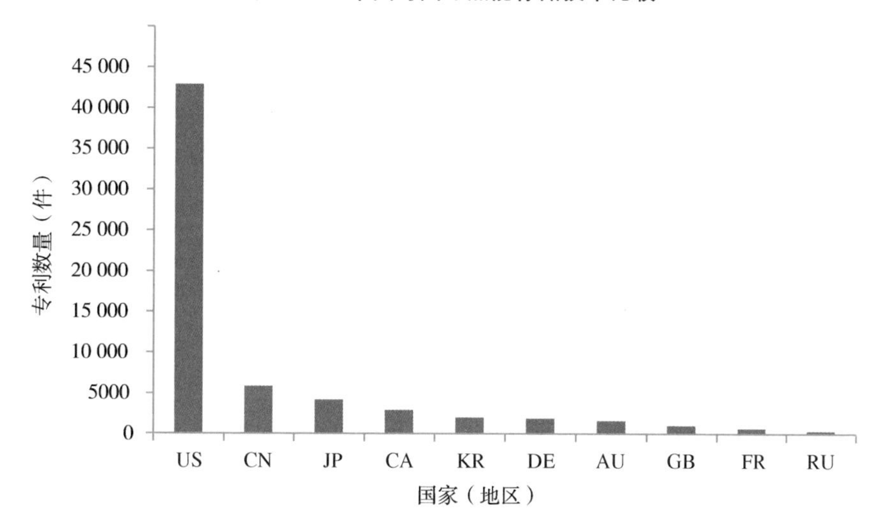

图 2－32　国际生物质能技术专利优先权国家（地区）分布

优先权专利数量排名前 10 位的国家（地区），在 1986—2000 年与 2001—2015 年 2 个时间段内的分布比例变化情况如图 2－33 所示。从图中可见，最近 15 年优先权国为中国、韩国、加拿大和澳大利亚的专利数量所占比例增幅明显，表明这些国家近年来很重视生物质能技术领域专利技术的研发。美国、日本和德国所占份额明显下降。

美国专利族除本土外主要分布在欧洲、澳大利亚、日本、加拿大和中

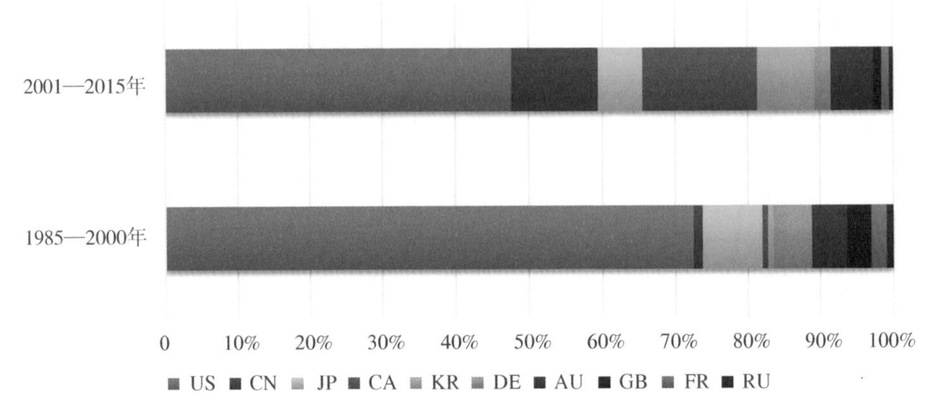

图 2-33 主要优先权国家（地区）生物质能技术相关专利份额的变化情况

国等。欧专局专利族除本土外主要分布在北美、日本、澳大利亚加拿大和中国等。澳大利亚专利族除本土外主要分布在欧美及日本、中国等。中国、日本目前以国内专利为主，少量分布在欧美、澳大利亚等国家（地区）（图 2-34）。

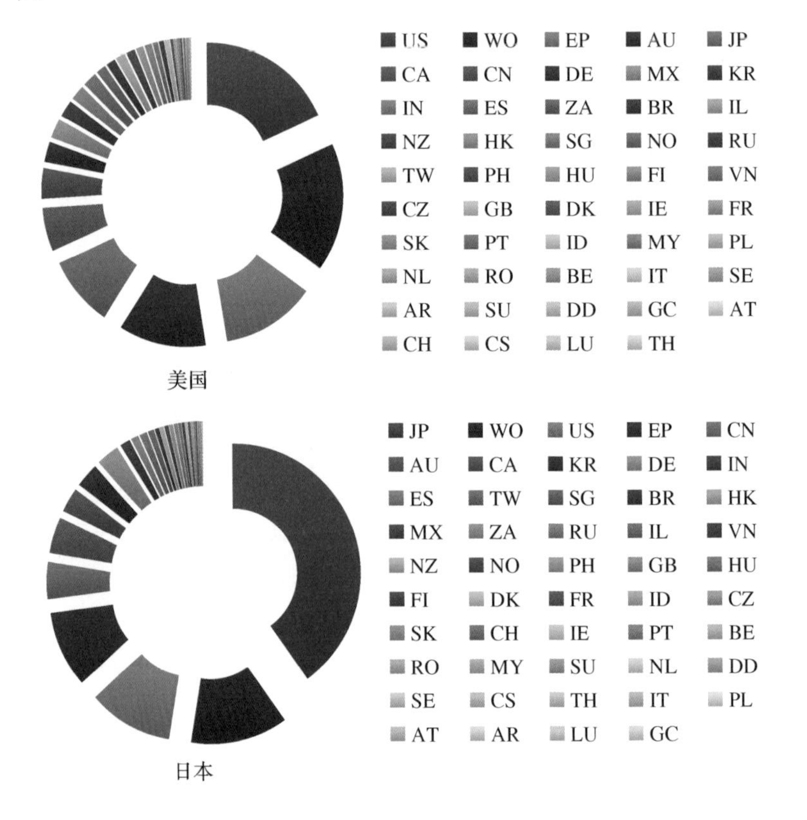

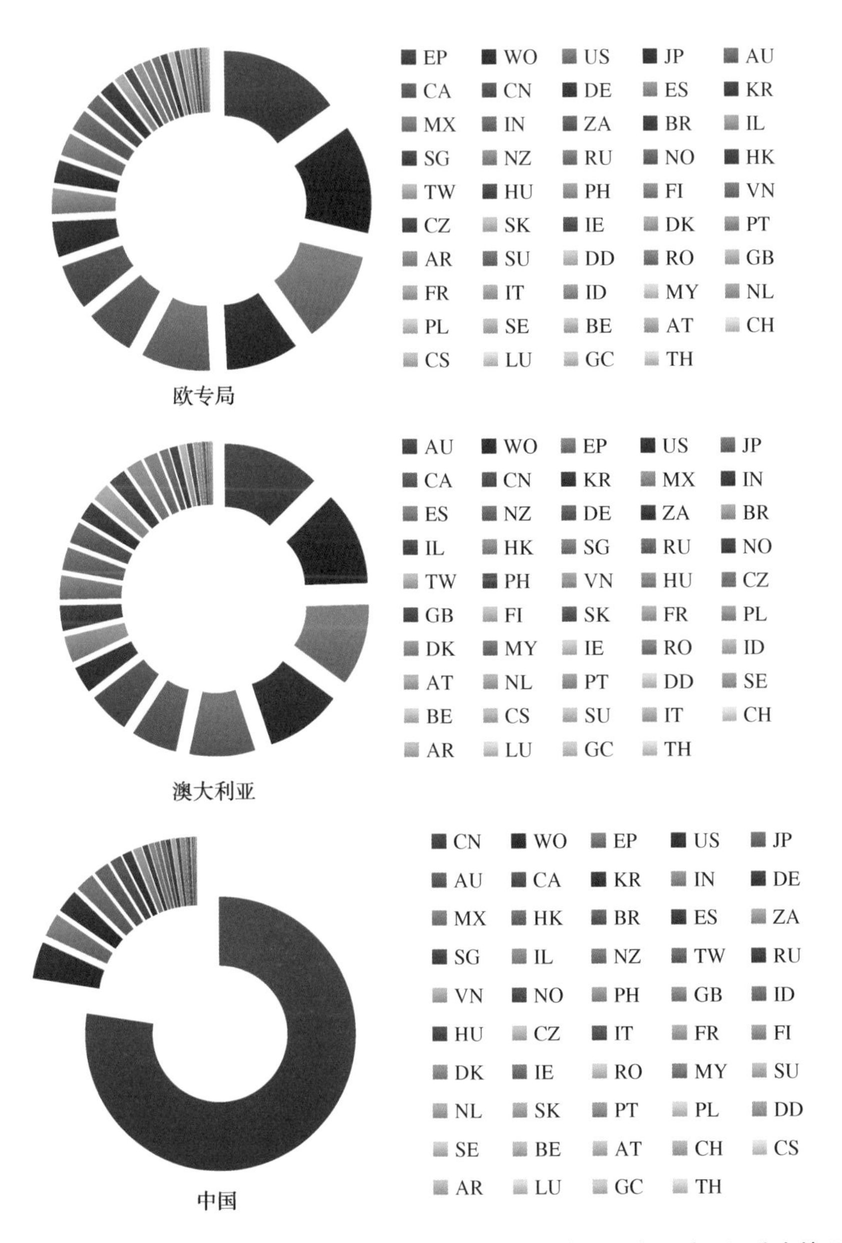

图 2-34　主要优先权国家（组织）生物质能技术专利家族国家（地区）分布情况

进入 21 世纪以来，国际生物质能领域技术发展很快，中国也开始重视该领域技术的研发。与国际总体技术情况相比较（图 2-35），中国需要在生物化学技术、生物燃料制备技术及废水处理技术等方面加强研发和与该技术领域科技实力较强的美国的合作。

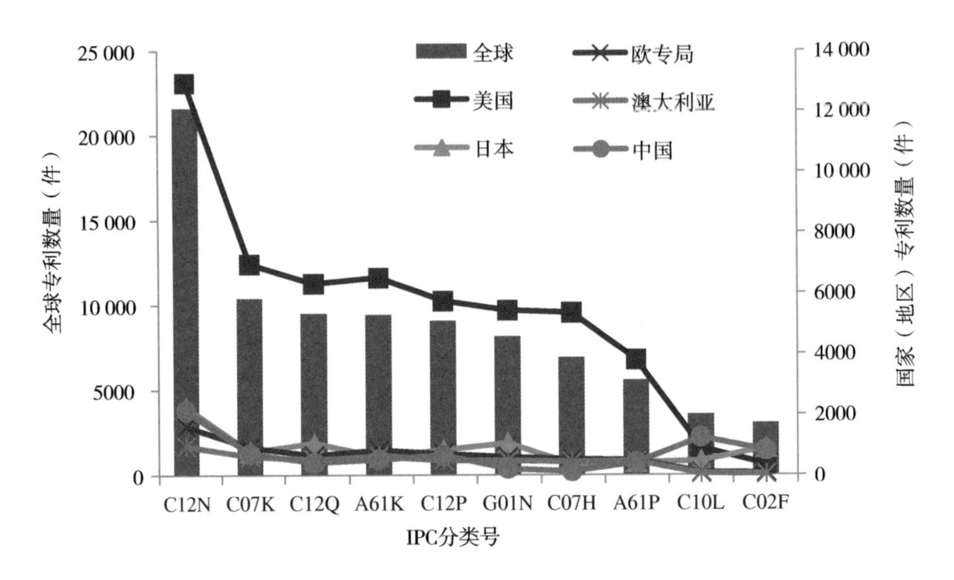

图 2-35 中国与国际生物质能技术比较

2.3.8 页岩气技术

从德温特专利总量看，该技术领域整体研发实力较强的国家（地区）有中国、美国、俄罗斯、加拿大、德国、英国、日本、法国、澳大利亚和韩国等（图 2-36）。

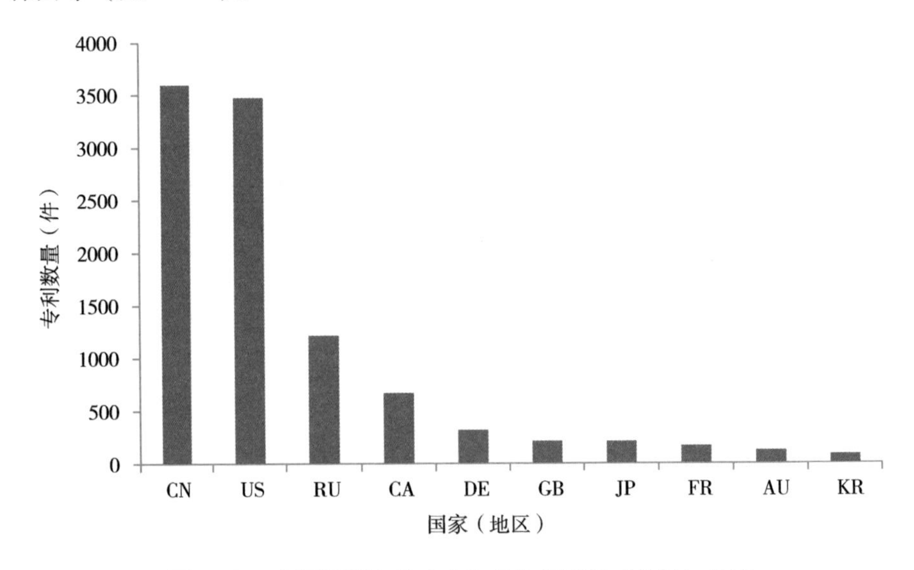

图 2-36 国际页岩气技术专利优先权国家（地区）分布

优先权专利数量排名前 10 位的国家（地区），在 1986—2000 年与 2001—2015 年 2 个时间段内的分布比例变化情况如图 2－37 所示。从图中可见，最近 15 年优先权国为中国和加拿大的专利数量所占比例增幅明显。特别是中国所占比例增幅超过 30%，说明近些年来中国在页岩气技术研究方面发展非常快。由于中国专利数量的飞速增长，美国、俄罗斯、德国和英国虽然专利数量有不同程度的增加，但所占份额明显下降。

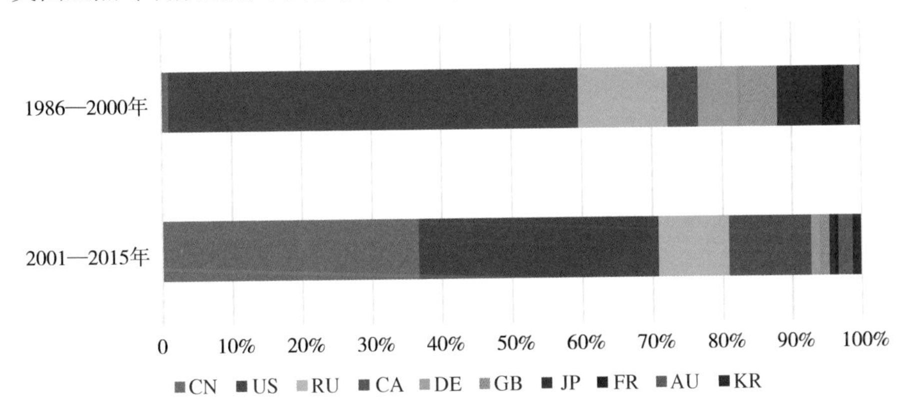

图 2－37　主要优先权国家（地区）页岩气技术相关专利份额的变化情况

美国专利族除本土外主要分布在加拿大、澳大利亚和欧洲，在亚洲布局很少，对亚洲页岩气发展重视程度不高。欧专局专利族除本土外主要分布在北美和澳大利亚，对亚洲的布局也比较少。澳大利亚专利族除本土外主要分布在北美和欧洲。中国、日本目前以国内专利为主，少量分布在欧美、澳大利亚等国家（地区）。由此可见，欧美对亚洲页岩气技术市场的关注度不高（图 2－38）。

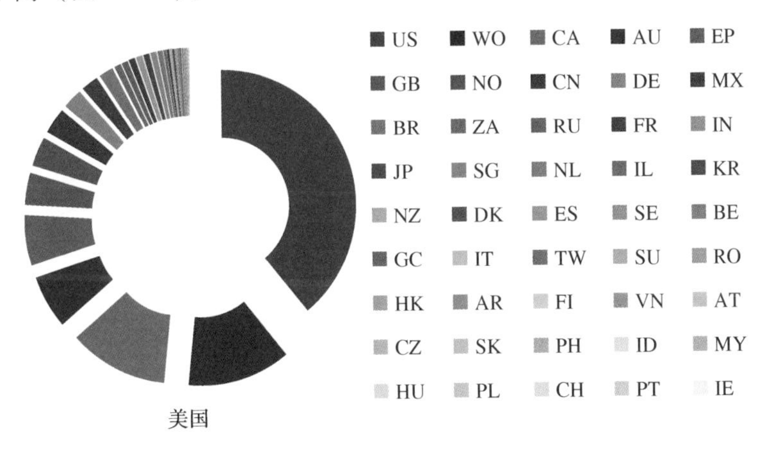

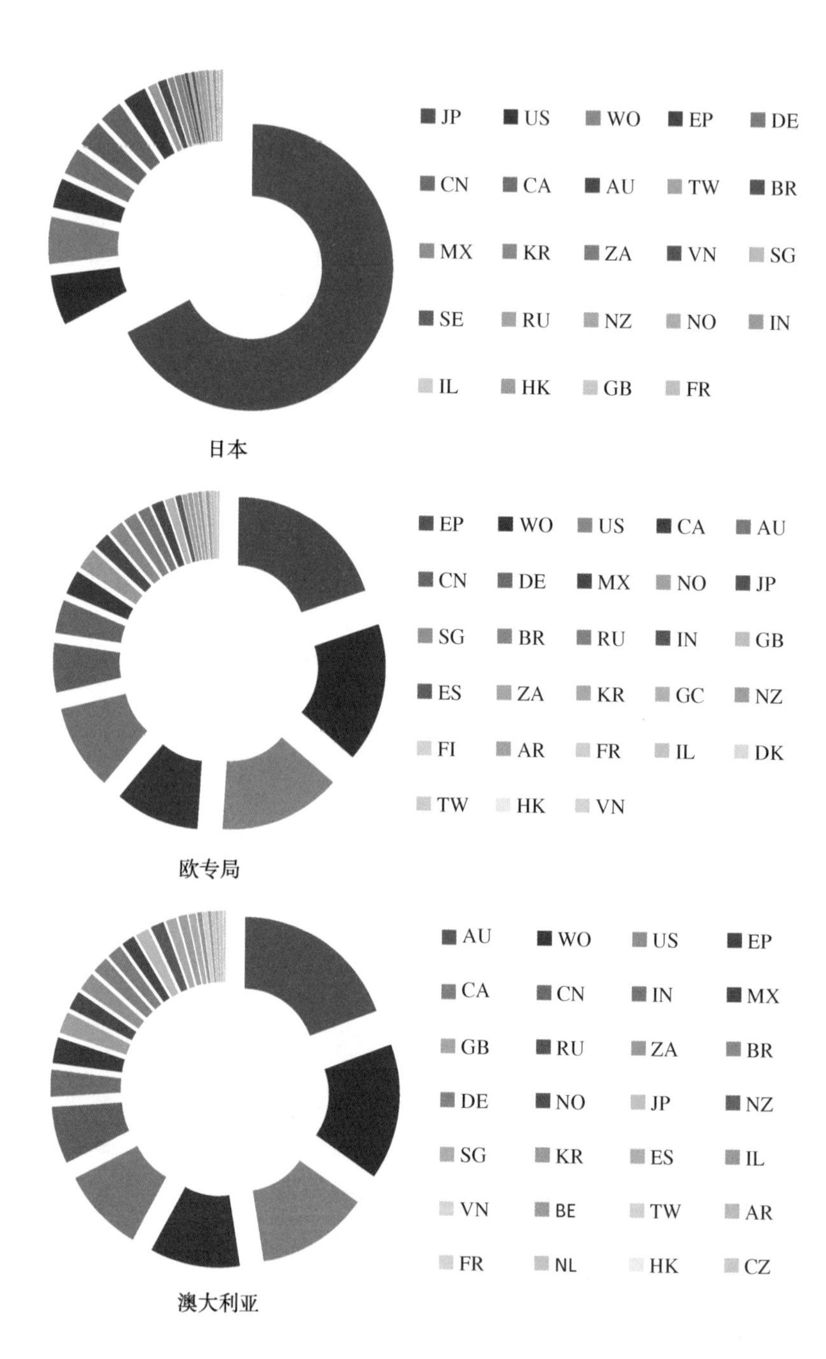
JP
US
WO
EP
DE
CN
CA
AU
TW
BR
MX
KR
ZA
VN
SG
SE
RU
NZ
NO
IN
IL
HK
GB
FR
日本
EP
WO
US
CA
AU
CN
DE
MX
NO
JP
SG
BR
RU
IN
GB
ES
ZA
KR
GC
NZ
FI
AR
FR
IL
DK
TW
HK
VN
欧专局
AU
WO
US
EP
CA
CN
IN
MX
GB
RU
ZA
BR
DE
NO
JP
NZ
SG
KR
ES
IL
VN
BE
TW
AR
FR
NL
HK
CZ
澳大利亚

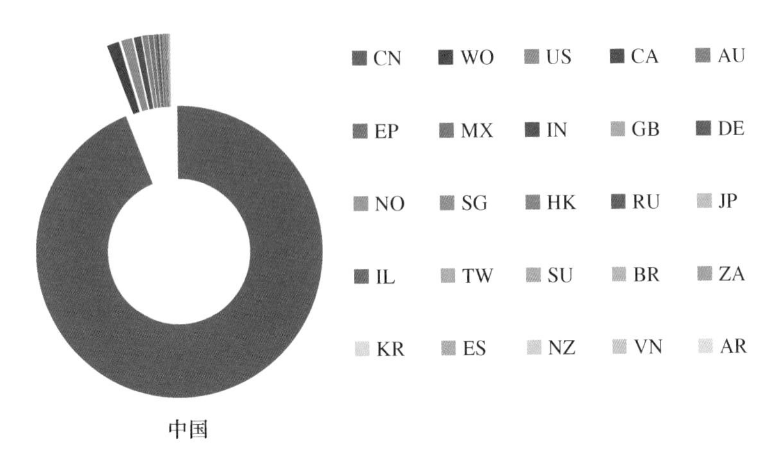

图 2－38　主要优先权国家（组织）页岩气技术专利家族国家（地区）分布情况

自 21 世纪以来，中国开始重视页岩气技术的发展，专利申请数量迅猛增加，专利总量跃居世界首位。然而从专利布局情况来看，欧美国家对亚洲包括中国页岩气技术发展及其市场的关注度明显不高。这说明中国在该技术领域的实力还有待进一步提高。与国际总体技术情况相比较（图 2－39），中国在钻孔或钻井等技术方面表现突出，而在油页岩、油砂等制备液态烃混合物及分离混合物、地震学或声学勘探或探测等技术方面相对较弱，需要加强这些技术的研发和与该技术领域科技实力较强的美国的合作。

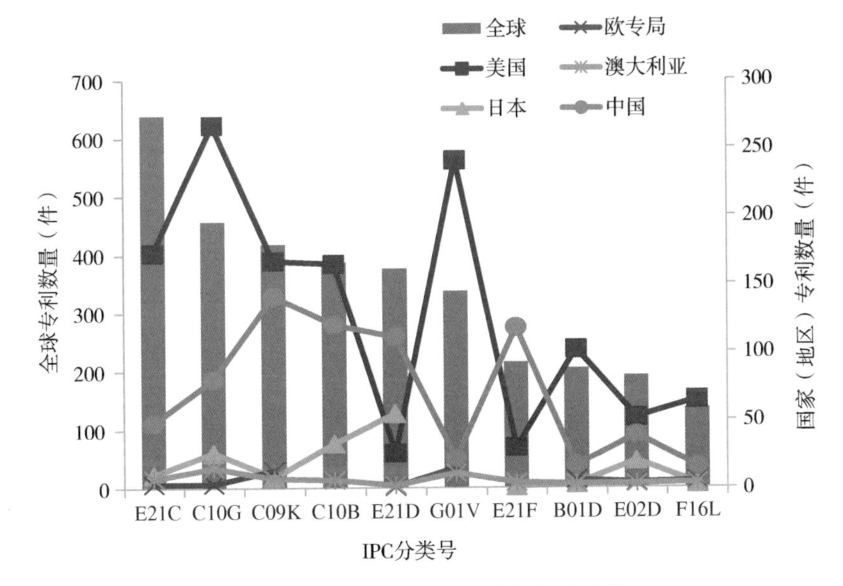

图 2－39　中国与国际页岩气技术比较

2.4 国外气候变化专利申请及对我国的启示

中国绿色技术因缺少国际专利，面临着巨大的法律诉讼风险。以太阳能为例，中国拥有全球最大的太阳能面板生产规模，但中国在该领域的国际专利申请量仅占全球总申请量的2%。同样，中国风力涡轮国际专利申请量仅占全球总申请量的3%。中国即使在生产实践中积累了大量的在先技术，但如果不尽早就这些技术创新提出专利申请，也就无法主张美国的专利保护，产品一旦进入美国，还面临着“337”调查的风险。

美国已经开始布局阻止国外绿色技术抢占其市场。2011年，《美国发明法》顺利通过，最大的变化是放弃了沿用200多年的先发明制，改用先申请制。绿色技术多为新兴技术，研发信息透明度不高，不可避免地存在着相同的技术在不同国家同步研发的情况。美国改用先申请制将有效阻止许多境外绿色技术专利申请者以境外先发明的事实抢占美国的专利资源，提高本国竞争优势。

从专利制度改革入手，缩短专利的审查周期。美国、英国、丹麦、澳大利亚、日本、韩国等国家，针对应对气候变化的绿色技术简化设计了特别的申请与审查程序，以使得技术持有人能尽早获得专利，使得绿色技术能尽快被应用于实践。在英国，只要申请人的技术属于应对气候变化的绿色技术，就可以通过申请获得加速审查，进入专门的“绿色通道”，申请人只需等待9个月就可能获得专利权；在美国，绿色技术可以适用“新加速审查程序”，申请人可以在12个月内获知是否授权的决定，审查周期与一般的程序相比，缩短了25%～75%；在韩国，绿色技术的专利申请甚至有可能在1个月内审查完毕，并在4个月内知道最终结果，比一般专利申请的审理速度快了许多。

通过修订法律，加强对应对气候变化绿色技术转让和扩散的规制。虽然在联合国气候变化大会中，印度、中国等发展中国家主张将TRIPs（关贸总协定知识产权协议）中有关强制许可的规定适用于绿色技术领域，世界知识产权组织（WIPO）等国际组织也表示支持，但美国等发达国家及国际商会（ICC）等国际组织却强烈反对。美国通过了《清洁能源和安全法案》《对外业务和相关项目融资拨款法案》及相关《财政年度外交关系授权法

案》，对美国参加任何国际气候变化事务的限定条件、有关气候变化对外资金援助的条件及严格执行现行国际知识产权法律制度的要求等问题，予以了规定和强调，以加强对本国绿色技术专利的保护。

中国要加强气候变化专利的海外申请需要分3步走。首先是建立应对气候变化专利技术分类体系，为该类专利的申请铺平前期基础；然后建立气候变化专利申请“绿色通道”，加快国内的审查速度；最后是鼓励有能力的企业走到海外去。

构建我国的应对气候变化专利技术分类体系。只有建立了科学的分类体系，在申请过程中，才能判断哪些是应对气候变化的绿色技术，并实施具有针对性的下一步措施。建议可将IPC分类体系作为研究的基础，结合关键词进行分类体系开发。分类体系形成后，尽快向社会公布和推广，使之成为全社会广泛认可并使用的标准。

尽快为应对气候变化专利申请建立“绿色通道”。专利的国家申请渠道有2个，利用《巴黎公约》或《专利合作条约》（PCT）途径。相比《巴黎公约》，PCT途径在多个国家（地区）同时申请具有手续较简单、费用较低、可用中文撰写、有更长准备时间等优势。PCT专利申请需要先走国家阶段，目前我国绿色技术在申请专利时并无程序上的优势。鉴于目前的国内外形势，我国应该尽早为绿色技术专利申请建立相应的快速审查机制，建立适合我国专利审查实际情况的“绿色通道”，以促进我国绿色技术的发展，增强我国绿色产业的国际竞争力。

企业的知识产权意识急需提高，不断加强在海外的气候变化相关专利布局。虽然国家出台了一系列措施，但国内企业专利“走出去”仍然不够。国务院于2006年颁布了《国家中长期科学和技术发展规划纲要（2006—2020年）》，规定对获得国外自主知识产权提供支持补助。2008年又颁布了《国家知识产权战略纲要》，把“到2020年，把我国建设成为知识产权创造、运用、保护和管理水平较高的国家”作为战略目标；把“对外专利申请大幅度增加”作为近5年的战略目标之一；把“支持企业等市场主体在境外取得知识产权”作为战略举措之一。在此背景下，2009年财政部印发了《资助向国外申请专利专项资金管理暂行办法》，对企事业单位向国外申请专利进行补助。2010年，科技部发布了《国家科技重大专项知识产权管理暂行规定》，规定“对于应当申请知识产权并有国际市场前景的科技成果，项目（课题）责任单位应当在优先权期限内申请国外专利权或者其他知识产权”。根据 2009—2011 年的补助执行情况，财政部又于 2012 年出台了《资助向国外申请专利专项资金管理办法》。当然，PCT 专利数量的快速增长更离不开研发机构尤其是企业对知识产权保护认识的提高：只有依托知识产权，主动参与国际竞争，才能赢得更可观的经济利益和实现可持续发展。华为和中兴两家企业申请的 PCT 专利就占了国内全部 PCT 申请的 1/3 以上，只有国内企业大面积地走出去，才能形成国家优势，形成竞争力。

3　清洁煤发展态势分析

3.1　主要国家（地区）清洁煤科技计划与政策

煤炭储量大，开采成本低，是目前主要的可以满足长期巨大需求的化石能源，因此受到各国的青睐，纷纷采取措施鼓励支持煤炭清洁技术的发展。

清洁煤技术一直是美国加快部署与发展的先进能源技术之一。1984 年，美国提出清洁煤技术示范计划（CCTDP），到 2003 年 5 月，CCTDP 共完成 36 个项目，能源部（DOE）投资 16 亿美元，企业投资 32 亿美元，政府投入占 1/3。1999 年推出 Vision 21 大型能源计划，建设 21 世纪能源工厂。2002 年启动的清洁煤先导计划（CCPIP）及气候变化技术计划（CCTP），重点研究对减排温室气体长期有效的清洁能源与碳吸收技术。其后 CCTP 每年约有 30 亿美元的预算资金，以提升美国在竞争中的领先地位。2003 年启动Future Gen 技术示范计划，拟到 2013 年的 10 年里投入 10 亿美元，建造世界上第一座以煤为燃料，既能发电又能产氢的零排放的煤基发电厂。2006 年启动先进能源计划（AEP），开发清洁煤等技术，实现能源转换。2010 年美国向多个清洁煤技术示范项目投入近 40 亿美元的资金。2011 年美国清洁煤技术研发经费达 30 亿美元。

2013 年 2 月，美国气候和能源解决方案中心发布《关于气候变化和清洁能源的联邦行动》的报告，主要包括确定碳排放价格、提高能源利用效率、减少来自发电厂的 CO_2 排放、加强低碳技术研发与示范、对清洁能源的税收抵免及收缩联邦碳足迹等行动，旨在有力推进清洁能源、减少碳排放，加强美国的气候适应能力。5 月，美国启动清洁能源制造计划。10 月，DOE 公布在全国范围内选择 18 个项目，以促进清洁煤第 2 代技术的创新研究，并提供近 8400 万美元的资助，这将有助于新建及现有的燃煤发电厂提高效率和降低碳捕集过程的成本。11 月，DOE 发布 3 个整体煤气化联合循环（IGCC）及 CO_2 捕获集成技术的资助项目，共投入 1230 万美元。12 月，DOE 宣布清洁能源税收抵免计划（MTC）第 2 阶段的一项超过 1.5 亿美元的税收抵免（第 1 阶段结余部分），将为清洁能源设备制造商提供总额达 23 亿美元的税收抵扣，帮助美国建立清洁能源制造优势，并创造数以千计的就业机会。

2014 年，美国总统研发预算中清洁能源及气候变化领域的研发投入分别为 31.42 亿美元、26.52 亿美元，而 DOE 清洁能源技术活动预算提高到 62 亿美元，比 2012 年增长 40%；其他政府部门用于清洁能源技术活动的预算提高到 79 亿美元，比 2012 年增长 30%。美国提出在今后 10 年，通过税收等激励政策投入 230 亿美元支持可再生能源生产，提高能效，鼓励企业加大先进能源设备和设施的投资，实施先进能源生产项目。

2015 年 8 月，奥巴马政府及美国环保署（EPA）公布了清洁电力计划（Clean Power Plan，CPP）最终方案，这是美国史上首次针对发电厂制造碳排放污染设定标准，被称为“史上最严”的清洁能源计划。计划在 2005 年的基础上，到 2030 年其电力行业碳排放减少 32%。11 月，参议院投票否决了该计划。2015 年全球共有 15 个碳捕集、利用与封存（CCUS）大型项目投入运行，其中，美国有 7 个项目，另有 3 个项目与加拿大合作，在全球具有绝对领先的实力。

1998 年以来欧盟一直支持清洁煤技术。其中，欧盟第 5 框架计划（1998—2002 年）及第 6 框架计划（2002—2006 年）均支持新型发电技术的示范，以改善燃煤电厂的环境和经济可接受性，重点放在改进传统煤炭技术，推进建设 IGCC 电厂，开发生物质与煤联合气化、烟道气干法脱硫和脱氮等新工艺。欧盟第 7 框架计划（2007—2013 年）支持开发 CCUS 技术，实现电力生产零排放，以及通过研发和示范清洁煤及其他固体燃料转化效率技术，提高工厂能源利用效率。OECD 国家在2009—2015年着重研发可以用于（25 ~ 30）MPa/600 ℃/620 ℃超（超）临界电厂的材料、碳捕集的技术；2015—2017 年建设可配套用于 700 ℃超（超）临界电厂的旁流型 CCUS 技术示范装置；2017—2020 年推广可在 700 ℃超（超）临界电厂商用的旁流型 CCUS 技术，并建立全流量二氧化碳捕集试点；2020—2025 年在 700 ℃超（超）临界电厂建设富氧燃烧试点，随后商用。

2013 年 3 月，欧盟公布了《环境和能源资助纲要》征求意见稿，新纲要的有效期为 2014—2020 年，将坚持欧盟能源战略的既定目标，进一步提高能效，加大补助力度发展可再生能源，推动成员国国内电网的整合及跨国界电网的建设，实现欧盟范围内能源“互联互通”。

2014 年，欧盟发布 CCUS 工作路线图，主要内容包括：建立欧盟排放交易体系（ETS），建立鼓励开发 CCUS 技术、易于为 CCUS 产业投资的金融结构，发展与 CCUS 直接相关的 NER－300 技术，以应对欧盟国家的温室气体排放。

2013 年，英国继续支持将燃煤电厂改建为生物质能电厂的计划，认为其有助于实现英国的气候目标。3 月，政府针对工业供热、城市供热网络和建筑供热，制订了减少供热排放的计划。

为实现能源转型，法国计划从 2014 年开始对化石燃料征收碳税，至 2016 年共筹集到 40 亿欧元碳税。

目前，煤炭仍是德国的主要能源之一。2012 年，德国启动了“CO_2中性、高能效和适应气候变化的城市”“能源供应智能化改造”等项目，研发经费达 48.3 亿欧元。福岛核事故后，德国煤炭消费大幅增长。为减少碳排放，削减煤炭份额，近年来，德国逐步削减对煤炭开采业的补贴，并计划于 2018 年关闭境内所有煤矿。《巴黎协定》签订后，2016 年 5 月，德国宣布将通过停运其全部燃煤发电站，以减少碳排放。计划在 2050 年以前，停止全部燃煤发电站的运行，以保证实现其气候目标。

未来一段时间，俄罗斯将大力发展煤炭产业，不断减少使用价格较高、国外需求较大的天然气，以改变其能源结构。根据煤炭行业发展长期纲要的规定，2030 年前俄罗斯将融资 3.7 万亿卢布用于煤炭行业发展，其中 2518 亿卢布为财政拨款，同时扩大国内市场对煤炭的消费。专家担心，如果不对老化的锅炉和热电厂进行更新或技术改造，大量使用煤炭将对生态环境和居民健康产生不良影响。

2011 年，澳大利亚设立专项资金，从 2012 年起，7 年内计划投入 12 亿澳元，支持企业发展清洁技术。清洁技术支撑着制造业企业的 223 个项目，将带动 3.38 亿澳元的投资，用于提高设备的能效，从而将带来每年超过 3000 万澳元的成本节约。从 2013—2014 财年起，澳大利亚政府 5 年内向清洁能源金融公司注资 100 亿澳元，通过贷款和担保等形式，专门资助研发清洁能源、低碳技术及提高能效。

中国在《国家中长期科学和技术发展规划纲要（2006—2020年）》中，将能源列为优先发展领域，并强调了煤的清洁高效开发利用、液化及多联产等技术。随着《火电厂大气污染物排放标准（2011年）》的颁布实施，自2015年起将实行燃煤汞排放限制，国家还将逐步实施对$PM_{2.5}$超细颗粒物的排放标准。因此，研发重金属脱除技术、高效可靠的除尘技术已迫在眉睫。中国已启动SO_2、NO_x、汞等多种污染物协同控制关键技术的研发，并计划在600 MW燃煤发电机组进行示范。

2013年1月，《能源发展“十二五”规划》提出：①实施重大科技示范工程，研发600℃百万千瓦级（单轴）超超临界燃煤发电机组，研制700℃超（超）临界发电机组锅炉、汽轮机设备、辅机、高温材料和部件；②实施地下气化采煤技术研发与示范工程，集煤气化、化工合成、发电、供热、废弃物资源化利用等于一体的多联产示范工程，（400～500）MW级IGCC多联产及碳捕集、利用与封存示范工程，高效节能环保节水型燃煤发电示范工程，中/低热值燃气蒸汽联合循环发电示范工程等；③重点在中西部煤炭净调出省区，选择水资源相对丰富、配套基础条件好的重点开发区，建设煤基燃料、烯烃及多联产升级示范工程。“十二五”时期，新开工煤制天然气、煤炭间接液化、煤制烯烃项目能源转化效率分别达到56%、42%和40%。在继续组织实施好宁夏宁东、陕西榆林、内蒙古鄂尔多斯、新疆伊犁等既有煤炭深加工项目的基础上，在新疆、内蒙古、陕西、山西、云南、贵州、安徽等部分综合配套条件比较好的地区，积极推进以煤炭液化、煤制气、煤制烯烃、煤基多联产、煤油气资源综合利用等为主要方向的大规模工程示范项目。

2013年9月，为鼓励燃煤发电企业进行脱硝、除尘改造，促进环境保护，国家发改委决定适当调整燃煤发电企业脱硝标准。燃煤发电企业脱硝电价补偿标准由0.8分/kW·h提高至1分/kW·h。对采用新技术进行除尘设施改造、烟尘排放浓度低于30 mg/m^3（重点地区低于20 mg/m^3），并经环保部门验收合格的燃煤发电企业除尘成本予以适当支持，电价补偿标准为0.2分/kW·h。以上价格调整自2013年9月25日起执行。

2014年9月，国家发改委、环保部和国家能源局联合发布《煤电节能减排升级与改造行动计划（2014—2020年）》，就燃煤发电行业的节能减排提出了新的要求和升级改造“时间表”，基于更加严格排放标准的超低排放将成为燃煤发电行业的“新常态”；国务院办公厅发布了《关于进一步加快煤层气（煤矿瓦斯）抽采利用的意见》。12 月，国家能源局、环保部及工信部发布了《关于促进煤炭安全绿色开发和清洁高效利用的意见》，对煤的合理开采、高效燃烧、有效转化和污染控制做出了整体部署；环保部组织编制《二氧化碳捕集、利用与封存环境风险评估技术指南》（试行），提出了二氧化碳捕集、利用与封存示范项目的环境风险评估方法。

2014 年 11 月 12 日，中国和美国于中国北京发布《中美气候变化联合声明》，提出：扩大清洁能源联合研发，继续支持中美清洁能源研究中心，包括继续为先进煤炭技术等三大现有研究领域提供资金支持。2015 年，清洁煤联盟中方依托单位华中科技大学和美方共同提出了第 2 阶段研究计划。

2015 年 3 月，由工信部、财政部共同推出《工业领域煤炭清洁高效利用行动计划》，初步设定到 2020 年力争节约煤炭消耗 1. 6 亿 t 以上的目标；5 月，国家能源局编制《煤炭清洁高效利用行动计划（2015—2020 年）》，为提升煤炭产品质量，将推进煤炭洗选和提质加工，同时发展超低排放燃煤发电，加快现役燃煤机组升级改造，开展煤炭分质分级梯级利用，提高煤炭资源综合利用效率。

2015 年 11 月 30 日至 12 月 11 日，全球瞩目的“第 21 届联合国气候变化大会”在巴黎召开。此前，中国和美国于中国北京发布的《中美气候变化联合声明》中，美国首次提出到 2025 年温室气体排放较 2005 年整体下降 26% ~28% ，刷新美国之前承诺的 2020 年碳排放比 2005 年减少 17% 的目标。中方首次正式提出 2030 年中国碳排放有望达到峰值，并于 2030 年将非化石能源在一次能源中的消费比重提升到 20% 。

2015 年 12 月 2 日，国务院总理李克强召开国务院常务会议，决定在 2020 年前对燃煤机组全面实施燃煤电厂超低排放和节能改造，大幅降低发电煤耗和污染排放。使所有现役电厂每千瓦时平均煤耗低于 0. 31 kg、新建电厂平均煤耗低于 0. 3 kg，对落后产能和不符合相关强制性标准要求的坚决淘汰关停，东、中部地区要提前至 2017 年和 2018 年达标。

总之，在各国清洁煤技术计划与政策的支持下，清洁煤技术及产业取得了不同程度的发展。

3.2 清洁煤科技进展

清洁煤技术主要包括原煤预处理技术（洗选、型煤、动力配煤、褐煤提质等技术）、清洁煤发电技术（超临界发电、超超临界发电、燃煤机组高效污染物脱除、循环流化床锅炉发电、整体煤气化联合循环发电等技术）、现代煤化工技术（煤制油、煤制烯烃、煤制天然气等技术）及目前尚属前沿的碳捕集、利用与封存技术等。

国家基础研究计划（“973”计划）在“十一五”期间部署了“温室气体提高石油采收率的资源化利用及地下埋存”项目，针对我国油田特点研究使用二氧化碳提高石油采收率（EOR）的理论和相关技术；国家高技术发展计划（“863”计划）安排重点项目围绕二氧化碳矿化，微藻固定二氧化碳制备生物柴油，基于IGCC的二氧化碳捕集、利用与封存技术研究与示范等技术研发进行部署；国家科技支撑计划围绕高炉炼铁二氧化碳减排与利用、煤制油高浓度二氧化碳捕集与地质封存、富氧燃烧二氧化碳捕集等组织关键技术、装备研发与示范，在“十二五”先期启动了相关的项目。“十二五”期间开展了二氧化碳化工利用关键技术研发与示范、二氧化碳矿化利用技术研发与工程示范、燃煤电厂二氧化碳捕集、驱替煤层气利用与封存技术研究与试验示范等碳捕集、利用与封存科技支撑计划项目，国土资源部初步完成了417个盆地二氧化碳地质存储潜力与适应性评估，在内蒙古成功实施我国首个二氧化碳地质存储示范工程。神华、华能、中电投、中石油、中石化、江苏中科金龙公司等企业都在进行一些较具规模的研发示范活动。2015年由华中科技大学牵头的35 MWth富氧燃烧碳捕集关键技术、装备研发及工程示范投入运行，预计在2017—2018年陆续有中石油、中石化和延长集团等的4个大型项目运行。

从政策的变动来看，国内于20世纪90年代开始重视清洁煤技术，近几年政策扶持力度逐渐增大。目前，我国的清洁煤技术主要应用在煤炭加工，煤炭高效洁净燃烧，煤炭转化，污染排放控制与废弃物处理，及碳捕集、利用与封存等领域，已建设了一大批示范工程，一些技术甚至领先于国际水平。但是，目前出台的政策宏观性及战略性较强，缺乏对相关政策及具体实施措施的细化。在碳捕集、利用与封存方面，中国在政策方面给予了大量的引导，示范项目上也取得了巨大的进展，但在立法方面尚未取得突破，还未形成专门的与碳捕集、利用与封存相关的立法、标准和政策，尤其是需要在示范项目的基础上来加强对其标准的制定。

3.2.1 清洁煤发电技术

作为中国煤炭消费第一大户的发电行业，其用煤量占煤炭消费总量的50%左右，因此发展清洁煤发电技术对中国至关重要。2013 年，中美联合公布碳减排计划，双方将开展大规模、综合性清洁煤项目，捕捉煤燃烧产生的碳排放，并采取更多措施限制燃煤电厂的产出，加强对温室气体数据的收集和管理。

（1）超（超）临界燃煤发电技术

近年来，超（超）临界燃煤发电技术在中国得到长足发展，中国已成为世界上投运超（超）临界发电机组最多的国家，大大节约了电煤消耗总量，减少了污染物排放。超（超）临界发电机组已成为中国新建机组的主力机型，发电效率达 45.4%，远高于亚临界机组的 37.5%。截至 2012 年 7 月，中国五大发电集团已拥有超临界发电机组 155 台、超（超）临界发电机组 65 台，总装机容量 142 GW，占各自火电装机的 30% 以上。

超（超）临界发电技术正在向进一步提高蒸汽参数、降低能耗和减少污染物排放的方向发展。“十二五”期间，中国将重点围绕 700 ℃ 先进超（超）临界发电机组进行关键技术攻关和系统集成示范。国外知名的先进超（超）临界电厂的数据如表 3－1 所示。欧洲正在发展先进的 700 ℃ 燃煤电厂，计划采用新型镍合金过热器管，预期效率可达 50%。

表 3－1　国际知名先进电厂数据

电厂名（国家）	锅炉及燃料	工作状态	效　率	环保措施（脱硝/除尘/脱硫）
Nordjylland（丹麦）	塔式锅炉，烟煤	29.0 MPa/580 ℃/580 ℃	47.0%（低热值）/44.9%（高热值）	燃烧及 SCR/ESP/湿法 FGD
Niederaussem（德国）	塔式锅炉（50%～60%），无烟煤和褐煤	27.5 MPa/580 ℃/600 ℃	43.2%（低热值）/37.0%（高热值）	燃烧/ESP/湿法 FGD

续表

电厂名（国家）	锅炉及燃料	工作状态	效　率	环保措施（脱硝/除尘/脱硫）
Isogo New Unit（日本）	塔式锅炉，烟煤和日本煤	25.0 MPa/600 ℃/610 ℃	>42.0%（低热值）/40.6%（高热值）	燃烧及 SCR/ESP/ReACT
Torrevaldaliga（意大利）	巴布科克锅炉，烟煤	25.0 MPa/604 ℃/612 ℃	>44.7%（低热值）	SCR 脱硝/袋式/湿法石灰石 - 石膏 FGD

注：SCR，选择性催化还原脱硝技术；ESP，静电除尘；FGD，烟气脱硫；ReACT，可再生活性焦技术。

（2）污染物控制技术

目前，在常规燃煤发电机组中普遍采用的污染物控制技术包括湿法脱硫（FGD）、选择性催化还原脱硝（SCR）、静电和布袋除尘技术，可以脱除烟气中95%的SO_2、90%的NO_x和99%的烟尘。此外，还可以通过吸附、沉淀、氧化等方法，实现烟气脱汞。

在国家政策和法规的引导下，常规火电厂污染物控制技术在中国得到了广泛应用。目前，国内全部300 MW及以上等级燃煤发电机组均安装了效率较高的除尘装置，单位发电量烟尘排放量从2005年的1.33 g/kW·h降至0.5 g/kW·h以下。国内已投运烟气脱硫机组装机容量占燃煤发电总装机容量的90%左右。在发电量比2005年增长近70%的情况下，全国发电SO_2排放量占总排放量的比例从51%下降至约40%，单位发电量SO_2排放量从6.4 g/kW·h降至2.5 g/kW·h左右。在新发布的《火电厂大气污染物排放标准（2011年）》中，NO_x排放限值大幅降低，国内已投运烟气脱硝机组装机容量超过100 GW，在建、规划装机容量也超过100 GW。

中国燃煤电厂烟气除尘以静电除尘技术为主，布袋除尘、电袋复合除尘等技术也有所应用。静电除尘技术已非常成熟，布袋除尘、电袋复合除尘技术也已实现国产化。在脱硫方面，广泛采用石灰石 - 石膏湿法脱硫工艺，部分采用干法和半干法。现已实现烟气脱硫的工艺优化、技术集成和关键设备国产化，主要技术经济指标达到世界先进水平。国内烟气脱硝90%以上采用SCR工艺，少量采用SNCR或SNCR + SCR工艺。SCR工艺在发达国家是成熟技术，中国也在开发 SCR 技术和催化剂。同时，应用空气分级等低氮燃烧技术，可以减少 NO_x生成量，有效降低脱硝成本。

（3）清洁用煤燃烧系统

煤炭清洁利用是目前全球热门的研究课题之一，其中如何处理煤燃烧后产生的二氧化碳是关键。2013 年，科学家历时 2 年开发了一种清洁用煤的方式，在燃烧系统方面的研究取得了重大进展。该研究组能在不通过空气助燃的情况下，利用煤直接化学循环技术开发的研究装置，在煤释放热量的同时，成功捕获了反应过程中产生的 99% 的二氧化碳。该技术在实验室已经取得成功，在经过 25 kW 的试验装置连续运行 203 个小时技术测试后被主动中止，该技术被证实可以减少或消除包括二氧化碳和烟雾形成氮氧化物在内的各种污染物。该技术的要点是如何在燃料中加入氧化金属微粒实现化学反应。在研究小组开发的煤直接化学循环技术中，使用的燃料是煤粉，氧化金属微粒是氧化铁粉。其中煤粉直径为 100 μm 左右，氧化铁粉的直径为 1.5 ~2 mm。利用该技术的大型试验装置已经建成，并于 2013 年年底试运行。

循环流化床（CFB）锅炉具有 NO_x 排放低、燃料适应性广、脱硫成本低、负荷调节范围大且速度快等优点，不过也存在厂用电率高、部分部件易磨损等问题。中国是世界上拥有 CFB 锅炉装机台数和容量最多的国家，以（100 ~ 300）MW 容量为主。目前，四川白马电厂正在建设世界首个 600 MW超临界 CFB 锅炉燃煤发电示范工程，即将进入调试阶段。总体上，中国大型 CFB 锅炉的整体技术研发、工程设计、工程建设已达世界先进水平，“十二五”期间，将朝着燃用劣质燃料、低排放、超临界等方向发展。

（4）整体煤气化联合循环（IGCC）

IGCC 是把煤气化和联合循环发电集成的一种发电技术，被公认为是极具发展前景的清洁煤发电技术之一。IGCC 机组环保性能好，污染物排放量约为燃煤机组的 10%，整体排放水平与天然气发电机组相当。IGCC 同碳捕集、利用与封存技术相结合，能够以较低成本实现二氧化碳的近零排放，还可通过多联产实现煤炭的综合利用，具有很大发展潜力。IGCC 的主要问题在于系统复杂、造价较高。

美国作为 IGCC 技术领先的国家，一直将清洁煤发电技术列为国家能源可持续发展战略和国家能源安全战略的重要组成部分。虽然美国已有多家

IGCC 示范电站，但都没有实现商业运行。2012 年年底，在全球范围内，除美国、荷兰、西班牙、日本等国家已建成的 5 座 IGCC 电站，华能天津 IGCC 示范电站成为全球第 6 座 IGCC 电站。中国开展 IGCC 相关技术研发已近 30 年。2004 年，华能集团公司率先提出“绿色煤电”计划，旨在研究开发、示范推广基于 IGCC 技术的能够大幅度提高发电效率、达到污染物和二氧化碳近零排放的煤基能源系统。2012 年 12 月，“绿色煤电”计划第 1 阶段的华能天津 IGCC 示范工程成功投产，装机容量 265 MW，采用华能自主开发的 2000 t/d 两段式干煤粉加压气化炉、西门子 E 级燃气轮机。该项目的成功投运，填补了中国清洁煤发电技术领域空白，标志着中国掌握了自主开发、设计、制造、建设、运营 IGCC 电站的能力，为中国深入开展 IGCC、绿色煤电相关技术的开发和验证，以及进一步放大和示范奠定了基础。

“十二五”期间，中国将在不断完善现有 IGCC 示范电站的基础上，适时开展（400 ~ 500）MW 级 IGCC 多联产工业示范，提高整体技术经济指标。同时，还将开展碳捕集、利用与封存等相关技术的研发，为建设近零排放 IGCC 示范电站进行技术储备。

2013 年 6 月，美国通用（GE）成功启动了印第安纳州杜克能源公司全球最大的 IGCC 电厂，展示了如何利用其先进的整体辐射废锅（RSC）及新一代（第 2 代）耐火砖的煤气化系统增强煤化工项目的稳定性、灵活性和运行效率。GE 成熟的煤气化技术采用新一代 RSC 辐射废热回收系统，捕集煤转化成合成气体过程中释放的蒸汽热量 RSC 副产的蒸汽量用于煤气化下游工艺，几乎无须再配备独立的锅炉用于产生额外蒸汽或电力，从而增加了煤化工企业的煤转化效率，并降低排放。GE 煤气化技术及系统整合对此次成功开车的 IGCC 工厂起到了关键性作用。该工厂采用多系列煤气化系统每日可处理煤 5000 t，而早期的单系列 IGCC 示范项目的单炉每日投煤量只有 2500 t。

随着可再生能源发电的竞争力超越煤炭发电，欧洲煤炭需求将迎来一个漫长的“冬眠期”。2013 年 9 月，德意志银行的报告称，2012—2020 年，欧洲将大量淘汰老旧燃煤发电厂，总规模高达 28 GW。数据显示，2013 年欧盟可再生能源发电量继续增长，将新增包括风电、太阳能发电及水电在内的装机容量共计 21 GW，2012—2020 年装机容量将达到 140 GW。

3.2.2 现代煤化工技术

中国的石油对外依存度已超过57%，发展煤基化学品生产技术，替代部分石油化工产品，对保障中国的能源安全具有重要的战略意义，也是煤炭清洁利用的重要方面。目前，中国煤化工行业用煤量占煤炭总消费量的20%左右，有序发展高效清洁的煤炭转化技术，可以逐步实现落后产能替代和产业结构调整，大大减少污染物排放。

（1）煤制油技术（CTL）

CTL是以煤炭为原料，通过化学加工过程生产油品和石油化工产品的一项技术，包含煤直接液化和煤间接液化2种技术路线。此外，以煤制甲醇为原料，也可合成汽油产品（MTG）。

煤间接液化制油示范项目的技术、经济指标优于预期。目前，中国已建成3套煤间接液化装置，合计产能50万t/a，均采用国内开发的合成油技术和铁系催化剂。此外，中国建成和在建的MTG装置有3套，合计产能40万t/a。

2013年12月，内蒙古伊泰煤炭公司计划投资建设200万t/a煤间接液化制油示范项目，已获得国家许可，正在开展项目前期工作。2013年9月，神华宁煤集团年产400万t的煤炭间接液化示范项目在宁夏宁东能源化工基地正式开工建设。这是目前世界单套装置规模最大的煤制油项目，总投资550亿元。该项目是继神华集团建设运营鄂尔多斯煤炭直接液化项目取得成功后，我国第2个煤炭深加工示范项目。该项目以煤为原料，年转化煤炭2036万t，其中，原料煤1645万t、燃料煤391万t，年用水2478万m^3。项目年产合成油品405.2万t，其中，调和柴油273.3万t、石脑油98.3万t、液化石油气33.6万t；副产硫黄12.8万t、混醇7.5万t、硫酸铵10.7万t。该项目计划2016年建成投产，预计年均销售收入266亿元，年均利税总额153亿元，所得税后财务内部收益率达13.2%，静态投资回收期为10.24年。

2013年9月，神华包头煤制烯烃二期工程前期工作启动。二期工程规划建设产能规模为180万t/a煤制甲醇，以及70万t/a甲醇烯烃、41万t/a的聚丙烯装置、22万t/a的低密度聚乙烯装置、5万t/a的乙丙橡胶装置及配套的公用工程。

总之，中国在煤制油关键工艺、催化剂、装备和系统技术、工程技术等方面已达到世界先进水平。“十二五”期间进一步扩大工程规模，实现商业化运营。

（2）煤制天然气技术

气体燃料在近中期改善我国能源结构中将发挥主要作用。新型煤化工中煤气化投资占比达70%，因而煤气化技术是关键。煤制天然气是指将合成气通过甲烷化反应合成替代天然气（SNG）的过程。根据《天然气发展“十二五”规划》，中国计划到2015年实现煤制气产能150亿~180亿 m^3/a，占国内天然气供应能力的8.5%~10%。除在建项目外，还将规划建设煤制气升级示范项目或以煤制气为主的煤炭清洁高效综合利用示范项目，提高资源利用效率和污染物治理水平。

目前，国家对煤制气项目的审批提速。截至2013年9月已有20多个煤制气项目获批。新获批项目主要位于新疆、内蒙古等地，仍以大型央企为主。据测算，未来3年煤制气投资规模将超过2400亿元。2013年8月，新疆庆华煤制气项目一期工程投产，产出的煤制天然气进入西气东输管网，这在新疆能源开发史上具有里程碑意义。新疆庆华55 m^3/a 煤制天然气工程是“十二五”期间国家首个核准的煤制天然气示范项目。截至2013年7月底，一期13.75亿 m^3/a 煤制天然气工程及其配套设施建设完毕，实际完成投资110亿元。项目全部建成投产后，每年可实现销售收入150亿元，实现利税25亿元，可直接提供就业岗位近万个。

2009年，中国首个煤制气示范项目——大唐克旗40亿 m^3/a 煤制气项目开工建设，目前已完成大负荷试验等试车工作。目前在建的煤制气项目还包括大唐阜新40亿 m^3/a、内蒙古汇能16亿 m^3/a、新疆庆华55亿 m^3/a 等项目。据统计，目前我国煤制气项目主要集中在新疆和内蒙古，两地计划产能占全国80%，其中新疆备案的项目有22个，产能规模约千亿立方米；内蒙古有12个，产能规模约740亿 m^3。中国的煤制气项目大都布局在富煤缺水地区，国家颁布的最严格水资源管理制度将严重制约此类项目的发展，而中国天然气的负荷中心在相对富水的东部地区。因此，作为一种新思路和新途径，可以考虑在东南沿海等发达地区建设清洁高效的煤制气项目，利用价位合适的进口煤炭实现对国内天然气供应的有益补充。

华能两段式气化炉的应用业绩情况如表3-2所示。

表3-2 华能两段式气化炉的应用业绩（23台）

项目名称	项目地点	最终产品	装置数量	原料类型	单炉原料消耗量（t/d）	单炉有效气产量（标准 m^3/h）	投产时间
华能绿色煤电项目	天津	250 MW 电力	1	烟煤	2000	137 600	2012年4月
世林煤化工30万t/a甲醇	内蒙古	30万t甲醇	1	烟煤	1000	71 500	2012年8月
中化集团淮河化工合成氨技改项目	江苏	6万t/a合成氨	1	烟煤	250	20 000	2013年
四川金象集团三聚氰胺联产硝基复合肥项目	新疆	10万t/a三聚氰胺、60万t/a硝基复合肥	1	烟煤	2000	144 000	2014年
中化集团辛集化工制乙二醇项目	河北	3万t/a乙二醇	1	烟煤	250	20 000	2014年
山东阿斯德化工煤制甲酸项目	山东	甲酸	1	烟煤	250	20 000	2014年
青岛三力化工煤制氢项目	山东	7000标准 m^3/h 氢气	1	烟煤	150	10 000	2014年
陕西府谷恒源煤焦电化项目	陕西	60万t甲醇+氢气	2	半焦	2000	160 000	2014年
华能满洲里煤制甲醇项目	内蒙古	60万t/a甲醇	1	褐煤	3000	160 000	2015年
华能新疆准东煤制天然气项目	新疆	40亿标准 m^3/a 天然气	8	烟煤	3000	160 000	2016年
美国Ember Clear IGCC项目	美国	270 MW 电力	1	无烟煤	2200	175 000	2016年

续表

项目名称	项目地点	最终产品	装置数量	原料类型	单炉原料消耗量（t/d）	单炉有效气产量（标准 m^3/h）	投产时间
美国 Ember Clear 煤制油项目	美国	1 万桶汽油/d	2	无烟煤	2200	165 000	2017 年
张家口昊华化工有限公司	河北	25 万 t/a 煤制醇氨	1	烟煤	1000	67 200	2016 年
新疆和山巨力化工有限公司	新疆	15 万 t/a TDI 项目	1	烟煤	564	37 500	2016 年

2013 年 7 月，内蒙古鄂尔多斯 120 亿 m^3 煤制天然气项目组奠基，鄂尔多斯煤制气工业园同时开工建设。鄂尔多斯煤制气工业园区共有 3 个年产 40 亿 m^3 的煤制天然气项目，分别由中国海洋石油总公司、北京控股集团有限公司和河北建设集团有限责任公司三大国有控股企业投资建设。项目总投资 800 亿元，总规模为年产 120 亿 m^3 煤制天然气、60 万 t 焦油、14 万 t 粗酚、18 万 t 硫黄、21 万 t 硫酸铵及其他副产品。这是我国目前投资建设规模最大的煤制天然气项目组。作为示范项目，技术领先、节约能源、环境友好，其经济效益、综合效益将成为国内的典范。

新疆准东地区煤炭预测储量 3900 亿 t，已探明储量 2136 亿 t，是中国面积最大、资源量最丰富的整装煤田。2013 年 9 月，国家正式批准 300 亿 m^3/a 的新疆准东煤制气示范项目开始建设。该项目主要包括五彩湾、大井、西黑山、喀木斯特、和丰 5 个气源点工程，由中石化、华能新疆公司等共同建设，估算总投资 1830 亿元，建成后将实现销售收入 550 亿元，税收 105 亿元，直接解决就业约 1. 8 万人，用煤量 9000 万 t/a。

2013 年 12 月，我国自主研制的 30 000 m^3/h 焦炉气甲烷化制压缩天然气工业装置投入使用，可实现年减排二氧化碳 90 万 t、二氧化硫 726 t、粉尘总量 10 t，年产天然气 1 亿 m^3，可实现销售收入约 3 亿元。该项目开辟了我国重污染工业废气制备清洁能源的新途径。

2013 年 12 月，中国首个煤制天然气示范项目——大唐内蒙古克什克腾旗煤制天然气示范项目投运，正式向中石油北京段天然气管线输送清洁的煤制天然气产品，输气量达 13. 3 亿 m^3/a。

2013年12月，我国自主研发的宽氢碳比煤基合成天然气技术，解决了不同煤质和气化炉型生产的合成气组分差别大、变换反应比例控制难等问题，确定了合成催化剂配方、制备工艺及宽氢碳比煤基合成天然气工艺技术。目前，该技术已通过科技成果鉴定，实现了中试装置的稳定运行。

（3）地下煤气化技术（UCG）

UCG是将处于地下的煤炭进行有控制的燃烧，通过对煤层的热作用及化学作用而产生可燃气体的过程，该过程集建井、采煤、地面气化三大工艺于一体，变传统的物理采煤为化学采煤，因而具有安全性好、投资少、效益高、污染少等优点，深受世界各国的重视，是煤炭开采利用技术的重要补充。

2000年以来，澳大利亚积极发展UCG，从事UCG开发并已展开现场试验的公司有林茨能源公司（Linc Energy）、碳能源公司（Carbon Energy）和美洲豹能源公司（Cougar Energy）。澳大利亚昆士兰州政府批准这3个公司在昆士兰州褐煤煤田进行前期试验，以进行商业化运营的可行性论证及长期环境影响评估。

2010年，加拿大阿尔伯塔省政府大力支持天鹅山合成燃料公司发展UCG，已注资2.85亿加元。该项目将所气化煤层的深度提高到1400 m，是迄今为止该领域埋深最大的煤层，该项目已于2015年动工，所得煤气计划用于发电。

目前世界上正在筹建及已建成的UCG电厂达25个以上，其中规模最大的是南非马久巴在建的全球最大的UCG－IGCC发电站，规模可达2100 MW。

英国在煤炭地下气化碳捕集、利用与存储及燃料电池发电方面的结合，在全球具有引领作用。

当前，国际UCG主要有四大发展方向：UCG与联合循环发电产业的结合（UCG + IGCC），UCG与碳捕集、利用与存储产业的结合（UCG + CCUS），UCG与制氢产业的结合（UCG + HGC），UCG与燃料电池发电产业的结合（UCG + AFC）。

根据地下煤气化协会最新统计：目前，全球拥有地下煤气化项目的国家有35个（表3－3），其中，现役项目2个、试验先导项目2个、计划项目16个、研究项目2个、潜在项目13个。

表 3-3 全球地下煤气化项目

国家（地区）或企业项目	项目类别	计划简介	备 注
英国	计划	得到授权许可的 6 家公司在海底煤矿进行 UCG 项目，调查工作已开始	主要在北海，大西洋/爱尔兰海/布里斯托尔隧道等也有
爱尔兰	潜在	都柏林湾是唯一拥有 UCG 许可的区域	还没有行动
欧盟-比利时	试验先导	1987 年在比利时图林的欧盟资助的试验项目，没有进一步的 UCG 行动	
欧盟-德国	研究	由欧盟资助结合碳捕集进行 UCG 研究	亚琛大学为研究主体
斯洛伐克	潜在	已经签署一些谅解备忘录	需要进一步研究
罗马尼亚	潜在	有兴趣，但目前还只是技术评论	
匈牙利	计划	野马能源公司在匈牙利麦切克山脉地区实施的最先进的欧洲国家项目	
捷克	潜在	评论阶段	
斯洛文尼亚	潜在	评论阶段	
塞尔维亚	潜在	不久将开始的研究项目，正调查潜在的地点	
保加利亚	潜在	2 个计划，在评论中，欧盟广泛支持使用 CCUS、煤气加热炉过吹及 DMT 进行地下煤气化	
欧盟-西班牙	试验先导	欧盟资助，1998 年完成，后续研究仍继续	
土耳其	潜在	1 个项目，在计划阶段，确定几个合适的地点	
哈萨克斯坦	潜在	确定了地点，但复杂的批准程序阻碍了开发	

续表

国家（地区）或企业项目	项目类别	计划简介	备　注
乌兹别克斯坦 Yerostigaz	现役	Yerostigaz 是林茨（Linc）能源的子公司，在乌兹别克斯坦安格伦每天售出约 100 万 m^3 的合成气	世界上最古老的 50 年以上的地下煤气化产地
巴基斯坦	计划	在塔尔煤田进行试点工作	
印度	研究	地下煤气化潜力大，探索合适的地点	无监管框架
西伯利亚	计划	地下煤气化历史悠久，2011 年开始最新的计划	
中国	计划	历史悠久，使用地下煤气化不同准备阶段的计划较多	新奥集团、新矿集团工业示范较好
越南红河三角洲	计划	2 个处于规划阶段的计划	
印度尼西亚	计划	签署谅解备忘录，探索合适的地点，因未得到许可而被延迟	
澳大利亚珀斯	潜在	市场的潜力大	
澳大利亚林茨能源	计划	林茨能源公司在南澳瓦洛威盆地开展新项目	
澳大利亚金吉拉	现役的试用厂	自 1999 年以来，林茨能源公司在金吉拉的地下煤气化试用厂一直在运营，技术可行	
新西兰固体能源公司	计划	固体能源公司继续试用计划	
南非马约巴	计划	南非 Eskom 公司的马约巴地下煤气化试用计划较为先进，正与 Sasol计划一起走向商业化	该区域地下煤气化历史悠久，有较强的技术能力及研究实力
博茨瓦纳	潜在	地下煤气化潜力大，确定了几个大的合适区域，公布计划	

续表

国家（地区）或企业项目	项目类别	计划简介	备　注
智利	计划	碳能源与 Mulpun 的安托法加斯塔矿产公布联合计划	
巴西	潜在	规划了示范计划，确定了几个合适的地点，正在进行持续研究	
哥伦比亚	潜在	确定了几个大的合适的地点，继续研究	
美国 劳伦斯·利弗莫尔计划	计划	研究历史追溯到 20 世纪 50 年代，最近在华盛顿与怀俄明州由劳伦斯·利弗莫尔实验室执行 2 个大的计划	林茨能源将在怀俄明州的波德河煤田开始试点计划
美国 怀俄明州计划	计划	引起许多州的关注，到 2015 年走向商业化	俄克拉荷马州、蒙大拿州、北达科他州、得克萨斯州及伊利诺伊州都有可能成为地下煤气化项目地点
加拿大 新斯科舍	计划	新斯科舍是另一个正在考虑进行地下煤气化的区域	
加拿大 天鹅山合成燃料计划	计划	亚伯达省的天鹅山合成燃料计划已经获得政府资助资金	

2013 年，欧洲地下煤气化制氢（HUGE）的 2 期项目获得了 300 万欧元的经费，由欧盟 7 个成员国的研究机构、大学和采矿企业联合开展地下煤气化技术研究。第 1 次测试在比利时举行，研究人员模拟了一座煤矿的内部，以检测压力和热量变化对结果的影响。随后在波兰某采矿场地下 25 m 深处进行了试产，以 50 kg/h 的速度气化了 22 t 煤，在地表收集到的合成气燃烧后产生了 269 GJ 的能量。

3.2.3 碳捕集、利用与封存技术

近年来，全球气候变化引起了国际社会的普遍关注，有效控制以CO_2为主的温室气体排放，给发展清洁煤技术赋予了新的目标和要求。研发储备碳捕集、利用与封存技术不仅对中国，而且对全球未来应对气候变化、大幅降低碳排放强度具有重要意义。

CO_2捕获是指将燃煤发电、煤化工等排放的CO_2分离，形成高浓度的CO_2中间产品，便于资源化利用或封存至地下。CO_2捕获的主要问题在于CO_2分离提纯或制氧的装置投资和能耗较高，影响了整体经济性和能量转化效率。

全球碳计划组织的年度分析报告显示，2012 年全球CO_2排放量达到了创纪录的350 亿 t，较 2011 年增长 2.2%，比衡量温室气体排放水平的基准年 1990 年高出 58%。2013 年的增长率略低于过去 10 年的年均增长率 2.7%。联合国气候大会在华沙举行期间，该组织发布报告称："根据 2013 年的经济活动估计，CO_2排放量可能会增加 2.1 个百分点，达到 360 亿 t。"中国 2012 年CO_2排放量增长了 5.9%，低于过去 10 年来 7.9% 的年均增长率。尽管中国可再生能源和水力发电消耗量 2012 年增长了 25%，但可再生能源和水力发电的增长起点较低，实际增长量已被增长起点较高的煤炭 6.4% 的增长率相抵消。煤炭占中国 2012 年能源消耗总量的 68%。由于对高能耗的煤炭的依赖性，中国的人均CO_2排放量正在迅速增长。目前，中国CO_2排放水平与欧盟大致相当，人均排放量为 7 t/a。此外，两个CO_2排放大国日本（6.9%）和德国（1.8%），为了摆脱对核能的依赖开始转用煤炭。印度的CO_2排放量猛增了 7.7%，其中，煤炭燃烧排放的CO_2量增长了 10.2%。欧盟 28 国的总排放量减少了 1.3%，但煤炭燃烧排放的CO_2量增加了 3%。而 2012 年美国的CO_2排放量减少了 3.7%，其中，煤炭排放的CO_2量减少了 12%，因为该国开始使用更为清洁的页岩气。根据美国能源情报署（EIA）数据估计，到 2040 年全球与能源相关的温室气体排放将达到 450 亿 t，这是全球火山喷发排放温室气体的 200 倍。

2013 年 6 月，美国能源部（DOE）及国家能源技术实验室（NETL）的研究表明："下一代"二氧化碳气驱强化采油（CO_2 - EOR）可以为美国提供 1350 亿桶的额外技术可采石油。为此，大约 170 亿 t 的CO_2将需要由为获得经济可采石油的CO_2 - EOR 运营商来购买，这相当于 91 个兆瓦级燃煤电

厂超过30年的温室气体排放量。目前在全球范围内，利用CO_2-EOR提高石油生产将需要大量的CO_2，仅天然的CO_2源不能满足需要。因此，不仅需要CO_2-EOR帮助推动CCS的经济可行性，而且CO_2-EOR需要CCS确保其充足的CO_2供应，以促进石油生产的增长。为此，DOE已将CCS更名为CO_2-EOR，并建议将CCS改为碳捕集、利用与封存（CCUS）。

同时，美国地质勘探预测地下岩石构造中可封存多达3万亿t CO_2。这表明美国具有足够的CO_2封存承载力，以应对发电行业1000年以上的CO_2排放量，并确定了位于墨西哥湾沿岸、阿拉斯加、落基山脉及其他地区的适合长久封存CO_2的选址。

CCUS与电力系统领域引导并支持长期、高风险的研发，以大力减少矿物燃料电厂排放（包括CO_2），同时大幅提高发电效率，努力成为可用、接近零排放的矿物燃料能源系统。NETL研究CCUS与发电系统一体化技术，主要包括经济有效的CO_2捕集、压缩、运输与存储，CO_2的有效监控与验证，CO_2的地下永久存储及社会公众接受度。整个项目由先进能源系统、碳捕集、碳存储及交叉性研究4部分组成（图3-1）。每个组成部分又被进一步划分为许多技术领域。例如，独立技术领域又被细分为各种关键技术，

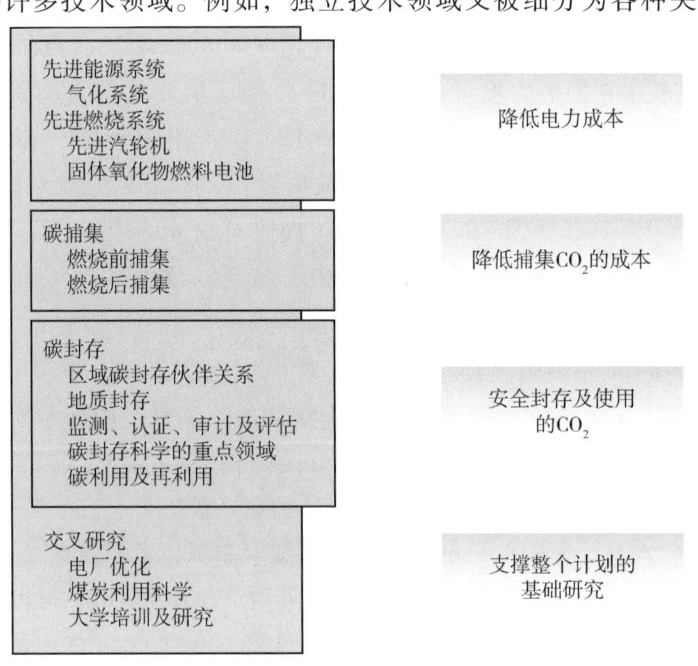

图3-1 美国CCS与电力系统组成分布

先进燃烧系统又是先进能源系统的一部分。

2013 年，由国际能源署温室气体计划（IEA GHG）的先进资源国际项目研究评估了世界上最大的 54 个石油盆地的 CO_2 – EOR 和 CO_2存储潜力，认为这些盆地中有 50 个油藏能接受混合 CO_2 – EOR。假设采用这种技术，在这些盆地中刚刚发现最大的油田（大于 5000 万桶的原始地质储量）有潜力生产 4700 亿桶的额外石油，并储存 1400 亿 t 的 CO_2。

国际能源署（IEA）分析显示，为了应对减排挑战，总的 CO_2捕获和封存率必须不断提高，捕获 CO_2量要从 2013 年的数千万吨发展到 2050 年的 1000 亿 t。2015—2050 年，全球总共需要捕获和封存约 120 亿 t CO_2。由于 OECD 成员在能源需求方面的快速增长（到 2050 年前占到需求量的 70%），最大的 CCS 部署将发生在非 OECD 成员国家。动员必要的经济资源将依赖于大量强大的为 CCS 发展配套的商业模式，而这些商业模式正是迄今为止缺乏的。因此，需要采取紧急行动，行业和各国政府要制定这样的模式和实施奖励机制，以帮助推动 CCS 部署具备成本效益。

2013—2020 年是加速发展 CCS 的关键时期，这对于实现长期限制全球平均气温上升 2 ℃的目标是必要的。以下 7 项行动将为 2020 年规模部署 CCS 奠定基础：①引进示范和早期部署 CCS 的财政支持机制，推动民间融资的项目；②实施相关政策，鼓励封存场所的勘探、CCS 项目特色化和发展；③制定国家法律、法规及多边融资的规定，有效地控制新建基本负荷的化石燃料发电能力，为部署 CCS 做准备；④还没有列为 CO_2捕获示范的地区在工业生产中要进行中试规模的论证；⑤努力提高公众和利益相关者对 CCS 技术及其部署的重要性的认识；⑥通过持续的技术开发和使用效率最高的发电周期，降低发电厂配备的 CO_2捕获装置的用电成本；⑦鼓励高效 CO_2运输基础设施的发展，预测未来需求中心的位置和未来的 CO_2排放量。

2013 年 9 月，中国科学院提出中国北方煤化工产业有可能率先实现我国 CO_2地下封存的完整产业链。经过压缩、冷冻，CO_2会变成超临界状态，其形态像水，具有液体的高密度，同时，扩散性像气体，能把储层内的烃类物质萃取出来。在临近枯竭的油气田或难于开采的低孔隙度、低渗透率油气田中注入超临界态 CO_2，可有效提高石油采收率，而且 CO_2可被循环使用。因此，打破 CCUS 发展瓶颈，首先要解决 CO_2捕获成本过高的问题，而该研究发现，煤化工产业的发展可为 CCUS 提供新思路。

2012 年 11 月，日本国内重启核电站步伐缓慢，火力发电势头上升。早日确立 CCS 方法，有利于向世界输出技术，为此，日本政府决定由经济产业省牵头，采用日挥公司的压缩设备，在北海道进行大规模 CO_2 回收和存储示范试验。试验计划持续 3 年，2016 年开始，每年存储 CO_2 20 万 t。如此大规模开展炼油厂 CO_2 回收、存储示范试验在日本尚属首次。

德国联邦政府宣布将要实施的 CCS 示范项目如表 3－4 所示。

表 3－4　德国宣布将要实施的部分 CCS 示范项目

序号	项目名称	实施企业	时间	地点	行业
1	JANSCHWALDE	瀑布能源集团	2015 年	勃兰登堡	能源发电
2	WILHELMSHAVEN	意昂能源集团	2015 年	下萨克森	能源发电
3	EISENHUTTENSTADT	安赛乐米塔尔集团	待定	勃兰登堡	钢铁
4	GREIFSWALD	DONG 能源集团	待定	梅克伦堡	能源发电
5	HUERTH	莱茵能源集团	2014 年	北莱茵	能源发电

瀑布能源集团德国公司投资 7000 万欧元在 Schwarz Pumpe 地区建设了全球第一家集成了 CO_2 捕获技术和富氧燃烧技术的煤炭火力发电试点厂（图 3－2）。该试点电厂的总装机容量为 30 MW，干褐煤消耗量 5.2 t/h，氧气消耗量 10 t/h，CO_2 捕获量 9 t/h。在积累试点电厂运作经验的基础上，

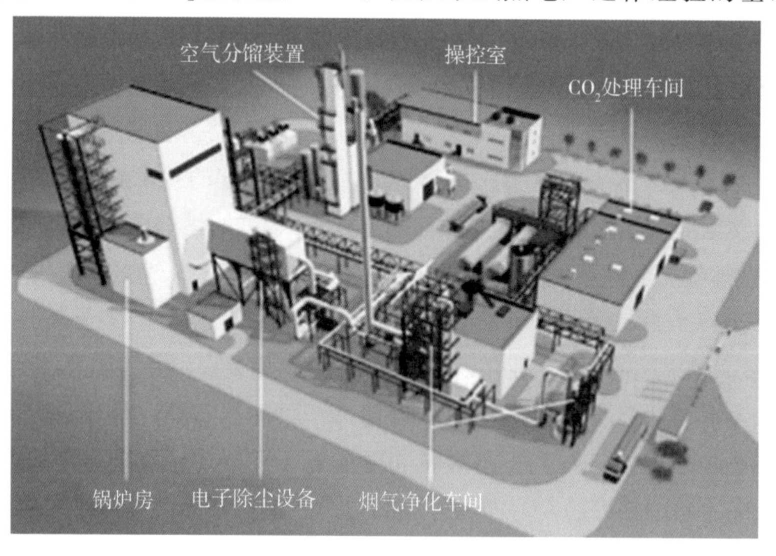

图 3－2　德国 Schwarz Pumpe 富氧燃烧系统 CO_2 捕获试点电厂工程示意

2012年瀑布能源集团启动（250~500）MW装机容量的富氧燃烧系统CO_2捕获示范电厂，并计划在2015年左右实现1 GW装机容量富氧燃烧系统CO_2捕获电厂的商业化运作。

近年来，部分开展空气捕获系统样机研发的创新型企业推动了CO_2空气捕获技术的发展，并发表了很多研究成果。该技术的实质是用有吸附CO_2特性的固体或液体材料过滤空气。从概念上讲，类似于从燃煤发电厂排放的气体中提取CO_2。全球约30%的CO_2排放来自汽车、飞机等移动的非点源，而在这些设备的排气口安装CO_2清除设备有些不切实际，故只能采用空气捕获方法。目前该技术成本较高，据估算，用空气捕获系统从空气中去除1 t CO_2的成本约为1000美元，而安装在烟囱的清洗设备去除1 t CO_2的成本约为100美元。

2013年11月，西班牙研究人员在高压条件下对CO_2进行催化加氢，仅通过一个步骤，就成功将95%的CO_2转化为化工业燃料甲醇。该技术如投入工业应用，不但能缓解困扰全球的温室效应，还可能解决国际能源危机，因为甲醇是化工行业中重要的燃料，可以直接转化为电力能源。目前，该技术已申请了专利，它将为遏制全球气候变化起到关键作用，有可能成为控制和降低大气层中CO_2含量的主要途径，而最终产生的甲醇可转化为电力能源，将为解决能源危机做出重要贡献。

3.3 整体煤气化联合循环技术领域专利分析

本节以中国科学技术信息研究所（ISTIC）专利分析数据库为基础，对2000—2015年世界各国申请的整体煤气化联合循环技术领域相关专利数据进行统计分析，分别从申请年、联合专利分类（CPC）、专利权人等角度深入分析整体煤气化联合循环技术专利的整体产出情况、国家竞争情况、机构竞争情况及发展趋势。

整体煤气化联合循环技术领域专利数据采集的是ISTIC专利分析数据库，入库时间为2000—2015年的专利数据，分析所用数据为最早公开年份在2000—2015年的专利数据，以CPC号Y02E 20/18为主题进行检索，共检索到整体煤气化联合循环技术领域相关专利文献3843件。

3.3.1 专利申请总体态势分析

（1）时间序列分析

世界各国整体煤气化联合循环技术领域专利申请情况如图3－3所示。统计结果表明，2000—2014年共申请专利3774件。2000年以来，专利申请量呈现逐年上升的趋势，尤其是2005年以后，专利申请量迅速增加，2012年达到峰值583件。这说明，整体煤气化联合循环技术正处于高速发展阶段。

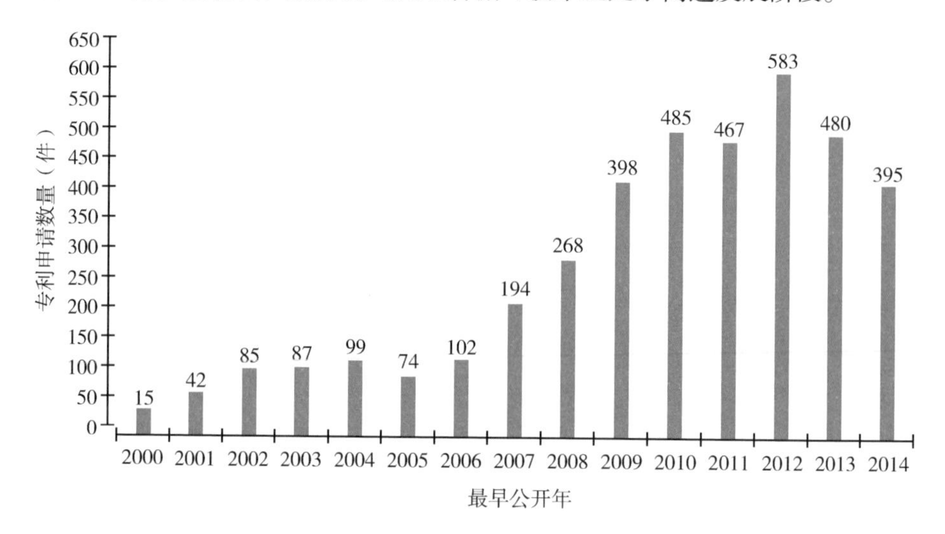

图3－3 整体煤气化联合循环技术领域专利申请数量

（2）专利类型分析

通过对ISTIC专利数据库2000—2015年整体煤气化联合循环技术领域专利数据进行分析，发明专利和实用新型专利总共有3843件（图3－4）。其中，发明专利3776件，占专利申请总数的98.3%；实用新型专利67件，占专利申请总数的1.7%。这说明，大约98.3%的专利能体现技术发展实力。

（3）技术构成分析

由图3－5可以看出，整体煤气化联合循环技术专利的分布比较分散。结合表3－5排名前10位的整体煤气化联合循环技术专利CPC小类分类注释可知，申请量排名第一的CPC小类是Y02E小类，共有专利3843件，涉及整体煤气化联合循环技术中的能源生产、传输和配送的温室气体减排等技术。

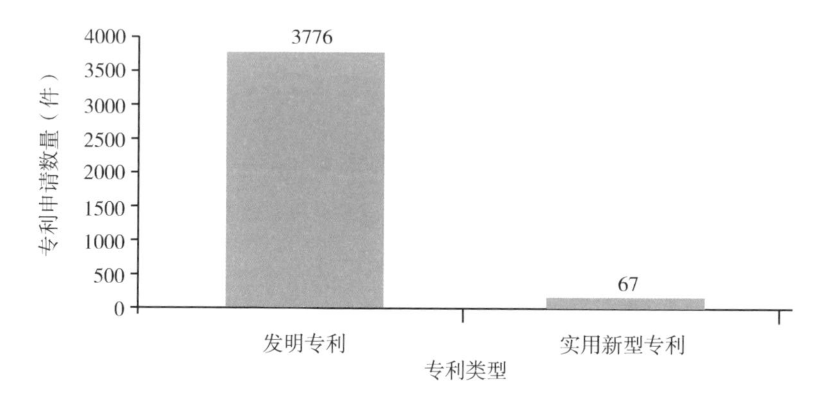

图 3-4　整体煤气化联合循环技术专利申请类型分布

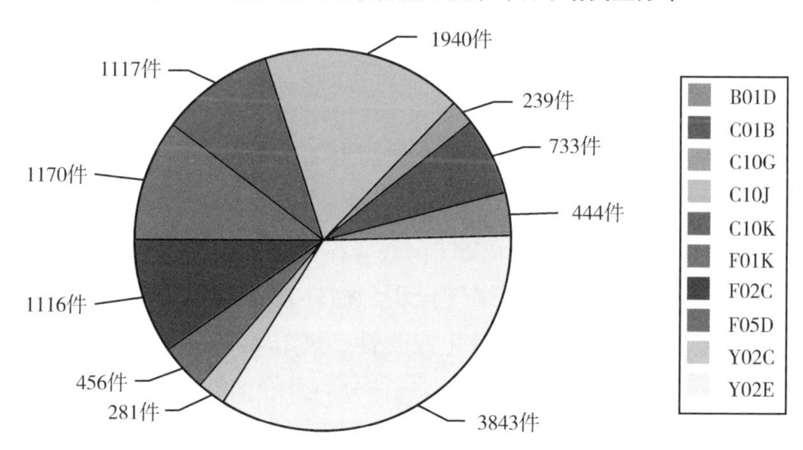

图 3-5　整体煤气化联合循环技术专利构成分布

表 3-5　排名前 10 位的整体煤气化联合循环技术专利 CPC 小类分类

排名	CPC 小类	专利申请数量（件）	CPC 小类注释
1	Y02E	3843	涉及能源生产、传输和配送的温室气体减排技术
2	C10J	1940	由固态含碳物料生产发生炉煤气、水煤气、合成气或含这些气体的混合物，空气或其他气体的增碳
3	F01K	1170	蒸汽机装置，储气器，不包含在其他类目中的发动机装置，应用特殊工作流体或循环的发动机
4	C10K	1117	含一氧化碳的可燃气化学组合物的净化或改性
5	F02C	1116	燃气轮机装置，喷射推进装置空气进气道，空气助燃喷气推进装置的燃料供给控制

续表

排名	CPC 小类	专利申请数量（件）	CPC 小类注释
6	C01B	733	无机化学非金属元素及其化合物
7	F05D	456	与非变容式机器或发动机、燃气轮机装置或喷气推进装置有关的引得表
8	B01D	444	一般的物理或化学方法或装置的分离
9	Y02C	281	温室气体的捕获、封存、利用或处理
10	C10G	239	烃油裂化；液态烃混合物的制备，如用破坏性加氢反应、低聚反应、聚合反应；从油页岩、油矿或油气中回收烃油；含烃类为主的混合物的精制；石脑油的重整；地蜡

专利申请量排名第二的是 C10J 小类，共有专利 1940 件，主要涉及发生炉煤气、水煤气、合成气等生产方面的技术。排名第三的是 F01K 小类，共有专利 1170 件，主要涉及整体煤气化联合循环的蒸汽机装置、储气器及部分发动机装置。其他关于整体煤气化联合循环技术的申请专利还包括含一氧化碳的可燃气化学组合物的净化或改性、燃气轮机装置、喷射推进装置空气进气道、无机化学非金属元素、气体分离及烃油裂化等方面。

3.3.2 国家竞争态势分析

（1）技术实力态势分析

专利申请人一般在其所在国家首先申请专利，然后在 1 年内利用优先权申请国外专利。本国专利申请量是衡量一个国家科技开发综合水平的重要参数，也是该国经济技术实力的具体体现。

从图 3－6 可以看到，2000 年以来，最早公开年专利申请排名前 4 位的国家，在整体煤气化联合循环技术研发投入上基本保持持续增长的态势，表明各国均极为看好整体煤气化联合循环技术产业。2000—2005 年主要以美国和日本的发展为主，自 2006 年起，中国迅速赶超日本，处于全球领先地位，可见中国在整体煤气化联合循环技术领域发展速度很快。从上述分析情况可以看出，美国、日本、中国和德国在整体煤气化联合循环技术领域具有较强的研发实力。

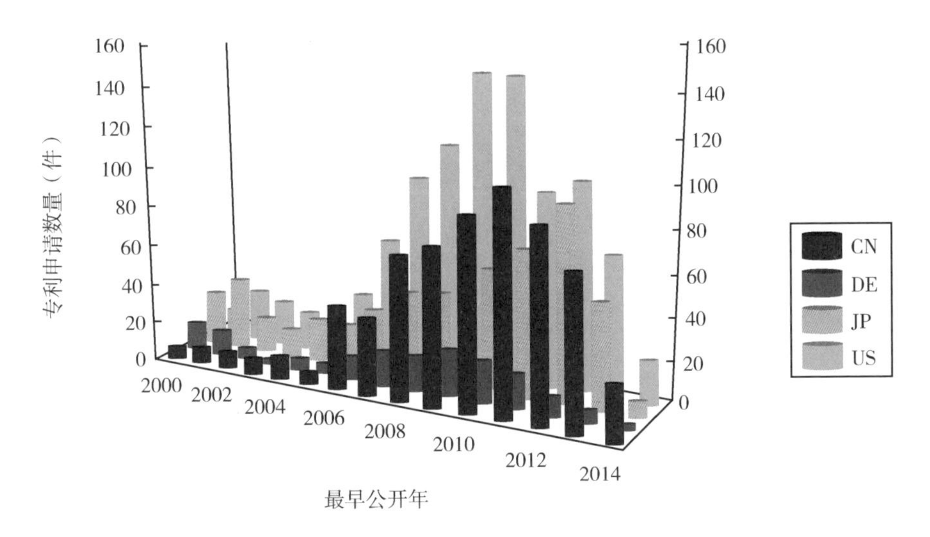

图 3－6　整体煤气化联合循环技术领域主要国家专利申请的年度分布

（2）市场布局态势分析

企业为了在某一个国家（地区）生产、销售其产品，必须在该国家（地区）申请相关专利以获得知识产权的保护。因此，该国家（地区）专利申请量的多少大致可以反映出其市场的大小。

图 3－7 中同族专利分布情况反映了各国家（地区）专利布局的情况，同时也反映出哪些国家（地区）比较重视整体煤气化联合循环技术市场。

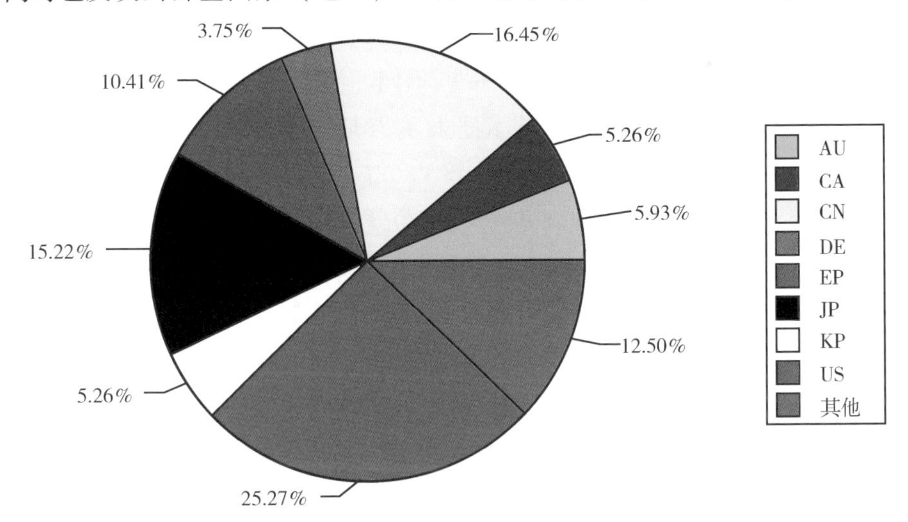

图 3－7　整体煤气化联合循环技术领域主要国家（地区）专利布局总态势（同族专利）

从图 3－7 可以看到，世界各国在美国申请的整体煤气化联合循环技术专利占专利总量的 25.27%，表明国际上对于美国整体煤气化联合循环市场的重视；之后为中国和日本，分别占 16.45% 和 15.22%。整体来看，国际上对美国、中国和日本 3 个国家的市场非常重视。

（3）重点技术领域分析

图 3－8 为主要国家（地区）的技术领域分布。

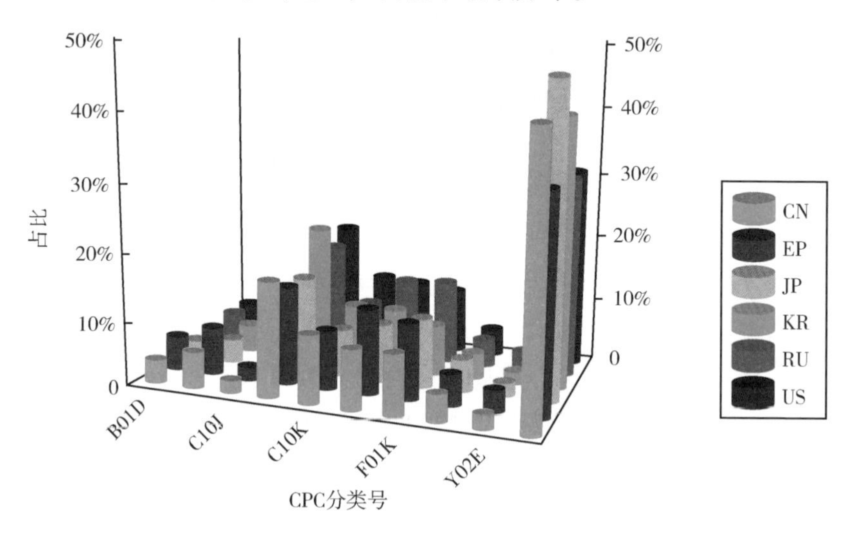

图 3－8　主要国家（地区）整体煤气化联合循环技术领域分布

从图中可以看出，美国、日本、中国在整体煤气化联合循环技术领域处于相对领先地位，但是技术研发重点不同。由图 3－9 和表 3－5 可以看到，美国整体煤气化联合循环技术研发重点是：Y02E 小类（涉及能源生产、传输和配送的温室气体减排技术），占美国专利申请量的 30.12%；C10J 小类（由固态含碳物料生产发生炉煤气、水煤气、合成气），占 18.70%；C10K 小类（含一氧化碳的可燃气化学组合物的净化或改性）和 F01K 小类（蒸汽机装置、储气器或部分发动机装置），各占 10.98% 和 10.58%。日本整体煤气化联合循环技术研发重点是：Y02E 小类占日本专利申请量的 45.74%，C10J 小类占 14.46%。中国与日本类似，Y02E 小类和 C10J 小类位居前 2 位，分别占 40.33% 和 16.91%。从整体来看，主要国家（地区）在整体煤气化联合循环技术研发的侧重点大体上一致，但日本和中国对 Y02E 小类的研发更为重视。

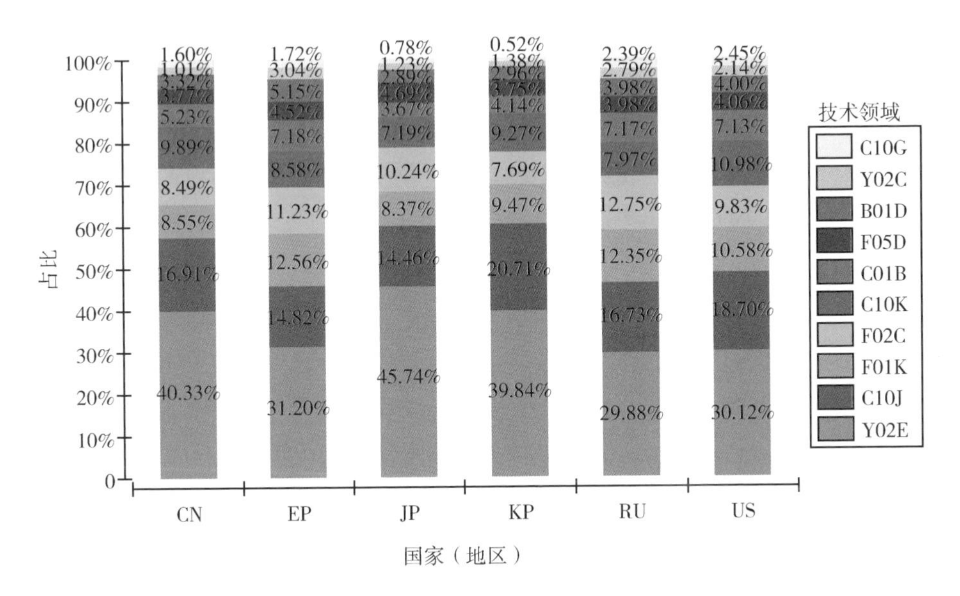

图 3 -9　主要国家（地区）整体煤气化联合循环技术领域比例

3.3.3　机构竞争态势分析

（1）主要竞争对手及其专利申请规模分析

图 3 -10 和表 3 -6 为专利权人在整体煤气化联合循环技术领域专利申请的统计结果。美国通用电气（GEN ELECTRIC）以专利申请量 883 件高居

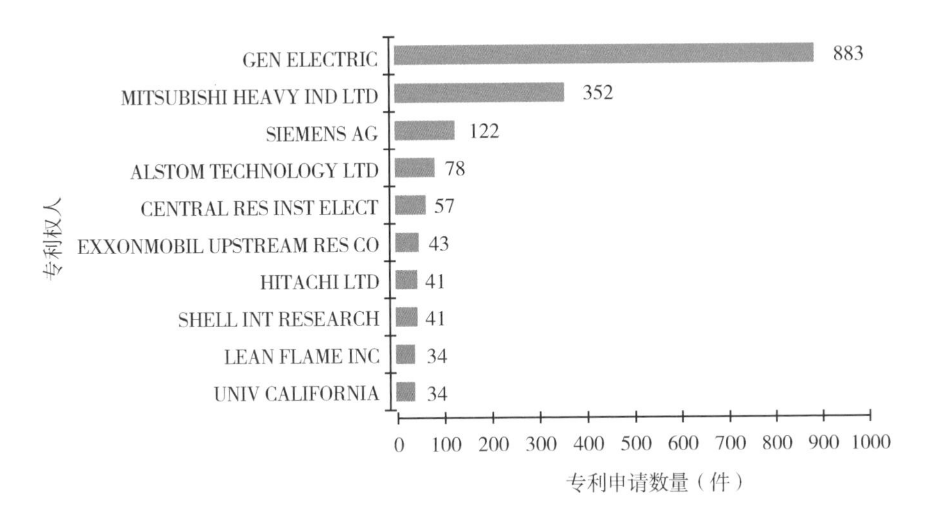

图 3 -10　整体煤气化联合循环技术领域竞争对手专利申请数量

首位，近于其他 9 家企业（机构）的总量；之后是日本三菱重工（MITSUBISHI HEAVY IND LTD）和德国西门子（SIEMENS AG），分别为 352 件和 122 件专利；前 10 位专利申请企业（机构）中欧盟有 4 家、日本有 3 家、美国仅有 1 家。说明这些企业（机构）对整体煤气化联合循环技术研发的重视。

表 3－6　整体煤气化联合循环技术领域竞争对手专利申请数量

专利权人	专利申请数量（件）	专利申请国家（地区）
GEN ELECTRIC	883	US
MITSUBISHI HEAVY IND LTD	352	JP
SIEMENS AG	122	EP
ALSTOM TECHNOLOGY LTD	78	EP
CENTRAL RES INST ELECT	57	JP
EXXONMOBIL UPSTREAM RES CO	43	EP
HITACHI LTD	41	JP
SHELL INT RESEARCH	41	EP
LEAN FLAME INC	34	IL
UNIV CALIFORNIA	34	MX

（2）重点研发投入产出分析

表 3－7 为整体煤气化联合循环技术领域专利申请数量前 10 名的企业（机构），其中，“平均每人专利数”为专利数除以发明人数的值，代表发明人研发整体煤气化联合循环技术的效率；“每件专利平均投入人次数”为发明人次数除以专利数，代表企业（机构）对技术的人力成本投入量。

表 3－7　整体煤气化联合循环技术领域主要企业（机构）研发投入统计

专利权人	专利申请数量（件）	发明人次（人次）	发明人数（人）	每件专利平均投入人次数（人次/件）	平均每人专利数（件/人）
GEN ELECTRIC	883	2213	557	2.51	1.59
MITSUBISHI HEAVY IND LTD	352	1013	208	2.88	1.69
SIEMENS AG	122	295	86	2.42	1.42
ALSTOM TECHNOLOGY LTD	78	191	55	2.45	1.42

续表

专利权人	专利申请数量（件）	发明人次（人次）	发明人数（人）	每件专利平均投入人次数（人次/件）	平均每人专利数（件/人）
CENTRAL RES INST ELECT	57	153	67	2.68	0.85
EXXONMOBIL UPSTREAM RES CO	43	164	33	3.81	1.30
HITACHI LTD	41	110	58	2.68	0.71
SHELL INT RESEARCH	41	127	41	3.10	1.00
LEAN FLAME INC	34	34	2	1.00	17.00
UNIV CALIFORNIA	34	80	11	2.35	3.09

其中，LEAN FLAME INC 每件专利平均投入人次数最低，为1人次/件，说明其对技术投入的人力成本较低；而平均每人专利数最多，为17件/人，说明其投入产出效率较高。埃克森美孚（EXXONMOBIL UPSTREAM RES CO）每件专利平均投入人次数最高，为3.81人次/件，说明其对技术投入的人力成本较高；而平均每人专利数为1.30件/人，在前10名中排名靠后，说明其投入产出效率略低。

（3）重点研发技术分析

这些企业（机构）整体煤气化联合循环技术专利申请量最多的CPC小类都是Y02E小类，即涉及能源生产、传输和配送的温室气体减排技术；排前4位的企业（通用电气、三菱重工、西门子和阿尔斯通），除Y02E小类外，专利申请量较多的CPC小类为F02C小类和F01K小类，涉及燃气轮机装置、喷射推进装置及蒸汽机装置和储气器等相关技术；其余基本类似。可见，各企业（机构）在整体煤气化联合循环技术研发方面的侧重点相似。

3.3.4 技术领域发展趋势分析

本节以2000—2015年的专利数据为基础，对整体煤气化联合循环技术的发展趋势进行分析，主要包括市场布局扩张趋势、技术发展趋势及专利权人和发明人变化趋势。

（1）市场布局扩张趋势分析

专利族成员国的数量可以体现技术领域市场布局情况。图3-11为整体煤气化联合循环技术 2000—2015 年的专利族成员国数量变化情况，蓝色部分为当年度中，此前已经存在的专利族成员国；红色表示当年新出现的专利族成员国。

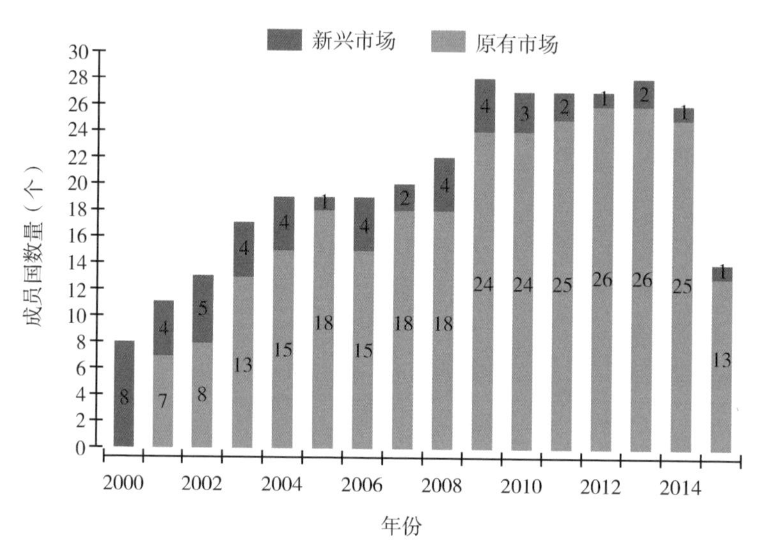

图 3－11　整体煤气化联合循环技术领域专利族成员国数量年度分布

由图可知，2000—2015 年整体煤气化联合循环技术专利族成员国数量呈现上升的态势，表明在此期间整体煤气化联合循环技术的市场处在加速扩张的状态中；2009—2014 年专利族成员国数量较为稳定，基本维持在 27 个国家左右的水平，此时整体煤气化联合循环技术的市场已经达到饱和，不再继续开拓新的市场，可能一些国家在整体煤气化联合循环技术研发方面遇到技术瓶颈，市场扩张能力较弱。

（2）技术发展趋势分析

图 3－12 为整体煤气化联合循环技术专利（CPC 大组）种类年度分布情况，蓝色部分为当年度中，此前已经存在的专利技术种类（CPC 大组）；红色表示当年新出现的专利技术种类（CPC 大组）。

从图 3－12 可以看出，整体煤气化联合循环技术种类从 2000 年开始总量略降，至 2004 年为最低，但从 2005 年起快速增长，2007 年开始增长速度稍有放缓，2011 年之后又开始快速增长。这不仅体现在当年度专利技术种类数量的增长上，同时新增的技术也逐年持续稳步增长。这种趋势表明，国际上对整体煤气化联合循环产业十分看好，企业和研发机构不断加大对新技术研究的投入力度，以期在未来的发展中获得更大市场份额。

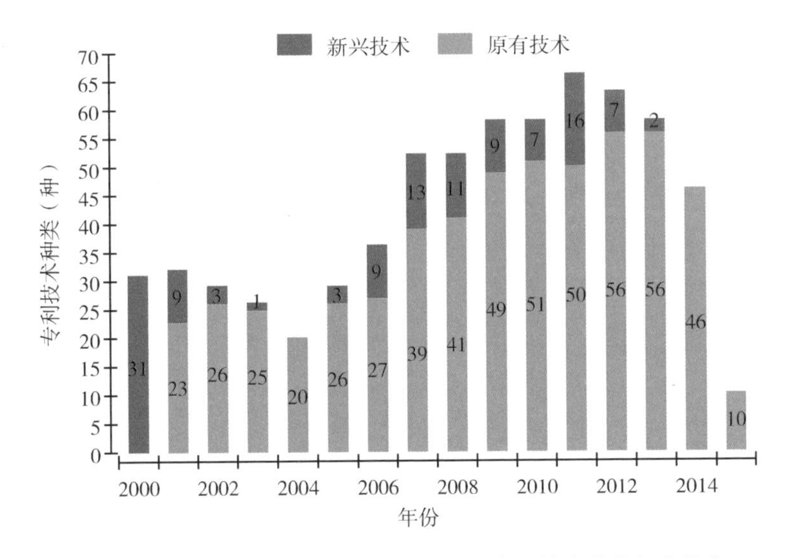

图 3－12　整体煤气化联合循环技术领域专利技术种类年度分布

（3）专利权人、发明人变化趋势分析

图 3－13 和图 3－14 为整体煤气化联合循环技术专利权人、发明人数量分布情况，蓝色部分为当年度中，此前已经存在的专利权人或发明人，红色表示当年新出现的专利权人或发明人。

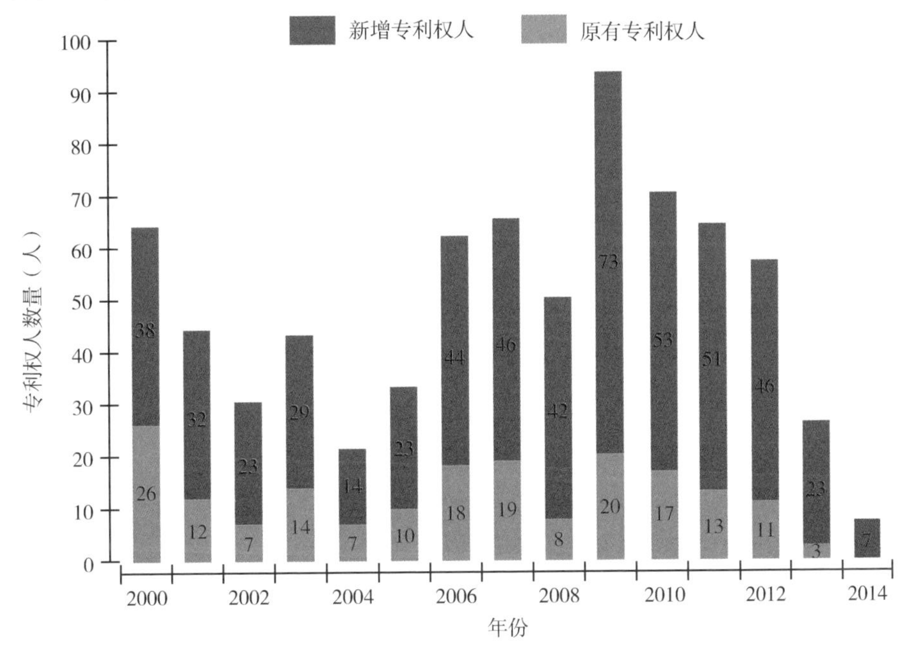

图 3－13　整体煤气化联合循环技术专利权人数量年度分布

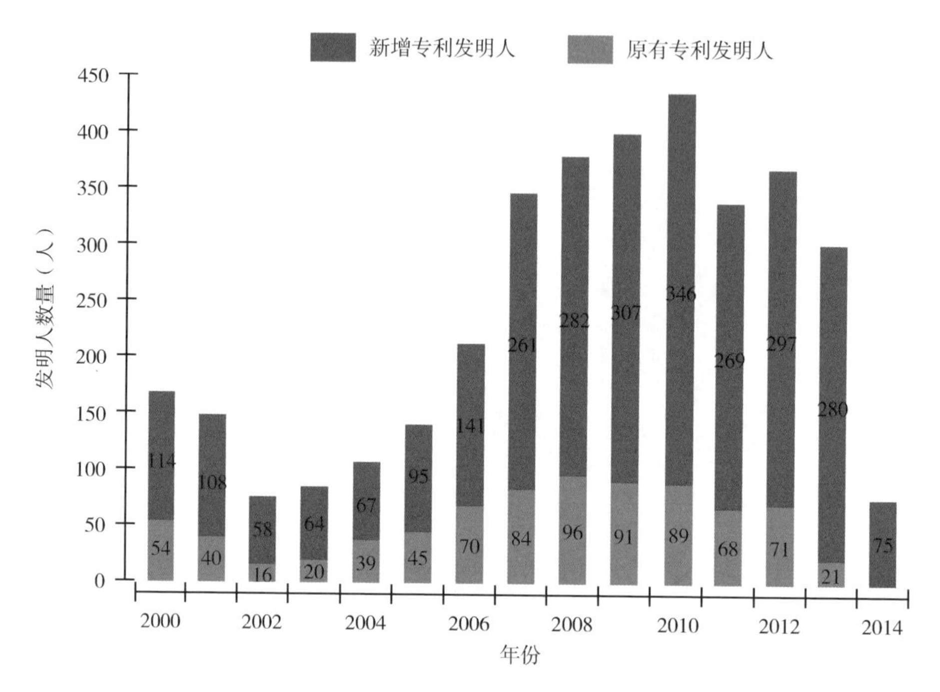

图 3－14　整体煤气化联合循环技术专利发明人数量年度分布

图 3－13 和图 3－14 的变化趋势基本一致：专利权人和发明人的总量在增长，2000—2002 年整体呈下降趋势，2003 年开始出现快速持续增长，表明国际上整体煤气化联合循环技术研发队伍不断扩大，而且持续加速增长。这说明，越来越多的企业和研发机构加入整体煤气化联合循环技术的研发行列，研发的人力投入也不断增加，整体煤气化联合循环产业被世界各国看好。

3.4　结　论

全球清洁煤技术的发展给煤炭行业未来发展带来了良机。展望清洁煤的未来发展，主要有如下 6 点值得关注。

（1）向原料与燃料并重转型日益显现

传统的煤炭主要用作煤基发电厂的燃料，超（超）临界电厂、IGCC 电厂等发电技术的发展已经使煤炭变成了清洁燃料。但是，随着煤炭直接液化、间接液化、煤制烯烃、煤制天然气等现代煤化工示范工程的建设成功及商业化运营，拓宽了煤炭作为化工原料的空间，煤炭从燃料为主向原料与燃料并重的转型趋势日益显现。

（2）技术融合进一步加强

美国、德国等发达国家的研发部署说明，燃煤发电技术与控制污染排放技术、IGCC 与 CCS/CCUS 等清洁煤相关技术的融合，在未来一段时期将进一步加强。IEA 的研究表明，为实现 2020 年的电厂碳减排目标，广泛应用多联产 IGCC 技术的贡献率可达 45%，再通过高端技术的应用可进一步将减排贡献率提高到 50%。

（3）中国日益成为清洁煤技术的主战场

国外清洁煤技术大量进入及抢占中国市场。以煤气化技术为例，国外有工业化应用业绩的 11 种煤气化技术，除 Preflo、CCP 和 E－Gas 外，GE 水煤浆气化、SHELL 粉煤气化、GSP 粉煤气化、科林粉煤气化、BGL 碎煤气化、U－Gas 流化床气化、Trig 流化床气化 7 种技术均在中国拥有或正在建设工业化生产装置。因此，中国已成为国际煤气化技术的工业示范地。国外煤气化技术应用前 3 名的公司分别是 GE（美国）、Shell（英国/荷兰）和 Siemens（德国）。截至 2013 年 6 月，GE 在全球共有 160 项煤气化项目投入商业运营，我国有 87 个。GE 在业界拥有最大的机组，分布在 15 个不同的国家和地区，71 家煤气化工厂获得了 GE 的煤气化许可，仅我国就有 55 个。在 Shell 与全球签订的 26 份煤气化技术许可合同中，中国市场所占份额超过 2/3。2012 年 1 月，Shell 全球煤气化业务总部、工程设计及研发中心从荷兰迁到中国。这些都显示出中国市场的强大吸引力。

（4）创新驱动煤炭产业可持续发展

坚持和依靠科技创新改进碳排放技术，是煤炭工业实现全球经济增长和环境目标的最佳途径。自 1970 年起，美国煤电使用量增长了 2 倍，但每兆瓦时发电的碳排放量却减少了 90%。超（超）临界技术、煤气化技术、CCUS 等技术的应用功不可没。全球在建的 429 GW 装机容量的先进燃煤电厂，其碳排放量仅为现有电厂的 1/5。下一代 CCUS 技术，可以将燃煤电厂排放的 CO_2 捕获并灌注到地下，以提高石油采收率。这些技术的最终目标是煤炭利用近零排放。

以煤为主的能源结构，使中国面临巨大的资源、环境压力，因此，中国清洁煤技术将朝着“全面部署、重点突破”的方向发展。目前，中国正在积极推动技术创新，所有用煤行业将继续扩大原煤预处理技术和高效工业节能技术的应用规模，发电行业将继续大力提高清洁煤发电技术，重点提高煤炭发电过程污染物控制水平，更广泛地应用超（超）临界发电技术、循环流化床锅炉发电技术，进一步研发适用的整体煤气化联合循环发电技术。煤化工行业将进一步加大现代煤化工、煤制油、煤制烯烃、煤制天然气及地下煤气化等技术示范力度，各相关行业将积极探索面向未来的 CCS/CCUS 等前沿技术。通过全社会的共同努力，清洁煤技术将成为实现中国能源、经济、社会、环境协调可持续发展的必然选择。

（5）成本依然较高，下降空间较大

尽管 IGCC、CCS/CCUS 等清洁煤技术有了一定发展，但其成本仍然较高。以 IGCC 为例，国际上一般测算，IGCC 发电投资在 8000 元/kW 左右，而华能运营的 IGCC 电站投资估计已高达 13 000 ~ 14 000 元/kW，现在 IGCC 电站的上网电价约 0.5 元/kW · h，但电价成本却接近 0.9 元/kW · h。因此，随着技术的不断进步，与常规发电相比，未来数年 IGCC 电站的成本仍有较大的下降空间。

（6）国际合作需要进一步加强

美国（GE）、英国/荷兰（Shell）及德国（Siemens）等发达国家的跨国企业正在积极抢占中国清洁煤市场，为中国带来了先进的清洁煤技术，培养并带动了研发团队，使中国的清洁煤技术水平有了很大的提升，这为中国的清洁煤技术走出国门奠定了基础。同时，中国神华的煤液化与煤气化技术及华能的 IGCC 技术，均已掌握煤液化、煤气化、低热值燃气轮机、大型深冷空分设备等关键技术与设备。这为未来的国际合作铺平了道路。以煤液化、煤气化、IGCC、CCS/CCUS 等为代表的清洁煤技术，作为应对气候变化的关键技术，通过国际合作进一步发展的空间很大，今后需要在互惠共赢的前提下进一步加强发展。

参考文献

[1] BP 世界能源统计年鉴（2015）［EB/OL］. ［2015 - 09 - 01］. http://www.bp.com/zh_cn/china/reports-and-publications/_bp_2015.html.

[2] 煤炭经营监管办法［EB/OL］. ［2015 - 09 - 01］. http://www.sdpc.gov.cn/gzdt/201408/W020140806347184349876.pdf.

[3] 国家中长期科学和技术发展规划纲要（2006—2020 年）［EB/OL］. ［2015 - 09 - 01］.

http: //dnp. xmu. edu. cn/picture/article/44/92/63/56a7beeb44d2a72a705717413ad2/f76703b8 - 79c9 - 4d6a - 9c4d - 345a9abb3dbd. pdf.

[4] 国家发展改革委　国家环保总局关于印发煤炭工业节能减排工作意见的通知 [EB/OL]. [2015 - 09 - 01]. http: //xwzx. ndrc. gov. cn/rdzt/nyjy/200709/t20070913_159285. html.

[5] 胡锦涛同美国总统奥巴马 1 日在伦敦举行首次会晤 [EB/OL]. [2015 - 09 - 01]. http: //www. gov. cn/ldhd/2009 - 04/01/content_1275197. htm.

[6] 中美清洁能源联合研究中心成立 [EB/OL]. [2015 - 09 - 01]. http: //news. xinhuanet. com/photo/2009 - 07/16/content_11714817. htm.

[7] 科学技术部关于印发洁净煤技术科技发展"十二五"专项规划的通知 [Z]. 国科发计〔2012〕196 号. 北京，2012.

[8] 科技部关于印发"十二五"国家碳捕集利用与封存科技发展专项规划的通知 [EB/OL]. [2015 - 09 - 01]. http: //www. most. gov. cn/tztg/201303/t20130311_100051. htm.

[9] 关于印发《煤电节能减排升级与改造行动计划 (2014—2020 年)》的通知 [EB/OL]. [2015 - 09 - 01]. http: //www. ndrc. gov. cn/zcfb/zcfbtz/201409/t20140919_626235. html.

[10] 国家能源局　环境保护部　工业和信息化部关于促进煤炭安全绿色开发和清洁高效利用的意见 [EB/OL]. [2015 - 09 - 01]. http: //zfxxgk. nea. gov. cn/auto85/201501/t20150112_1880. htm.

[11] 关于征求《二氧化碳捕集、利用与封存环境风险评估技术指南》(征求意见稿) 意见的函 [EB/OL]. [2015 - 09 - 01]. http: //www. zhb. gov. cn/gkml/hbb/bgth/201501/t20150108_293971. htm.

[12] 中美元首气候变化联合声明 [EB/OL]. [2015 - 09 - 26]. http: //news. xinhuanet. com/world/2015 - 09/26/c_1116685873. htm.

[13] 煤炭清洁计划出台分质分级阶梯利用 [EB/OL]. [2015 - 09 - 01]. http: //www. nea. gov. cn/2015 - 05/07/c_134217881. htm.

[14] 李克强：2020 年前对燃煤机组全面实施节能改造 [EB/OL]. [2015 - 12 - 03]. http: //energy. people. com. cn/n/2015/1203/c71661 - 27884095. html.

[15] 董维武. 美国洁净煤技术示范计划实施现状 [J]. 中国煤炭，2002 (9)：57 - 59.

[16] 王润. 洁净煤的未来之路 [J]. 世界科学，2008 (4)：14 - 15.

[17] 美国新的能源政策法对我国的启示 [EB/OL]. [2015 - 09 - 01]. http: //theory. people. com. cn/GB/49154/49155/3659864. html.

[18] 汤道路，苏小云. 美国"碳捕捉与封存"(CCS) 法律制度研究 [J]. 郑州航空工业管理学院报：社会科学版，2011 (5)：159 - 162.

[19] 中美签署清洁能源协议　华能与美企同意分享清洁煤电科技信息 [EB/OL]. [2015 - 09 - 01]. http: //energy. ckcest. cn/4817768. html.

[20] 美国新鲜出炉的《清洁电力计划》全览（英文版）[EB/OL]. [2015-09-01]. http://news.bjx.com.cn/html/20150804/649157.shtml.

[21] 美国清洁电力计划被国会否决 [EB/OL]. [2015-09-01]. http://news.emca.cn/n/20151124094739.html.

[22] The global status of CCS：2015 [EB/OL]. [2015-09-01]. http://www.globalccsinstitute.com/publications/global-status-ccs-2015-summary-report.

[23] 中国洁净煤战略 2009 [EB/OL]. [2015-09-01]. https://www.iea.org/publications/freepublications/publication/Cleaner_Coal_China_Chinese.pdf.

[24] 赵向东. 美国促进清洁煤技术应用的政策措施 [J]. 全球科技经济瞭望，2008(11)：21-22.

4 锂离子电池发展态势分析

4.1 锂离子电池发展概述

4.1.1 锂离子电池原理

锂离子电池发明于1990年，1年后实现商品化，其是在锂电池的基础上发展而来的。锂电池的负极材料是金属锂，正极材料是碳材；而锂离子电池的正极材料是锂嵌入化合物，负极材料是碳材。为了区别于传统意义上的锂电池，人们称之为锂离子电池。

锂离子电池除了按电解液分为液态锂离子电池、聚合物锂离子电池和全固态锂离子电池外；按电池容量还可分为小型锂离子电池和大型锂离子电池。我们常见的手机电池属于前者，而大型锂离子电池也称为动力电池，广泛应用于电动工具、电动自行车和电动汽车，市场前景相当广阔。目前市场上锂离子电池种类繁多，但90%以上为液态锂离子电池。新型的聚合物锂离子电池和全固态锂离子电池因技术尚不成熟，生产厂家很少。

锂离子二次电池的反应实质上为一个Li^+浓差电池。充电时，Li^+从正极脱出并嵌入负极晶格，正极处于贫锂态；放电时，Li^+从负极脱出并插入正极，正极为富锂态。为保持电荷的平衡，充放电过程中应有相同数量的电子经外电路传递，与Li^+一起在正负极间迁移，使正负极发生氧化还原反应，保持一定的电位。以锰酸锂离子蓄电池为例，锂离子蓄电池充放电反应式如下：

$$\text{正极：}Li_{1-x}Mn_2O_4 + xLi^+ + xe \underset{\text{充电}}{\overset{\text{放电}}{\rightleftharpoons}} LiMn_2O_4$$

$$\text{负极：}Li_xC \underset{\text{充电}}{\overset{\text{放电}}{\rightleftharpoons}} C + xLi^+ + xe$$

$$\text{电池：}Li_{1-x}Mn_2O_4 + Li_xC \underset{\text{充电}}{\overset{\text{放电}}{\rightleftharpoons}} LiMn_2O_4 + C$$

锂离子蓄电池不使用诸如铅酸蓄电池或镍氢蓄电池的水溶液电解液，而是使用有机电解液。在充电过程中，正极中的锂呈离子状态，在电解液中移动，并被负极中的碳物质吸附。放电则是充电过程的逆反应。在这种反应过程中，通常锂以离子形态存在，不析出金属状态的锂。锂离子蓄电池工作原理如图 4－1 和图 4－2 所示。

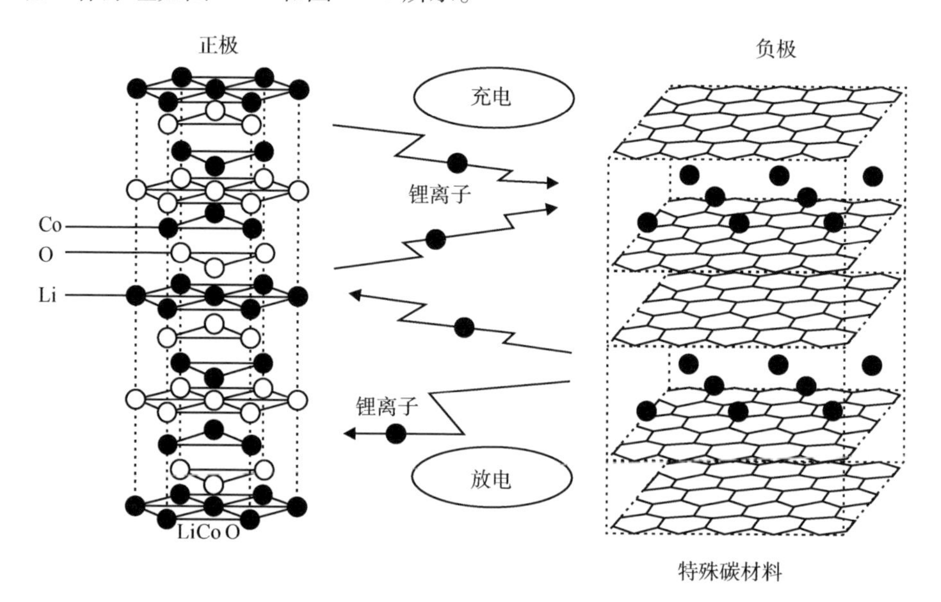

图 4－1　锂离子蓄电池的充放电原理

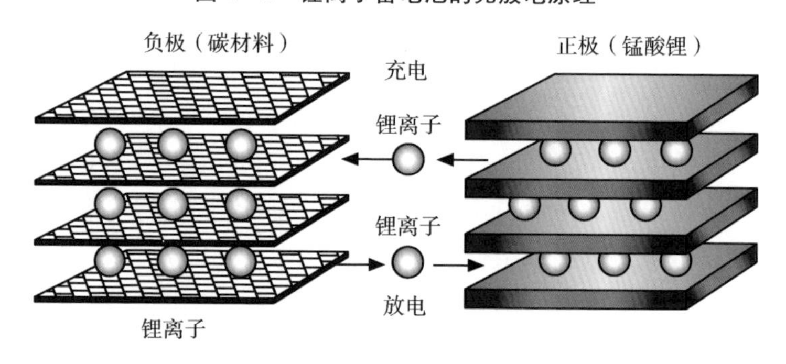

图 4－2　锰酸锂离子蓄电池的反应

4.1.2　动力锂离子电池特点

锂离子电池的特点主要体现在以下几方面：

电压高锂离子电池电压是镍镉电池、镍氢电池的 3 倍，铅酸电池的近

2 倍，这也是锂离子动力电池比能量高的一个重要原因。

重量轻、比能量大。锂离子电池比能量高达 150 Wh/kg，是镍氢电池的 2 倍、铅酸电池的 4 倍，因此，其重量是相同容量铅酸电池的 1/4 ~ 1/3，从这个角度讲，锂离子电池消耗的资源较少。

体积小。锂离子电池体积是铅酸电池的 1/3 ~ 1/2。体积比能量（Wh/L）高，即同体积的锂离子电池提供的能量比其他电池高。锂离子电池的体积比能量一般为 270 ~ 460 Wh/L，为镉镍电池、镍氢电池的 2 ~ 3 倍。因此，同容量的电池，锂离子电池体积要小很多。

寿命长。循环次数可达 1000 ~ 3000 次。以容量保持 70% 计，锂离子电池组 100% 充放电循环次数可以达到 200 次以上，使用年限可达 5 ~ 8 年，寿命为铅酸电池的 2 ~ 3 倍。

自放电率低，每月不到 5%。自放电率又称电荷保持率，是指电池放置不用时自动放电的多少。锂离子电池的自放电率为 3% ~ 9%，镉镍电池为 25% ~ 30%，镍氢电池为 30% ~ 35%。因此，同样环境下锂离子电池保持电荷的时间长。

范围宽，低温性能好。锂离子动力电池可在 -40 ~ 55 ℃工作。而水溶液电池（如铅酸电池、镍氢电池）在低温时，由于电解液流动性变差会导致性能大大降低。

无记忆。锂离子电池每次充电前不必像镍镉电池、镍氢电池一样需要放电，可以随时随地进行充电。电池充放电深度对电池的寿命影响不大，可以全充全放、随时充电。这样就使锂离子电池的效能得到充分发挥，而镉镍电池、镍氢电池会有使用了一半而不得不放电后再充电的现象。

安全可靠。锂离子电池内部采用过流保护、压力保护、隔膜自熔等措施，工作安全可靠。

无污染。锂离子电池中不存在有毒物质，因此被称为“绿色电池”。而铅酸电池和镉镍电池由于存在有害物质铅和镉，国家必然会加强监管和治理（如铅酸电池出口退税的取消、铅资源税的增加、铅酸电动自行车出口受限等），企业相应的成本也会增加。

价格高。相同电压和容量的锂离子电池价格是铅酸电池的 3 ~ 4 倍。随着锂离子电池市场的扩大、成本的降低、性能的提高及铅酸电池价格的增长，锂离子电池的性价比有可能超过铅酸电池。

4.1.3 动力锂离子电池分类及特征

（1）按所用电解质的不同，可分为固态（或干态）锂离子电池和液态锂离子电池

固态锂离子电池即通常所说的聚合物锂离子电池，是在液态锂离子电池的基础上开发出来的新一代电池，比液态锂离子电池具有更高的性能，而液态锂离子电池即通常所说的锂离子电池。

（2）按正极材料构成，锂离子电池可分为钴酸锂、改性锰酸锂、磷酸铁锂和镍钴锰酸锂三元材料

在电子产品应用领域，锂离子电池正极材料主要以钴酸锂和镍钴锰酸锂三元材料为主，两者通常可以混合使用，未来镍钴锰酸锂三元材料会逐步取代钴酸锂。而在动力锂离子电池领域，目前可供选择的材料体系主要是改性锰酸锂、磷酸铁锂和镍钴锰酸锂三元材料。单从材料的性能来说，镍钴锰酸锂三元材料能量密度最高，综合性能优异，但存在安全性和镍钴金属的稀缺性问题。

4.1.4 锂离子电池正极材料未来发展趋势

现有的钴酸锂、改性锰酸锂和磷酸铁锂在近年的基础研究中已经没有技术突破，其能量密度和各种主要技术指标已经接近其应用极限。

未来5~10年，锂离子电池正极材料可能会沿着钴酸锂（小型锂离子电池）和改性锰酸锂（动力锂离子电池）→镍钴锰酸锂三元材料→层状富锂高锰材料的锰系正极材料的方向发展。

除了这些已经产业化的材料外，还有很多正处于研发阶段的正极材料，主要包括一些含 Si、V 的正极材料及有机物正极材料等。

4.1.5 国外动力锂离子电池技术发展路线

目前在动力电池正极材料产业领域，中、日、韩、美动力电池企业采用不同的材料体系。日、韩企业是三元材料电池研发的佼佼者，中国企业则以磷酸铁锂电池研发为主。

三元正极材料锂电池（以下简称三元锂电池）或成为主流。因技术更

成熟、安全稳定，磷酸铁锂电池、锰酸锂电池目前仍是多数纯电动车的电池首选。与这2种电池相比，三元锂电池具有安全性能高、寿命长、电瓶重量轻等优点。然而由于成本较高，三元锂电池在国内电动车领域尚未普及。

目前在国内红极一时的特斯拉 MODEL S 车型就是采用这种电池。特斯拉方面表示，在尝试市面上超过300种电池后，才认定三元锂电池，主要源于三元锂电池能量密度更大，且稳定性、一致性更好；可以有效降低电池系统的成本；尺寸小，但可控性和安全性都不断提高。特斯拉的成功让这一技术被国内车企广泛认可，有可能成为未来动力电池的发展方向。北汽新能源公司为旗下2款战略车型，绅宝 EV 和 EV200 电动车配备三元锂电池；2014年年底上市的奇瑞 eQ 采用了来自万向的三元锂电池。也有消息称，目前国内十大乘用车企业及重要的客车企业均采用三元锂电池进行车辆研发。

专家看好三元锂电池。据前瞻产业研究院发布的《2013—2017年中国锂电池正极材料行业发展前景与投资预测分析报告》研究显示，从中国锂电池正极材料细分产品结构来看，钴酸锂的市场份额较大，占比达到50.16%；其次是三元材料，市场份额为22.80%；锰酸锂位居第三，市场份额为19.84%；磷酸铁锂的市场份额为6.84%，位居第四。

科技部“863”计划节能与新能源汽车重大项目监理咨询专家组组长王秉刚也表示，磷酸铁锂电池发展已到瓶颈期，三元锂电池代替磷酸铁锂电池将是新能源汽车动力电池发展的历史趋势。

国内三元材料生产2005年左右起步，近年来，我国三元材料产量呈现快速增长趋势，年均复合增长率达40%以上。借助三元材料在汽车电池领域应用范围的扩大，未来3~5年，三元材料行业将迎来市场爆发期。国联汽车动力电池研究院院长卢世刚表示，2015年我国的三元材料动力电池产能将达到40亿Ah。我国已上市电动车型如表4-1所示。

表4-1　中国已上市电动车型

车型	电池	最高时速（km/h）	续航里程（km）	上市时间	售价（万元）
奇瑞瑞麒 M1EV	磷酸铁锂	120	110	2010年11月	14.98~22.98
奇瑞 QQ3EV	铅酸	70	110	2011年4月	3
中科力帆 620EV	磷酸铁锂	100	160	2011年4月	23.98

续表

车型	电池	最高时速（km/h）	续航里程（km）	上市时间	售价（万元）
比亚迪 e6	磷酸铁锂	140	300	2011 年 10 月	30.98～33
上汽荣威 E50	磷酸铁锂	130	120	2012 年 11 月	23.49
通用赛欧 Springo	磷酸铁锂	130	130	2012 年 12 月	25.8
众泰知豆	磷酸铁锂、锰酸锂、三元锂	80	120	2013 年 5 月	4.88
上汽荣威 550 Plug－in	磷酸铁锂	200	500（EV58km）	2013 年 11 月	24.88～25.88
比亚迪·秦	磷酸铁锂	185	750（EV70km）	2013 年 12 月	18.98～20.98
江淮和悦 iEV4	磷酸铁锂	95	160	2014 年 2 月	16.98
北汽 E150EV	磷酸铁锂	125	160	2014 年 2 月	23.08
江淮和悦 iEV5	三元锂	120	200	2014 年 7 月	16.03～16.98
腾势	磷酸铁锂	150	253	2014 年 9 月	36.9～39.9
启辰晨风	锰酸锂	145	175	2014 年 9 月	26.78～28.18
众泰云 100	三元锂	100	150	2014 年 9 月	15.89

数据来源：中国汽车工业信息网。

动力型锂电正极材料呈现镍钴猛三元材料、锰酸锂、磷酸铁锂三大技术路线上演“三国演义”的竞争格局。从当前锂电池正极材料行业的发展趋势来看，正在经历从消费电子的钴酸锂正极材料向动力型锂离子电池演变的过程，从材料的角度来看是一条“去钴化”的路线图。

（1）镍钴锰三元材料技术路线的发展

镍钴锰三元材料——调节材料配比使得应用领域横跨高能量密度型消费锂电和动力锂电。镍钴锰三元材料的发展历程大约经历了 3 个阶段：第 1 阶段是在 20 世纪 90 年代，通过固相掺杂获得镍钴锰酸锂三元化学成分，优点是合成工艺简单、成本低，缺点是机械混合及固相烧结难以在原子尺度获得均一分布，产品电化学性能较差，目前业界已经基本放弃使用。第 2 阶段是 21 世纪初期，采用氢氧化物前驱体制备球形二次颗粒的方法，其优点是电化学性能好，缺点是锰离子易氧化导致工艺较难控制，另外电极滚压过程中二次颗粒易破碎，导致压实密度较低。该工艺目前被国内外广泛采用。第3阶段是2008年以来，业界尝试采用复合镍钴锰氧化物加锂盐反应制备类似于钴酸锂的微米级颗粒，该工艺路线的优点是结构完整性好、电化学性能优异、压实密度高，并且电极加工性能好，缺点是生产成本略高。从应用领域来看，由于镍钴锰三元材料减少了金属钴的使用，材料成本和环保性能均大幅提升，通过调节材料配比和生产工艺可以生产出横跨高能量密度型的消费锂电和动力锂电产品。例如，可以在消费电子中逐步取代钴酸锂电池，也可以与改性锰酸锂材料混合使用于动力型锂电池。

（2）锰酸锂正极材料技术路线的发展

向成本较为敏感的电动工具和电动自行车领域快速渗透。从发展历史来看，锰酸锂正极材料从20世纪80年代被发现以来，已经经历了近30年的发展历程，目前的产业化研究重点集中在金属离子掺杂和产品表面修饰改性两个方面。从锰酸锂生产工艺来看，目前主要有3种工艺路线，分别为电解二氧化锰合成法、高活性锰氧化物合成法和复合氧化物合成法。其中，电解二氧化锰合成法主要应用于中低端产品；高活性锰氧化物合成法主要用于动力型锰酸锂材料；复合氧化物合成法虽然拉长了产业链，导致成本略微上升，但是生产的锰酸锂产品均一性好，能够实现掺杂金属离子和锰离子在原子尺度上的均一性，主要用于生产较为高端的锰酸锂正极材料。从锰酸锂固有的物理化学特性和改进潜力来看，其更适合用作动力型锂电池正极材料。锰酸锂材料有限的可逆比容量和压实密度，限制了其在电子产品中高能量密度型锂电池中的应用，从这2个指标的改进潜力来看，几乎没有太大的改进空间。另外，锰酸锂材料在动力型锂电池领域的主要限制是其高温循环与存储性能相对较差，改进空间潜力较大，因此锰酸锂材料更适合用作动力型锂电池正极材料。由于我国金属锰材料资源丰富，锰酸锂的生产成本是磷酸铁锂的1/3左右，并且产品的一致性较好，因此在目前小型动力锂电池领域渗透较快，尤其是对成本较为敏感的电动工具和电动自行车领域，锰酸锂凭借较低的生产成本快速渗透，成为替代铅酸电池的首选。

（3）磷酸铁锂正极材料技术路线的发展

碳包覆工艺和纳米化技术突破后实现商业化，国内政府支持力度最大。1996年，日本NTT首次披露 $AyMPO_4$（A为碱金属，M为Fe，两者组合：

$LiFePO_4$）的橄榄石结构的锂电池正极材料。之后于1997年，美国得克萨斯州立大学Goodenough研究团队接连报道了$LiFePO_4$的可逆性地迁入脱出锂的特性。由于美国与日本各大研究机构不约而同发表橄榄石结构（$LiMPO_4$），使得该材料受到了极大重视，并引起广泛研究和迅速发展。2001年，Photech首先实现了磷酸铁锂材料的批量生产，紧接着美国Velence公司发现了碳包覆和碳热还原技术，使得磷酸铁锂材料的性能进一步提高。随后，A123公司的技术团队发现了离子掺杂和纳米化技术，大幅提高了磷酸铁锂的导电性，磷酸铁锂随即进入大批量生产的阶段。目前，磷酸铁锂的合成工艺比较多，主要分为固相法和液相法两大类，比较有代表性的有草酸亚铁工艺、铁红工艺、磷酸铁工艺、碳热还原工艺、水热合成工艺等。这些生产工艺各有千秋，都有各自的优势与不足。例如，草酸亚铁工艺存在混合和包覆均匀难度大，需要特殊的控制手段和方法的问题，但是此工艺相对传统和成熟，容量和倍率性能较好，而且最早实现了工业化和规模化；铁红工艺和磷酸铁工艺合成路线较短，容易包覆和混合均匀，成本较低，但是存在产品容量相对较低和三价铁还原不彻底或者局部过度还原的风险；碳热还原工艺目前使用企业较多，但是该方法生产过程中，产品受一氧化碳分压影响较大，均一性控制有难度；水热合成工艺可以较好地解决高温固相合成存在的缺点，大大提高产品的性能和品质，但苛刻的合成条件和高昂的设备投入使其产业化受到很大的限制，产品的价格也很难被客户接受。

三大技术路线比较如表4－2所示。

表4－2　三大技术路线比较

技术路线	时间节点	技术要领	优点	缺点	应用情况
镍钴锰三元材料	20世纪90年代	固相掺杂	工艺简单 成本低	机械混合及固相烧结难以在原子尺度获得均一分布，产品电化学性能较差	基本放弃
	21世纪初期	氢氧化物前驱体制备球形二次颗粒	电化学性能好	锰离子易氧化导致工艺较难控制，电极滚压过程中二次颗粒易破碎导致压实密度较低	目前被国内外广泛采用

续表

技术路线	时间节点	技术要领	优点	缺点	应用情况
镍钴锰三元材料	2008年以来	采用复合镍钴锰氧化物加锂盐反应制备类似于钴酸锂的微米级颗粒	结构完整性好，电化学性能优异，压实密度高，电极加工性能好	生产成本略高	部分企业采用
锰酸锂正极材料	20世纪80年代至今	金属离子掺杂和产品表面修饰改性	产品均一性好，产品一致性控制相对容易	高温循环与存储性能相对较差，其循环性能差、存储过程容量衰减产生不可逆容量损失及高温环境下循环性能差	替代铅酸电池的首选
磷酸铁锂正极材料	20世纪90年代至今	碳包覆工艺和纳米化技术	优秀的热稳定性和循环性能	产品均一性较差，工艺复杂	难以大范围推广

资料来源：根据网络资料整理。

4.2 动力电池发展政策及标准分析

为推动动力电池产业的发展，主要采取经济扶持、政策激励和法规强制等3种措施和手段。经济扶持主要是指在研发和推广期间，政府给予较高强度资助，支持动力电池技术研发及推广应用。资金上的大力扶持，为发展动力电池技术奠定了良好的经济基础。政策激励是指对生产者和使用者给予政策上的倾斜，让生产厂家和用户得到实惠。政策上的优惠是对发展动力电池的有力推动，为生产者和使用者提供开发和购买的动力。法规强制主要体现在两个方面：一方面，在合适的时间、地点，对环境污染的动力电池的生产、销售、使用实行限制性法规；另一方面，制定推广应用锂离子电池的计划。法规强制，特别是关于严格限制使用有毒、有害原料的相关法规，是对发展动力电池的直接促进。

4.2.1 美国

（1）政策措施

美国《2005年国家能源政策法案》重点鼓励企业使用再生资源和无污染能源，规定对新能源汽车消费税、代用燃料消费税、代用燃料生产企业和基础设施建设实行减税政策，以刺激企业、家庭、个人更多使用节能、清洁能源产品。

2006年起，美国对混合动力汽车按油耗确定减税额度。至2009年12月31日，轻度混合动力汽车每台抵税3400美元，重度混合动力汽车每台最高抵税18 000美元。州级政府，如加利福尼亚州，提供3年9000美元优惠贷款和10%税收优惠。

美国《2007年能源促进和投资法案》指出，将向石油企业征税290亿美元用于资助开发替代能源和清洁能源的企业，并大力加强对混合动力汽车和生物燃料生产的激励措施。同年，出台《可再生燃料、消费者保护和能源效率法案》。

美国《2008年紧急经济稳定法案》规定，对插入式混合动力汽车实施税收优惠，根据车重和电池组容量，减税额度达2500~15 000美元。

2009年5月，美国公布了新的汽车燃油经济性法规，要求到2016年车辆燃油经济性平均水平达到35.5英里/加仑（约7.7 L/100 km）。实施新的燃油经济性法规将大大促进电动汽车的发展。

为鼓励电动车商业化，2009年8月—2010年4月，美国在温室气体排放和燃料经济性标准上对轻型电动车设有“特殊待遇”。各家生产企业在生产包括PHEV、BEV和FCEV在内的先进技术车辆时，根据他们生产的电动车总量，将其生产的前20万辆或前30万辆车视为零排放的车辆，并以此来计算这些企业的平均GHG排放水平（用于判断是否达标）。当生产企业的PHEV、BEV和FCEV产量超过规定上限，计算公司平均GHG排放水平时，则需要进一步估算这些车辆的上游二氧化碳排放量。

2011年3月，时任美国总统奥巴马表示，到2015年美国政府将只采购混合动力和电动汽车等新能源汽车。计划到2015年，全美普及100万辆插电式混合动力汽车。

2013年3月，美国能源部启动“工作场所充电计划”（Workplace Charging Challenge)，鼓励企业在工作场所建设电动汽车充电设施。借此推动电动汽车在美国的普及，并为电动汽车在全球的推广树立样板。目前，已有13家大型企业和8家协会加入该计划，其中包括通用汽车、福特、尼桑、克莱斯勒等汽车制造企业，西门子、通用电器、3M、杜克能源等制造和能源企业，还有谷歌、威瑞森等高技术企业。

（2）经济措施

1992—2001年，仅美国能源部就拨款7亿美元用于燃料电池的开发，后又拨款1380万美元，协助美国通用汽车公司开发高分子车用燃料电池。

美国政府加大对国内汽车制造商研制生产电动汽车的贷款资助，福特、日产北美公司和特斯拉汽车公司于2009年共获得80亿美元的贷款。国防预算中也拨出专款发展电动汽车，并设立联邦政府车队购车专项款，专门用来购买电动汽车。

美国前总统奥巴马总统于2009年2月17日签署《美国经济恢复和再投资法案》（以下简称《复苏法》），确定清洁能源的投资方向。能源部能源效率和可再生能源局（EERE）获得168亿美元，是2008财年拨款（17亿美元）的近10倍，彰显了美国政府转向清洁能源的坚定决心。除大部分用于直接补助和返款外，有20亿美元拨款用于支持EERE制造先进电池系统和组件及支撑软件。电池拨款用于支持先进的锂离子电池和混合动力电子系统。另有8亿和3亿美元拨款分别用于支持生物质项目和一项替代燃料汽车试点拨款项目。绿色新政计划到2015年普及100万辆插电式混合动力电动汽车。

2009年8月，奥巴马签署了一项为48个电池有关的项目提供资金援助的计划，这次援助计划的目的是为电动/混合动力汽车开发更有效的电池和电力驱动系统，援助总金额达24亿美元。奥巴马总统宣称美国政府需要的是“面向未来的汽车及用来驱动这种汽车的技术”。

《美国创新战略》（美国总统执行办公室、国家经济委员会和科技政策办公室，2009年9月联合发布）建立在《复苏法》支持创新、教育和基础设施等1000亿美元资金、总统预算、新的管理和行政命令计划的基础上，提出拨款20亿美元支持动力电池技术研发和电力驱动配件产业发展，研制在轻便性、价格和功效上世界最优的汽车电池，以使美国的电动汽车、生物燃料等居于世界领先水平。同时提供高达250亿美元贷款支持美国制造先进技术汽车及市场竞争。

动力电池方面，政府大力扶持制造商。2008 年 3 月，通用电气公司投资 400 万美元扶持挪威 Think Global 锂离子电池汽车项目，另外投资 2000 万美元支持 A123 公司的锂离子电池研发项目。2009 年 8 月，政府向电池制造商、电动车生产商和电动车充电系统设备测试工作，分别拨款 15 亿美元、5 亿美元和 4 亿美元，以补助奖励环保汽车和电池生产厂家。2010 年和 2011 年即先后有增程式电动汽车 Volt 和长距续航锂电池汽车 Opel Ampera 下线。

4.2.2 日本

日本成为现阶段国际上新能源汽车和动力电池研究及应用最先进的国家，得力于其在构建生态型经济社会的理念基础上和科学成熟的产业化思路下，推出的连续性法规政策体系，有效的官产学研发合作及终端培育工作多年的耐心经营。

（1）政策措施

为了减少二氧化碳等温室气体的排放，控制全球变暖，日本在 2005 年 10 月形成环境税最终方案，控制大排量汽车应用，并于 2007 年 1 月正式实施。

2006 年 5 月，日本公布了《新国家能源战略》，明确提出通过改善和提高汽车燃油经济性标准、推进生物质燃料应用（生物乙醇、生物甲醇等）、促进电动汽车和燃料电池汽车的应用等途径，到 2030 年使日本运输领域能源效率比现在提高 30%，对石油的依赖程度从 100% 降至 80% 的目标。为配合《新国家能源战略》的实施，日本于 2007 年 5 月发布了“下一代汽车及燃料计划”，该计划将提高动力电池和燃料电池的性能及寿命、降低成本作为工作重点，力争在 2030 年左右使纯电动汽车和燃料电池汽车商业化。

日本政府从 2009 年 4 月开始实施环保车购置优惠税政策，为普及纯电动汽车基础设施建设，东京电力公司一方面继续推进 2013 年之前为东京建成千个充电站计划，另一方面积极研发大型快速充电器，以提高民众使用纯电动汽车的热情。

2009 年 4 月 1 日起，日本实施新的“绿色税制”，对包括纯电动汽车和混合动力车等低排放且燃油消耗量低的车辆给予税收优惠。“绿色税制”对低公害、低排放和低燃耗汽车进行减税，对环境负荷较大的汽车进行增税。

2009 年 4 月，时任日本首相麻生太郎提出了“低碳革命”计划，发展电动汽车是该计划的核心内容之一。日本环境省也设立了包括电动汽车在内的“下一代汽车”普及目标，计划到2020年“下一代汽车”数量达到1350万辆，到2030年达到2630万辆，到2050年增至3440万辆，相当于届时日本全国汽车总量的54%。为完成这一目标，日本到2020年需开发出至少17款纯电动汽车和38款混合动力车。

2010年1月，日本经济产业省扩大“低碳型创造就业产业补助金”制度，把补助总额从2009年度第2次补充预算的每年300亿日元，扩大到每年1000亿日元。“低碳型创造就业产业补助金”制度自实施以来，日本经济产业省已经对42家企业补贴了297亿日元。目前已经享受到这一补贴的电动汽车和动力电池企业有日产汽车、丰田汽车、本田汽车、松下电器、昭和电工、东芝、NEC等。

（2）经济措施

日本日立制作所宣称，将投资200亿~300亿日元，到2015年将目前面向混合动力车生产的锂电池产能提高约70倍。据称，日立将通过加大投资和扩大其位于茨城县东海事业所的产能，尽快实现大容量新型锂离子电池的量产，产品将主要向美国通用汽车公司提供。

2009年5月，丰田汽车、日产汽车及松下电器等相关企业签署协议，合力开发统一规格的新一代汽车锂离子电池。东芝公司斥资500亿日元开发电动汽车用的锂离子电池，计划将高性能锂离子电池增至适于不同特性的3个种类，即除了目前的普通型之外，还将分别开发支持混合动力车和电动汽车等高输出功率型及高能源密度型的锂离子电池。

（3）技术标准

日本在标准制定及修订方面也具有丰富的经验，自主制定了多项锂离子电池安全标准，依据这些标准来规范锂离子电池的安全准入原则。日本已经于2012年制定了新标准JIS C 8715－1《工业用锂离子电池单电池及电池系统第1部分：性能要求事项》和JIS C 8715－2《工业用锂离子电池单电池及电池系统第2部分：安全性要求事项》，在不久的将来可能也会对大容量的锂离子电池实施认证。

另外，日本制定了严格的锂离子电池安全准入法律体系。在日本，锂离子电池属于《电气用品安全法》监管范围的产品。日本政府通过法律《电气用品安全法》、政令《电气用品安全法施行令》、省令《电气用品安全法施行规则》《规定电气用品的技术基准的省令》和通达等构成完整的法律体系，对产品的安全准入进行监管。

4.2.3 欧洲

（1）政策措施

2008年9月，欧盟通过《关于发展新能源汽车的立法建议》议案。2008年11月，欧盟通过以轿车为代表的二氧化碳排放法规，总体规划2012年要达到0.13 kg/km，2020年以轿车为代表的乘用车二氧化碳排放达到0.095 kg/km。2010年4月，欧盟专门公布了《清洁能源和节能汽车欧洲战略》文件，为欧盟新能源汽车产业的发展勾勒出政策框架。在发展新能源汽车方面，该战略文件着重对电动汽车做出部署。

2009年6月，欧盟委员会在布鲁塞尔举行电动车专家工作小组会议，会议主要议题是欧盟成员国政府和欧委会之间在电动车开发方面的信息交流问题。到2020年，全欧范围混合动力汽车和电动车将得到全面使用。作为最关键部件，电池使用寿命和电量密度（待机时间）将是现在的3倍，而制造成本将是现在的30%。电动车形成市场竞争力，不需政府补贴就能赢得消费者。电网和充电设施能为消费者提供自动、便捷、高效的充电服务。经过10年左右的发展，整个欧盟将实现总计500万辆左右电动和混合动力车上路的发展目标。

欧盟一些成员国已开始积极采取举措，全速推进电动汽车的发展。在法国，政府非常鼓励使用电动汽车，早在2005年，法国政府、电力公司与汽车制造商签订协议，使全国电动汽车保有量达到10万辆，在20个城市推广使用电动汽车。法国已有十余个城市运行电动汽车，且有比较完善的充电站等服务设施，政府机关带头使用电动汽车。法国电力公司目前正在与丰田合作开发遍布全法国的充电站。德国之前仅有约1600辆电动汽车，2009年8月德国政府通过了“电动汽车国家发展计划”，根据这一计划，德国将在2020年前生产至少100万辆电动汽车。波兰政府也在加速发展充电设备，还得到了欧盟的资金支持。葡萄牙政府与雷诺及日产达成了协议，一起打造全国性的充电网络。冰岛政府计划到2012年将全国所有汽车更换为电动汽车，成为世界首个推行该政策的国家。

英国实行电动汽车免交牌照税、养路费、夜间充电只收1/3电费等政策。英国2007年修改汽车保有税制，按二氧化碳排放量进行差别征税，低排放税率为零，高排放税率最高30%。2009年4月，政府发布道路交通二氧化碳减排5年计划，购买PHEV、BEV可获得2000~5000英镑奖励。

法国政府2008年1月投入4亿欧元，用于研发和制造清洁能源汽车。法国政府还鼓励报废能耗大的旧车，并给予一定数额的现金奖励。采取配套措施，保证电动车等环保汽车的顺利运行，如在工作场所、超市和住宅区等大幅增加充电站的数量，从而使充电如同加油一样便捷。2010年1月，法国政府宣布将实施“发展电动汽车全国计划”。预计到2020年，该国将推广200万辆电动汽车。法国政府将为此投入15亿欧元以上，主要用于建充电站。在该计划中，纯电动和油电混合动力汽车成为重点鼓励对象。2010年6月，法国政府又推出了一项旨在鼓励电动车发展的低息贷款，贷款总额为2.5亿欧元，专门发放给电动汽车生产企业，资助其投资建厂和开发电池等新技术。目前，在以二氧化碳为基础的奖惩机制下，二氧化碳排放低的车辆（低于0.06 kg/km），包括各种电驱动车，可以获得每辆最高5000欧元的补贴。政府还计划免收电动车的停车费。

德国政府计划共耗资5亿欧元，其中1.7亿欧元用于支持研发为电动汽车提供动力的电池。而开发新的电池技术、其他混合动力驱动技术和燃料电池技术将获得低息贷款和补助金。2011年5月，通过了鼓励电动汽车发展的《电动汽车政府方案》。该方案包括：研发经费增加到20亿欧元；政府买车或租车，至少保证10%是电动车；在2015年之前购买电动汽车的消费者，可享受10年免缴行驶税的政策；在堵车的情况下，电动汽车可使用公交车道；在城市停车场，为电动汽车设立专用停车位，以保障其停车，甚至享受免费停车的待遇。通过一系列优惠政策促进电动汽车的发展，目标是至2020年在德国上路的电动汽车达到100万辆，2030年达到500万辆，2050年城市交通基本不使用化石燃料。

（2）经济措施

英国政府提出“伦敦电气化计划”，投资2000万英镑支持开发电动汽车，提供500多万美元电池科研补助金，出资1000万英镑支持BEDFORD电动车的开发。

英国交通与商业部于2009年年初公布了未来5年削减道路交通二氧化碳排放的一项计划，该项计划安排资金2.5亿英镑支持电动汽车研发与产业化。

法国政府曾一次性投入 15 亿法郎发展电动汽车，作为 10 万辆电动汽车的补贴，大幅度提高了购买电动汽车的补贴款额。用纯电动汽车替代了政府部门 10% 的内燃机公务车，又拨款 5 亿法郎，完善巴黎市区的充电站和各类基础设施；2002 年开始实施的电动汽车研究计划（PREDIT Ⅲ – 2002/2006），计划投资 5500 余万欧元。法国对购买低排放汽车的消费者给予最高 5000 欧元的奖励（目前只有纯电动汽车符合 5000 欧元的最高奖励）。此外，在每年的道路税中，60% 的部门对电动车辆给予了 50% 或 100% 的免除。

1994 年，德国技术研究部对电动汽车开发共补助了 1.5 亿马克，1995 年又给予 2.24 亿马克补助；2005 年，德联邦经济部提供 3000 万欧元资金，资助研究机构和工业企业开展混合动力车关键部件及新工作模块的应用开发和一体化研究；在政府高技术战略下，联邦教研部发起锂电池联盟，联邦政府曾为该联盟拨付 6000 万欧元行动预算资金；2009—2012 年，由经济部负责实施“蓄电池项目计划”，联邦政府将为此提供 3500 万美元，促进电池创新开发。近期，在联邦环境部气候保护行动框架下，由政府提供 1500 万欧元资金，开展持续 4 年的现场测试工作，用于解决各种实际问题。

德国针对个人给予超价补贴、低息贷款及减税 7% 的优惠；企业研发电动汽车的项目，可享受 5 年的免税。据统计，2009 年联邦能源研发资金的 60% 投入以电动汽车为代表的“可持续交通”产业的发展。到 2011 年年底，政府提供 5 亿欧元资助 1 个电池研究中心和 8 个电动车城市试点项目，以促进电动汽车研究和市场化。

在 2007 年制定的“高科技战略”中，德国政府已将电动汽车的关键技术——锂离子电池作为攻坚项目。为了完成这一项目，产业界五大巨头巴斯夫、博世、赢创（EVONIK）、LiTec、大众和科学界与应用界的 60 家单位组建了锂离子电池“创新联盟”：企业界出资 3.6 亿欧元，联邦科研部资助 6000 万欧元。为了抢占市场先机，各州政府也有一批资金的投入。例如，北威州的投入就达 6000 万欧元。北威州之所以投入如此之多，除了想成为“电动汽车的模范区域”之外，更重要的是想让“北威州的轿车工业尽快生产出世界领先的电动汽车”。

2009 年年初，德国政府拿出 5 亿欧元用于资助电动汽车的研发。其中，资助锂离子电池的研发费用为 5900 万欧元。2009 年 8 月提出“国家电动汽车发展计划”，预计到2020年普及100万辆插电式混合动力汽车和纯电动汽车，2030年达到500万辆，到2050年大多数城市交通将不再使用化石燃料。希望借助此项计划突破诸多技术瓶颈，使德国领跑世界电动汽车产业。该计划耗资5亿欧元，其中，1.7亿欧元用于扶持动力电池的研发工作。同时，政府为包括动力电池等在内的新科技项目提供低息贷款和补助金。

4.2.4 韩国

（1）政策措施

韩国政府一直积极倡导“绿色发展”理念。近几年，日、美等国的汽车厂家纷纷加快电动汽车的研发和生产，使韩国产生了紧迫感。为应对日本等国的竞争，2009年10月，韩国政府在现代起亚汽车技术研究所召开了紧急经济对策会议，决定将于2011年起正式开始电动汽车的批量生产，比原定计划提前了2年。而且还计划到2015年韩国产电动汽车在世界电动汽车市场的占有率能达到10%，到2020年韩国国内市场电动汽车的普及率要超过10%。

为了整合和加强电动汽车技术研发的力量，韩国政府还将组建“电动汽车未来战略论坛”，由产、官、学相关人士共同参与制定电动汽车技术开发综合路线图。根据路线图及计划，韩国将于2010年实现电动汽车的示范生产并完成道路运行检验，自2011年下半年开始批量生产并进行市场普及。韩国政府还鼓励公共机关带头购买电动汽车，到2014年公共机关的购买量将超过2000辆。2011年年底开始针对普通消费者实施电动汽车购买税收优惠政策。

（2）经济措施

韩国政府积极投入研发资金，计划到2014年共投入4000亿韩元（约合4亿美元）用于支持电动汽车零部件的开发，其中仅电池一项就将投入550亿韩元。2009年年底之前，将选定30个电动汽车战略零部件项目和50家战略零部件企业，通过税收优惠及资金支持等方式给予重点支持。时任韩国总统李明博表示，政府将在尽可能的范围内通过有效分配研发预算，集中支持电动汽车发展。

韩国政府从4个方面给予电动汽车产业重点支持：一是支援电池等核心零部件的技术开发；二是修订有关法律法规，为电动汽车的行驶、安全及充电设施的配备制定标准；三是支持电动汽车的示范生产及道路运行实验工作；四是支持电动汽车的市场普及，向购买电动汽车的公共机关和个人消费者提供优惠措施。

4.2.5 中国

（1）政策措施

我国出台了很多扶持新能源汽车的政策，锂离子电池研发项目是国家“863”计划的重点项目，在研发上也投入了大量财力、物力。目前，我国的汽车用锂电池产业发展很快，生产能力仅次于日本。

2006年，依据《国家中长期科学和技术发展规划纲要（2006—2020年）》和《国家高技术研究发展计划“十一五”发展纲要》，结合“十五”电动汽车重大科技专项和“十五”清洁汽车行动取得成果，科技部设置“863”计划节能与新能源汽车重大专项。

2009年，工信部发布的《汽车产业技术进步和技术改造投资方向（2009—2011年）》明确“先进动力电池系统”与“电池管理系统”为鼓励的投资方向。2009年，科技部发布的《国家重点新产品计划优先发展技术领域（2010）》把锂离子电池及相关产品和技术列为优先发展技术领域。2009年，国务院颁布的《汽车产业调整与振兴规划》提出“推动纯电动汽车、充电式混合动力汽车及其关键零部件的产业化”，掌握新能源汽车的专用发动机和动力模块（电机、电池及管理系统等）的优化设计技术、规模生产工艺和成本控制技术。2014年7月，国务院常务会议决定，自2014年9月1日至2017年年底，对获得许可在中国境内销售（包括进口）的纯电动及符合条件的插电式（含增程式）混合动力、燃料电池3类新能源汽车，免征车辆购置税。

科技部“十城千辆”计划：每年发展10个城市，每个城市推出1000辆新型动力汽车开展示范运行，涉及公交、出租、公务、市政等领域，将至少推广使用6万辆的节能与新能源汽车；2009年9月，国家电网公司宣布其正在北京、上海和其他大型城市建造电动车充电站，每座充电站投资额为25万元人民币；科技部目前正在考虑建造可插入汽车充电的充电站，而另一种是锂离子电池交换站，在此可将用尽的电池交换一块充满电的电池；2009年10月，美国通用透露正与国家电网公司商讨合作建立电动车充电平台。

2009 年 2 月，国务院出台《汽车产业调整和振兴规划》，政策倾向于发展电动汽车，提出至 2011 年形成 50 万辆新能源汽车产能。

2010 年 8 月，在国资委倡导下，中国一汽、国家电网、中海油等 16 家央企在京成立中央企业电动汽车产业联盟，计划联合开发电动车和相关零部件，并建设充电站。

2011 年 7 月，科技部发布的《国家“十二五”科学和技术发展规划》指出要加快发展电动汽车充电设施——国家电网将在 27 个省市建 75 座充电站和 6000 多个充电桩；2011—2016 年，将建立 400 座电动汽车充电站，初步形成电动汽车充电网络；2016—2020 年，将建立 1 万座电动汽车充电站，全面开展充电桩配套建设，建成完整的电动汽车充电网络。

2012 年 3 月，科技部发布《电动汽车科技发展“十二五”专项规划（摘要）》（以下简称《规划》），明确了一直悬而未决的新能源汽车技术路线问题，中国新能源汽车发展重新找到前行的方向。《规划》指出从培育战略性新兴产业角度看，发展电气化程度比较高的“纯电驱动”电动汽车是我国新能源汽车技术的发展方向和重中之重。《规划》还提出，到 2015 年左右，在 20 个以上的示范城市和周边区域建成由 40 万个充电桩、2000 个充换电站构成的网络化供电体系，满足电动汽车大规模商业化示范能源供给需求。近期（2010—2015 年），将尽快推进混合动力技术的应用，发展小型纯电动汽车和插电式混合动力电动车；中期（2015—2020 年），将在混合动力技术得到广泛应用的基础上，加大小型纯电动汽车和插电式混合动力汽车推广力度；在 2020 年之后，纯电驱动技术将逐步占据主导地位，通过发展纯电动汽车和燃料电池汽车，实现大幅度降低排放。《规划》指出，要紧紧把握汽车动力系统电气化的战略转型方向，重点突破电池、电机、电控等关键核心技术，以及电动汽车整车关键技术和商业化瓶颈。要以动力电池模块为核心，实现我国以能量型锂离子动力电池为重点的车用动力电池大规模产业化突破。《规划》要求促进动力电池模块化技术发展，带动关键材料国产化；建立以动力电池模块为核心的产品自动化生产线；实现车用动力电池模块标准化、系列化、通用化，为支撑纯电驱动电动汽车的商业化运营模式提供保障。

2013 年 4 月，科技部、国家发展改革委组织编制了《“十二五”国家重大创新基地建设规划》，以锂离子电池作为动力代表，新能源汽车被纳入“十二五”期间建设的15～20个国家重大创新基地之中。在相关研究中开发了全自动密闭的自动加料系统、电池极板全自动叠片机、大容量电池全自动注液机、能自动装夹电池的电池化成工装夹具，还建立起了自动检修锂离子电池的相关出产线，极大晋升了电池机能的不乱性。

（2）经济措施

2009年2月，《节能与新能源汽车示范推广财政补助资金管理暂行办法》出台。公共服务用乘用车和轻型商用混合动力汽车每辆最低补贴4000元，最高补贴5万元；纯电动乘用车和轻型商用车每辆补贴6万元，燃料电池乘用车和轻型商用车每辆最高补贴25万元。

2010年5月，财政部、科技部、工信部、国家发展改革委联合出台《关于开展私人购买新能源汽车补贴试点的通知》，确定在上海、长春、深圳、杭州、合肥5个城市启动私人购买新能源汽车补贴试点工作。对满足支持条件的新能源汽车，给予补助。插电式混合动力乘用车每辆最高补助5万元；纯电动乘用车每辆最高补助6万元。财政补助采取退坡机制。试点期内（2010—2012年），每家企业销售的插电式混合动力和纯电动乘用车分别达到5万辆的规模后，中央财政将适当降低补助标准。

（3）技术标准

我国锂离子电池标准的发布实施经历了“产品安全—原材料—电池接口、模块及管理系统”的3级发展阶段。2004年之前，我国锂离子电池的标准主要集中在锂离子电池本身的产品和安全要求，这期间共发布了4项产品标准和2项检测方法标准。1995年发布的GJB 2374—1995《锂电池安全要求》、2000年发布的QB/T 2502—2000《锂离子蓄电池总规范》、2001年发布的GB/T 18384.1—2001《电动汽车安全要求》和GB/Z 18333.1—2001《电动道路车辆用锂离子蓄电池》对我国的锂离子电池的安全提出了标准的依据；2006—2010年，我国锂离子电池的原材料标准呈现比较集中的发布趋势，这期间GB/T 20252—2006《钴酸锂》等8项原材料标准相继发布；2010年至今，我国锂离子电池标准在电池接口、电池模块和电池管理系统方面共发布了5项标准。从时间上来说，美国、日本等发达国家的标准制定时间较早，我国标准在制定时大都参考美国、日本、欧盟等国家（地区）的标准。

我国锂离子电池产品检验主要依据的相关标准有：联合国《关于危险货物运输建议书》第38.3条款锂电池运输安全性能测试（UN38.3）、GB/T 8897.1—2003《原电池第1部分：总则》、GB 8897.2—2005《原电池第2部分：外形尺寸和技术要求》、GB 8897.4—2008《原电池第4部分：锂电池的安全要求》、GB/T 18287—2000《蜂窝电话用锂离子电池总规范》、GB/T 19521.11—2005《锂电池组危险货物危险特性检验安全规范》、GB/Z 18333.1—2001《电动道路车辆用锂离子蓄电池》、YD 1268.1—2003《移动通信手持机锂电池的安全要求和试验方法》、QC/T 743—2006《电动汽车用锂离子蓄电池》、QB/T 2502—2000《锂离子蓄电池总规范》、SN/T 1414.3—2004《进出口蓄电池安全检验方法第3部分：锂离子蓄电池》、SJ/T 11169—1998《锂电池标准》。

有关新能源技术的4个标准——《电动汽车传导式充电接口》《电动汽车充电站通用要求》《电动汽车电池管理系统与非车载充电机之间的通信协议》和《轻型混合动力电动汽车能量消耗量试验方法》已通过工信部等相关部门审查，这些标准将陆续出台。锂离子电池部分标准如表4-3所示。

表4-3　锂离子电池部分标准

标准号	标准名称	状态
GB/T 22425—2008	通信用锂离子电池的回收处理要求	现行
GB/T 24533—2009	锂离子电池石墨类负极材料	现行
GB/T 30835—2014	锂离子电池用炭复合磷酸铁锂正极材料	现行
GB/T 30836—2014	锂离子电池用钛酸锂及其炭复合负极材料	现行
SJ/T 11483—2014	锂离子电池用电解铜箔	现行
QB/T 4428—2012	电动自行车用锂离子电池产品规格尺寸	现行
YS/T 797—2012	便携式锂离子电池用铝壳	现行
ISO/IEC PAS 16898—2012	电动道路汽车．次级锂离子电池的命名和尺寸规格	现行
IEC/TS 62607-1—2014	纳米加工．关键控制特性．第4-1部分：锂离子电池的阴极纳米材料．电化学特性描述，2-电极电池方法	现行
DIN IEC/TS 62607-1—2013	纳米加工．关键控制特性．第4-1部分：锂离子电池用阴极纳米材料．电化学特性，2-电极电池方法（IEC 113/144/CD—2012）	现行

续表

标准号	标准名称	状态
DIN SPEC 91252—2011	电动道路车辆．蓄电池系统．锂离子电池单元的尺寸规格	现行
ANSI/UL 2575—2012	电力工具和电动机操作，加热和照明电器中使用的锂离子电池系统	现行
SAE J 2950—2012	汽车锂离子电池系统的装运，运输和装卸推荐实施规程（RP）	现行
UL 2575—2011	电力工具和电动机操作，加热和照明电器中使用的锂离子电池系统	现行

4.3 动力电池市场规模与预测

随着锂离子电池技术不断进步，成本逐渐下降，其安全性能进一步提高，业界普遍看好动力锂离子电池的市场前景。

4.3.1 动力电池市场概述

动力电池市场方兴未艾，目前主要的应用方向包括电动工具、电动自行车、电动汽车和储能电站。特别是电动汽车和储能电站应用，处于市场培育期，未来空间广阔，具有广泛的发展潜力。

根据研究机构预测，2011 年全球可充电电动工具出货量将达到 6300 万只，其中锂电池占比达到 38%，对应需求 2394 万只。目前，电动自行车主要应用铅酸电池，随着成本的降低，锂电池将逐步完成对铅酸电池的替代。预计到 2015 年，电动自行车出货量超过 6750 万台，对应锂电池需求超过 6 GW · h。

尽管目前汽车用锂电池仍存在诸多问题，但是锂电池作为未来汽车的重要能源已是必然趋势。随着技术进步，市场有望快速打开，2015 年，全球汽车锂电池市场达到 1.25 万亿日元，逼近便携锂电市场的 1.55 万亿日元。

从全球来看，日本、韩国目前在锂电池行业中占据较大话语权，特别是在上游材料和中游电芯领域。上游的锂电池材料产业包括正极材料、负极材料、隔膜、电解液等，目前主流市场基本被日本、韩国企业所垄断，中国企业虽然正在努力寻求突破，但是目前技术水平仍有较大差距。中游企业主要生产电芯产品，依然是以日韩企业为主导，目前全球电芯市场中，领先者松下（包括三洋）占据25%的市场份额，之后为三星SDI占据23%，LG化学占据16%，SONY占据8%。但是中国企业已开始有所突破，如比亚迪、比克、力神经过多年努力，已经取得一定的市场地位。而下游企业主要是电池模组的组装制造，包括我国及日韩上游企业的组装工厂。中国本土品牌也开始利用产业链优势在全球范围内进行扩张。电池产业特别是中下游的电芯和电池模组制造行业也正处于这一阶段，包括比克、力神、比亚迪等电芯企业和德赛、欣旺达等电池模组企业开始获得一定的市场份额，进入国际大厂如苹果、亚马逊、三星等的供应链，迎来快速成长。

4.3.2 全球锂离子电池产业规模及发展预测

2013年，全球锂离子电池需求总量突破5000万kW·h，达到5150.04万kW·h，同比2012年增长34.93%，是2011年的1.93倍；而2011—2013年锂离子电池市场的年均复合增长率高达39.05%（图4-3）。在全球经济总体处于低谷的时期，这样的成绩是非常亮丽的，没有几个产业能够做到这一点。从这方面可以认为，锂离子电池产业正迎来发展的黄金时期，见表4-4。

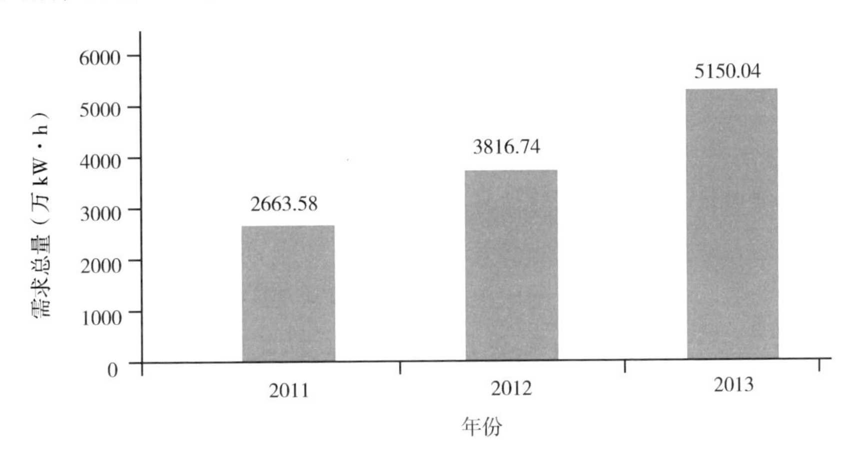

图4-3 2011—2013年锂离子电池需求总量

表 4-4　锂离子电池产品市场构成

年份	消费类电子产品市场	交通工具电动化市场	工业储能市场
2011	80.06%	10.98%	8.95%
2012	72.28%	15.48%	12.25%
2013	62.77%	22.22%	15.01%

2011—2013 年全球锂离子电池市场需求结构如图 4-4 所示。虽然以智能手机和平板电脑为代表的消费类电子产品市场对锂离子电池的需求仍然占据绝对主导地位（2013 年市场占比高达 62.77%），但市场占比以每年 8~9个百分点的速度快速下降，2015 年占比将不足 50%。因此，从发展趋势上来判断，未来锂离子电池产品的主要市场不是消费类小电池市场，而是动力市场。

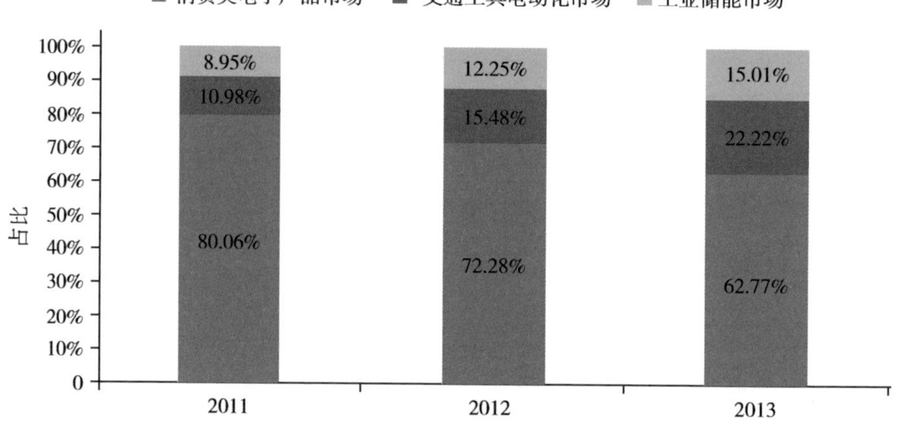

图 4-4　锂离子电池产品市场构成

拉动锂离子电池产业高速成长的主要动力是交通工具电动化市场和工业储能这两大动力电池市场。统计数据显示，以电动汽车和电动自行车为代表的电动交通工具对锂离子电池的需求占比从 2011 年的 10.98% 上升到 2013 年的 22.22%，市场份额翻了 1 倍有余；从绝对量看，需求总量由 2011 年的 292.54 万 kW·h 飞速增长到 2013 年的 1144.34 万 kW·h，上涨了 291.17%。工业储能市场对锂离子电池的需求占比从 2011 年的 8.95% 上升到 2013 年的 15.01%，涨幅超过 67%；从绝对量看，需求总量由 2011 年的 238.47 万 kW·h 增长到 2013 年的 773.19 万 kW·h，上涨了 224.23%。

当然，目前工业储能市场的锂离子电池需求主要来自电动工具，但其份额在显著下降。在2013年工业储能市场的锂离子电池需求总量中，电动工具市场占比61.65%，较2012年的71.16%有大幅下降。工业储能市场中发展速度最快的细分市场是移动基站电源市场，该市场的份额由2012年的不到10%快速提升到2013年的21%。

2012年全球锂离子电池市场产值为117亿美元，2019年该产值预计将达331.1亿美元，2013—2019年的复合年均增长率将达到16.02%。由于锂离子电池在消费、汽车和工业领域具有巨大发展潜力，这些领域对锂离子电池的需求不断增长。电池效率的提高，以及在电动汽车与混合动力汽车、能源、医疗和军事方面的用途不断增多等主要因素，正在推动锂离子电池市场的发展。此外，欧洲、北美和中国等国家（地区）政府针对碳排放实行严格的监管条例，也推动了该市场的发展。与此同时，相比铅镍、镍镉和金属氢化物镍电池，锂离子电池生命周期更长。相比其他电池，锂离子电池价格高，还存在过热风险，这2种因素正在抑制全球锂离子电池市场的发展。不过，锂离子电池价格正在逐步降低，这将会对该市场的未来发展产生积极影响。

在地区方面，亚太地区目前拥有锂离子电池市场最大份额，2012年为49%。日本和中国是推动该地区锂离子电池市场发展的重要国家，日本还是全球领先的锂离子电池生产国。中国和日本的制造商目前正专注于提高其在多个地区的销售额。此外，混合动力汽车在中国也越来越普及，这也有望推动亚太地区锂离子电池市场的发展。不过，作为使用锂离子电池的先锋者，北美的发展速度预计将会最快（15.5%）。

汽车能源供应公司、A123系统公司、汤浅株式会社、日立化成株式会社、江森自控有限公司、LG化学公司、松下电器产业株式会社、三星SDI株式会社、东芝株式会社和中国比克电池股份有限公司，目前是锂离子电池市场中备受青睐的公司。2012年，汽车能源供应公司拥有锂离子电池市场产值的大部分份额。过去几年，在该市场开展业务的公司不断增加，未来还将会有更多公司进军这一市场。不过，国际公司很可能会与当地公司开展合作，进而扩大其在不同地区的市场份额。2019年锂离子电池销售额将达128亿美元。

4.3.3 全球主要区域产业规模及发展预测

全球锂离子电池产业主要集中在日本、中国和韩国。日本是最早实现锂离子电池商用化的国家。2000 年以前，全球锂离子电池的生产基本被日本垄断。近年来，随着中国、韩国对锂离子电池制造技术的开发和不断提升，日本锂离子电池在全球市场的出货量比例逐渐降低，中国和韩国锂离子电池的出货量比例逐渐增加。

总体来看，2008 年日本、中国和韩国的锂离子电池出货量分别约占全球 50%、23% 和 22%，其中，日本三洋能源、韩国三星 SDI 和日本索尼 3 家企业锂离子电池的销售量占全球锂离子电池销售总量的 50% 以上。全球锂离子电池产业规模维持增长态势，中国锂离子电池产业规模增速高于全球。

我国锂离子电池企业近年来发展十分迅速。比亚迪、比克、ATL 和天津力神 4 家公司的销售量均已进入全球前 10 名，销售量合计占全球销售总量的 20% 以上。2011 年，根据日本调查公司 Techno Systems Research 公布的全球锂离子电池市场份额的统计数据，以三星 SDI 为首的韩国企业占据了全球锂离子电池市场的 39%，首次超过以松下为首的日本企业（35%）。数据显示，韩国三星 SDI 公司和 LG 公司的锂离子电池市场份额同比分别增加了 3% 和 2%，达到了 23% 和 16%；而日本锂离子电池主力企业松下和索尼的全球份额分别下降了 2% 和 3%，为 24% 和 8%。因此，为了降低成本以抗衡韩国企业，索尼计划在 2014 年 3 月底将锂离子电池生产业务转移至中国和新加坡；松下也计划于 2012 年上半年在中国苏州实施锂离子电池的量产化。

从电池材料市场来看，无论在规模上还是技术上日本都处于遥遥领先的地位，锂离子电池核心材料的全球最大生产厂商几乎全都是日本企业。日本日亚是正极材料的全球最大生产商，日立化成是负极材料的全球最大生产商，日本化成和美国 Celgard 是全球隔膜材料市场的前 2 位，日本宇部兴产和韩国旭成正在电解液市场上一较高低。虽然因日本国内生产成本高涨之故，锂离子电池的制造出口处于逐年下降的态势，但 2009 年全球仍有近 67% 的锂离子电池材料在日本生产，中国与其他亚洲地区仅占 19% 与 14%。2009 年，韩国企业的锂离子电池出口总额达到 24.5 亿美元，而核心材料进口额达到10.7亿美元，其中，从日本的进口额为4.9亿美元，占核心材料进口总额的46%。因此，尽管韩国在锂离子电池制造技术方面可与日本并列达到世界顶尖水平，但材料和核心技术的竞争力还不到日本的一半。如果把日本的竞争力设为100，那么韩国在材料领域的分数只有50，核心技术只有30。针对材料领域落后于日本的问题，三星、LG、韩华、POSCPO、乐天、GS等韩国企业掀起了投资核心材料的热潮。

预计2015年中国锂离子电池市场突破1200亿元。随着我国锂离子电池一些关键技术和材料的不断突破，我国锂离子电池产业在未来几年有望保持健康快速发展。我国市场对锂离子电池的需求量占全球的比重在今后几年会逐步提高，这主要是由手机、笔记本电脑、移动电源、电动自行车、电动三轮车、低速电动汽车、电动工具等市场决定的，这些下游产业基本集中在中国。这些有利因素对于我国锂离子电池产业的发展非常有利。2012年中国锂离子电池产业规模达556.8亿元，预计到“十二五”末将增长到1251.5亿元，年均复合增长率预计达到30%以上。据中国电池网CEO于清教透露，2014年上半年，我国锂离子电池行业（包括电池、正负极材料、隔膜、电解液及专用设备等）总产值接近400亿元，产业格局和新技术应用不断出现新亮点，而下半年国内锂离子电池及关键材料产量也会稳定高增长，行业年总产值有望突破900亿元。2013年这一数字为500亿元，爆发式增长态势明显。中国企业尽管发展迅速，但从综合技术实力来看，仍然落后日本2~3年的时间，属于大而不强的状态，但有较大的提升空间。

4.4 锂离子电池技术发展与竞争分析

通过阅读锂离子电池相关技术资料，并咨询领域专家，课题组分析了锂离子电池技术链及产业链。锂离子电池技术分解如图4-5所示。

依据上述锂离子电池技术分解，对锂离子电池技术总体发展态势进行了专利检索及数据分析。

4.4.1 专利申请公开趋势

采用优先权专利及基本专利的公开年度来分析锂离子电池专利的年度分

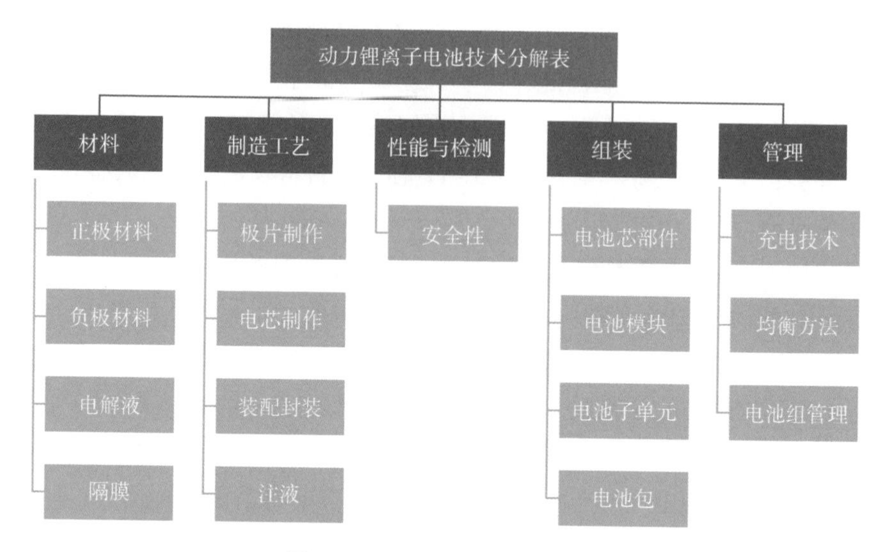

图 4-5　锂离子电池技术分解

布态势。通过检索 DII 专利数据库，共得到锂离子电池相关专利 68 480 件，如图 4-6 所示。

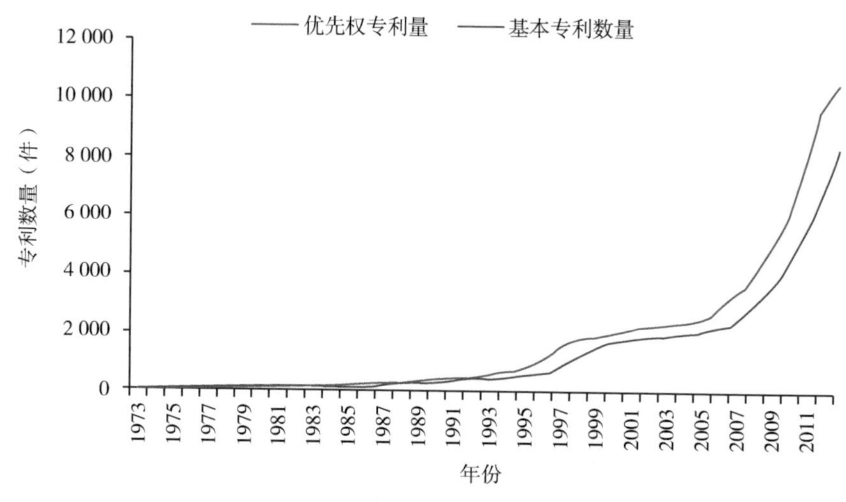

图 4-6　锂离子电池总体技术年度趋势

锂离子电池专利申请发展 3 个时间段：1973—1994 年为起步阶段，专利申请量较少；1995—2006 年为稳步发展阶段，专利申请量出现较明显的增长，但增长速度缓慢；2007—2015 年为快速发展阶段，专利申请数量快速增加，新进入的研发机构和人员较多，从一方面说明锂离子电池技术正处于技术发展期。

4.4.2 技术研发重点

根据国际专利分类，申请数量前15名的技术领域如图4－7所示。锂离子电池的重点研究领域主要分布在非水电解质蓄电池、电极材料和添加剂等领域，如表4－5所示。

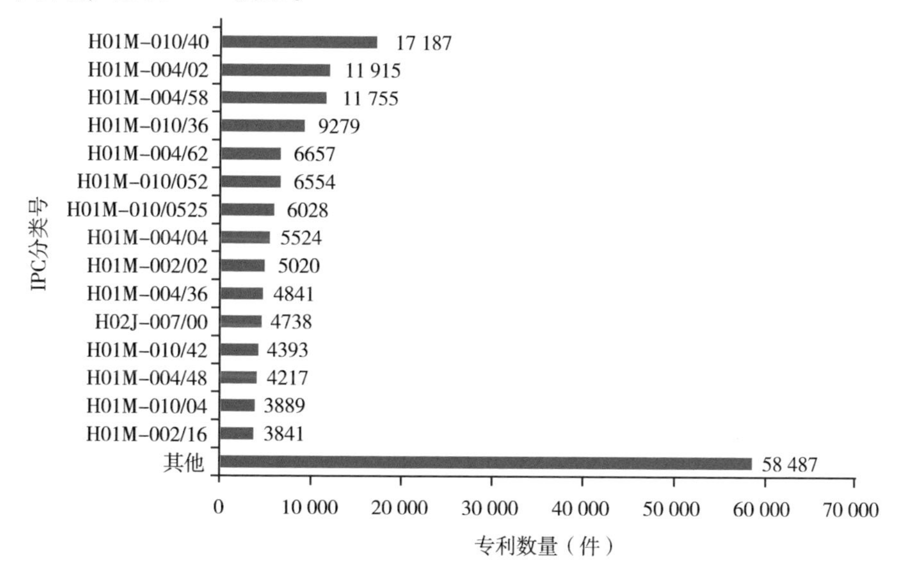

图4－7 锂离子电池总体技术分布

表4－5 锂离子电池总体技术分布及解释

排名	专利数量（件）	IPC 分类	解释
1	17 187	H01M－010/40	非水电解质蓄电池
2	11 915	H01M－004/02	由活性材料组成或包括活性材料的电极
3	11 755	H01M－004/58	除氧化物或氢氧化物以外的无机化合物，如硫化物、硒化物、碲化物、氯化物或 LiCoFy
4	9279	H01M－010/36	组 H01M－10105～H01M－10134 中不包含的蓄电池
5	6657	H01M－004/62	在活性物质中非活性材料成分的选择，如胶合剂、填料
6	6554	H01M－010/052	锂蓄电池
7	6028	H01M－010/0525	摇椅式电池，即其2个电极均插入或嵌入有锂的电池；锂离子电池

续表

排名	专利数量（件）	IPC 分类	解释
8	5524	H01M-004/04	一般制造方法
9	5020	H01M-002/02	电池箱、套或罩
10	4841	H01M-004/36	作为活性物质、活性体、活性液体材料的选择
11	4738	H02J-007/00	用于电池组的充电或去极化，或者用于由电池组向负载供电的装置
12	4393	H01M-010/42	使用或维护二次电池或二次半电池的方法及装置
13	4217	H01M-004/48	无机氧化物或氢氧化物
14	3889	H01M-010/04	一般结构或制造
15	3841	H01M-002/16	按材料区分
16	3665	H01M-002/10	安装架、悬挂装置、减震器、搬运或输送装置、保持装置
17	3610	H01M-010/44	充电或放电的方法
18	3582	H01M-004/13	非水电解质蓄电池的电极，如用于锂蓄电池；制造方法
19	3397	H01M-004/38	元素或合金
20	3237	H01M-004/525	插入或嵌入轻金属且含铁、钴或镍的混合氧化物或氢氧化物，如镍酸锂
21	3170	H01M-010/058	构造或制造
22	3148	H01M-004/505	插入或嵌入轻金属且含锰的混合氧化物或氢氧化物，如锰酸锂

4.4.3 技术研发重点演变趋势

每项技术的发展都要经历萌芽期、发展期、成熟期及衰退期 4 个时期，不同时期的研究重点代表技术的发展成长过程。研究一项技术研发重点变化的脉络，可以洞察其成长轨迹。不同技术领域的专利量说明该领域技术研究的重点分布；最近 3 年专利量占总量的比例，说明这些技术领域最近 3 年是否仍为重点研究对象。虽然锂离子电池的重点研究领域为非水电解质蓄电池、电极材料和添加剂等，但由图 4 －8 可以看出，最近 3 年研究热点主要集中在电极材料、锂离子电池及其制造、锂蓄电池及其制造等领域，这些技术领域都是 20 世纪 90 年代才开始有机构进入的新的研究领域，专利数量并不多，活动年限为 20 年左右，较重点研究领域研究时间要晚 30 年。

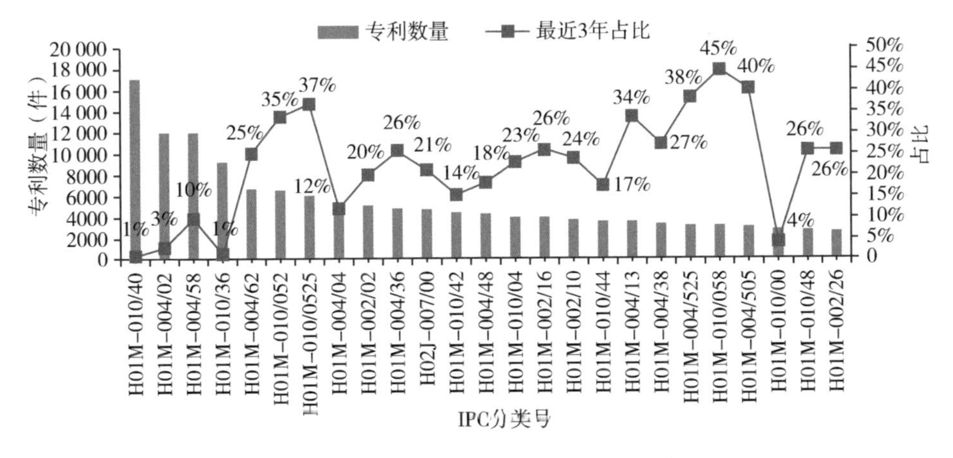

图 4 －8　锂离子电池总体技术分领域专利数量及最近 3 年占比

而研究活动开始较早、最近 3 年占比也很高，说明这些领域一直受锂离子电池研究机构及研究人员关注。这些领域主要包括电极材料、电池安全、充放电、电池组管理等，一直是锂离子电池的重要研究领域，如图 4 －9 所示。

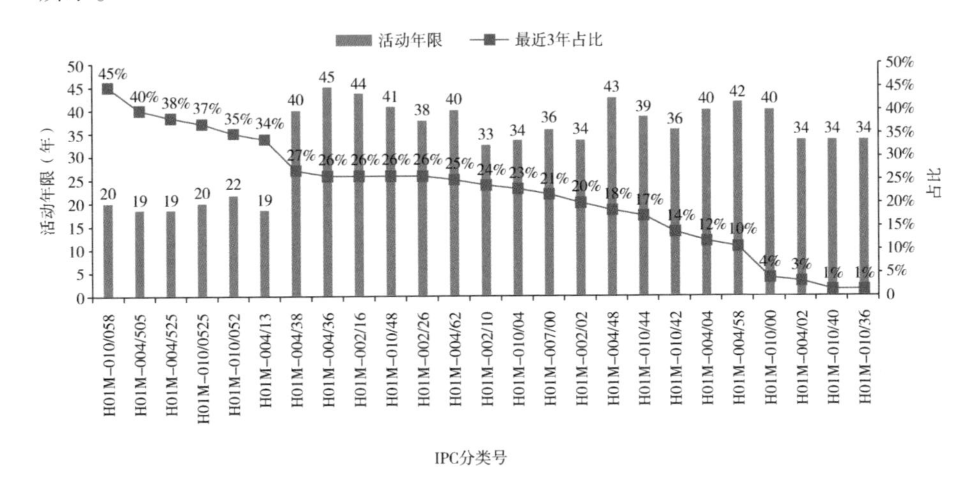

图 4 －9　锂离子电池总体技术分领域活动年限及最近 3 年占比

4.4.4 各国关注技术

各国技术研发的重点分布，代表着一个国家的技术布局及研发方向。日本在所有锂离子电池领域都处于领先地位，布局了锂离子电池的所有关键技术领域。而其他国家的研究重点只是相对本国锂离子电池技术专利量较多的领域，很难与日本相提并论。从专利数量来看，日本独揽了锂离子电池所有关键技术领域，其专利数量都远远超过其他国家（图 4－10 和图 4－11）。电极领域是所有国家都关心的技术领域，除此以外，德国较关

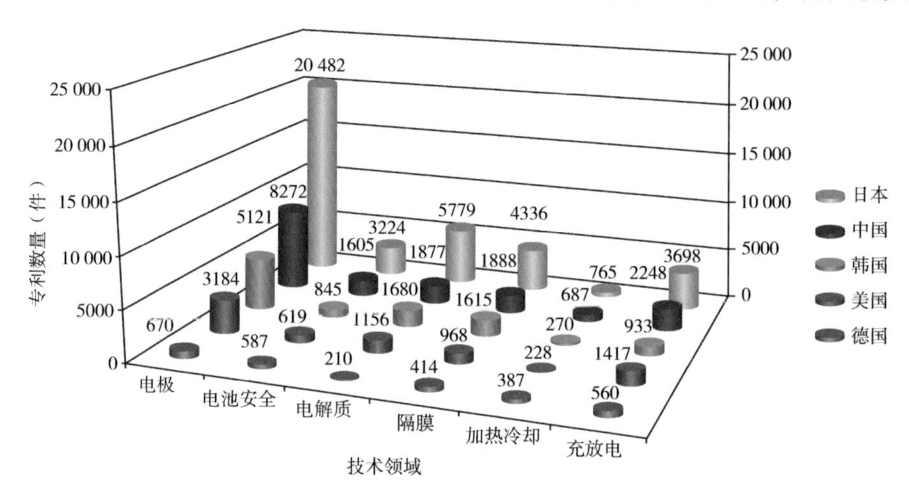

图 4－10　锂离子电池总体技术主要国家技术领域分布

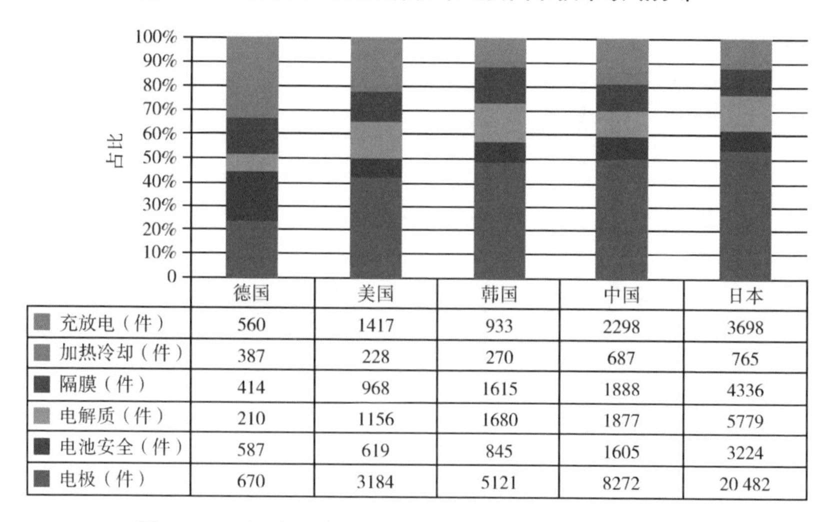

	德国	美国	韩国	中国	日本
充放电（件）	560	1417	933	2298	3698
加热冷却（件）	387	228	270	687	765
隔膜（件）	414	968	1615	1888	4336
电解质（件）	210	1156	1680	1877	5779
电池安全（件）	587	619	845	1605	3224
电极（件）	670	3184	5121	8272	20 482

图 4－11　锂离子电池总体技术主要国家技术领域比例

注电池安全、充放电领域，美国较关注充放电、电解质领域，韩国较关注隔膜、电解质领域，中国较关注充放电领域。

4.4.5 优先权专利国分布及各国综合实力比较

优先权专利的国家分布反映出锂离子电池技术掌握在哪些国家。研究结果表明，优先权专利主要分布在日本、中国、韩国、美国、德国5个国家，5国总占比高达94%，其他国家仅为6%。这其中又以日本为最多，占比高达46%，几乎占据半壁江山。中国名列第二，占比为24%，虽然与日本差距悬殊，但是从2011年开始这种差距在缩小，基本专利和同簇专利数量甚至超过了日本，如图4-12所示。

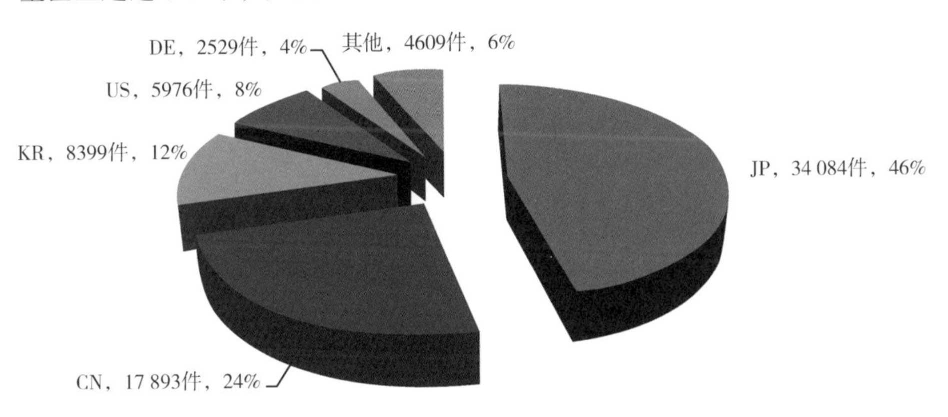

图4-12 锂离子电池总体技术优先权专利国分布

从活动年限长短来看，美国、德国、法国在这一领域研究时间最长，跨度近50年；从最近3年专利量占比来看，中国、韩国、加拿大、世界知识产权局最近3年比较活跃，占比较高；从独占技术点来看，日本、中国最多，但日本独占技术点是中国的2倍。综合来看，锂离子电池技术主要掌握在日本、中国、美国、韩国、德国5个国家手里，如表4-6、图4-13和图4-14所示。

表4-6 锂离子电池总体技术各国家（地区）综合实力比较

国家（地区）	专利数量（件）	最近3年占比	活动年限（年）	特有技术分类（种）
JP	34 084	14%	34	528
CN	17 893	38%	29	254

续表

国家（地区）	专利数量（件）	最近3年占比	活动年限（年）	特有技术分类（种）
KR	8399	33%	24	21
US	5976	27%	48	57
DE	2529	31%	46	38
FR	723	27%	49	1
EP	662	36%	31	0
CA	624	41%	40	14
WOJP	606	56%	19	0
TW	498	15%	20	3

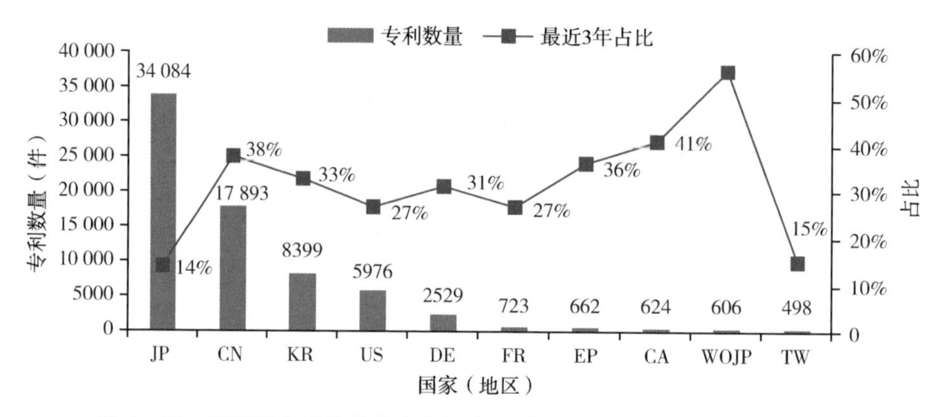

图4-13　锂离子电池总体技术各国家（地区）专利数量及最近3年占比

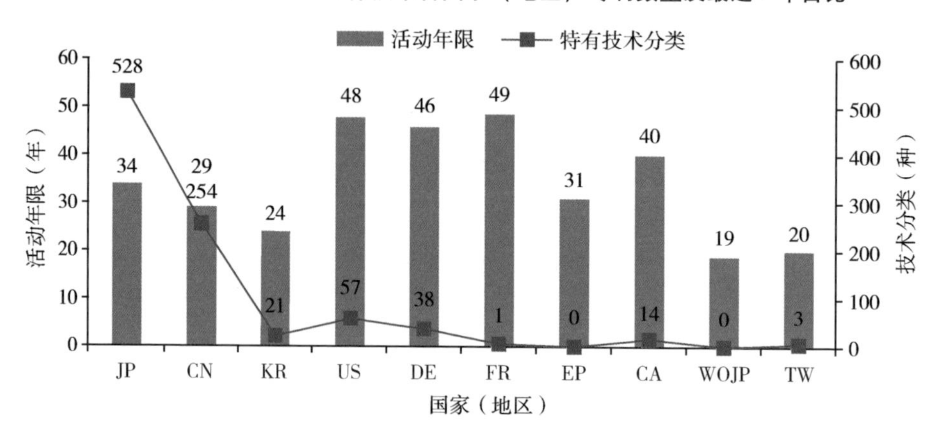

图4-14　锂离子电池总体技术各国家（地区）活动年限及拥有特有技术分类情况

4.4.6 重点领域年度分布

从锂离子电池关键技术点的年度发展趋势可以看出这些技术分支的发展轨迹，它们何时起步、何时发展、何时突飞猛进，便于我们掌握锂离子电池重要技术分支的进展情况。由图4－15可以看出，在锂离子电池重点关键技术领域中，电极技术始终是发展重点，尤其是最近3年，电极领域专利数量大幅增长；电解质、隔膜、电池安全等领域稳步发展；加热冷却、充放电领域在最近5年才开始引起关注，专利数量增长较快。

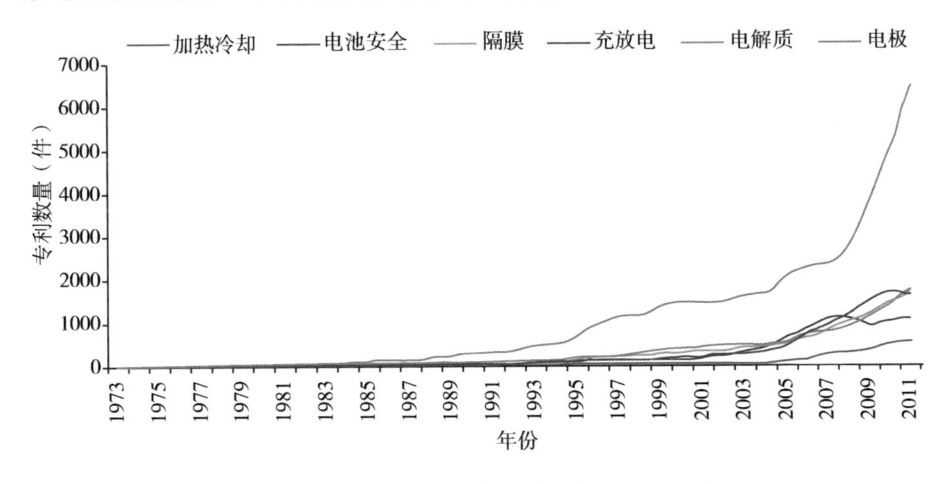

图4－15　锂离子电池总体技术重点领域年度分布

4.4.7 国际专利全球布局

国际专利的全球布局代表了一个国家（地区）的市场战略。为了在激烈的国际竞争中处于有利地位，各国家（地区）高度重视锂离子电池海外市场的拓展，积极在全球进行专利布局，这既能提高自己在国际市场上的竞争能力，又能更好地保障自己的权益。研究表明，日本在全球36个国家（地区）申请了专利，重点布局中国、日本、韩国；中国在全球22个国家（地区）进行布局，重点布局日本、美国、韩国；美国在全球40个国家（地区）申请了相关专利，重点布局日本、中国、韩国、欧盟；韩国在全球33个国家（地区）申请了专利，重点布局日本、美国；德国在全球38个国家（地区）申请了专利，重点布局日本、美国、韩国。相对于中国专利总量而言，中国企业在国际上布局专利的数量仍然太少。锂离子电池领域的技术拥有者互相在对方国家（地区）进行市场布局，相对其他技术领先国家（地区），中国在海外的布局还不够积极和全面，如图 4－16 所示。

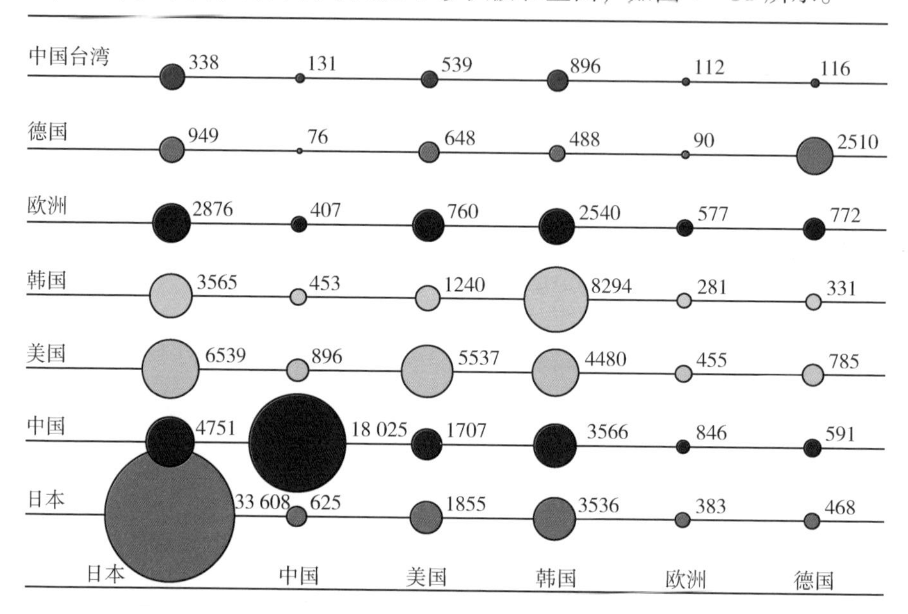

图 4－16　锂离子电池总体技术主要国家（地区）专利全球布局

4.4.8　原有研发人员和新增研发人员变化趋势

研发人员是开展一系列技术创新、产业提升的基本保障和重要基础。某一技术领域研发人员不断聚集，说明该领域蕴藏巨大商机或具有潜在市场需求。研究发现，锂离子电池技术领域研究人员总量近年来持续增长，2005 年以前增长较少，2006 年以后增长较多。虽然每年都有新增研究人员进入该领域，但新增研究人员增长并不快，新进入的研发人员占比总体来讲呈缓慢下降趋势，如图 4－17 和图 4－18 所示。

4.4.9　原有研发技术点与新增研发技术点变化趋势

原有研发技术点是指以往已开始进行研究的技术领域，新增研发技术点是指当年才开始进行研究的领域。通过总结原有研发技术点与新增研发技术点的变化趋势，可以了解锂离子电池的技术路线，哪些技术领域被持续跟进，哪些技术领域被不断拓展。研究表明，锂离子电池研发技术点逐年增加，研究热点、难点不断扩展。2005 年以前研发技术点增长较少，

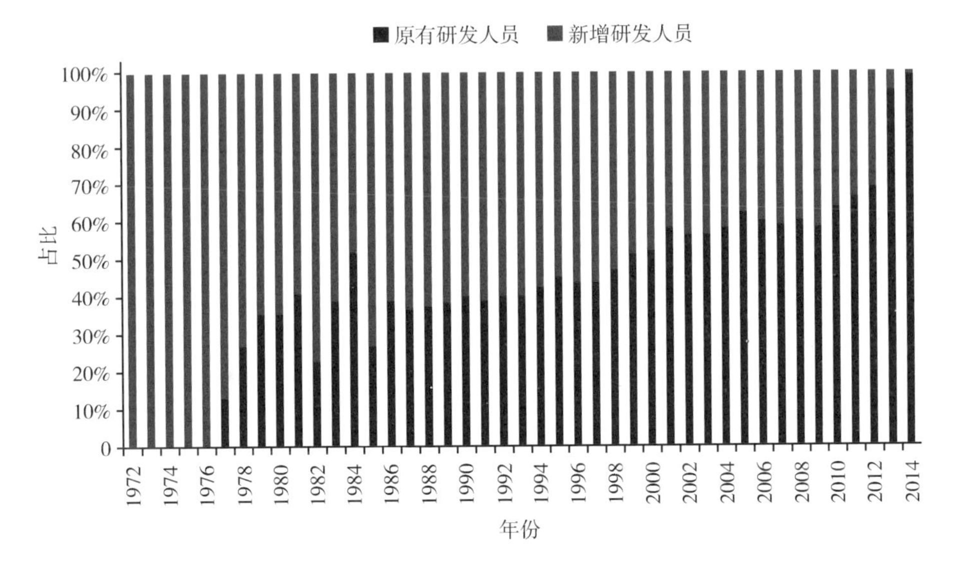

图 4-17　锂离子电池总体技术原有研发人员与新增研发人员比例

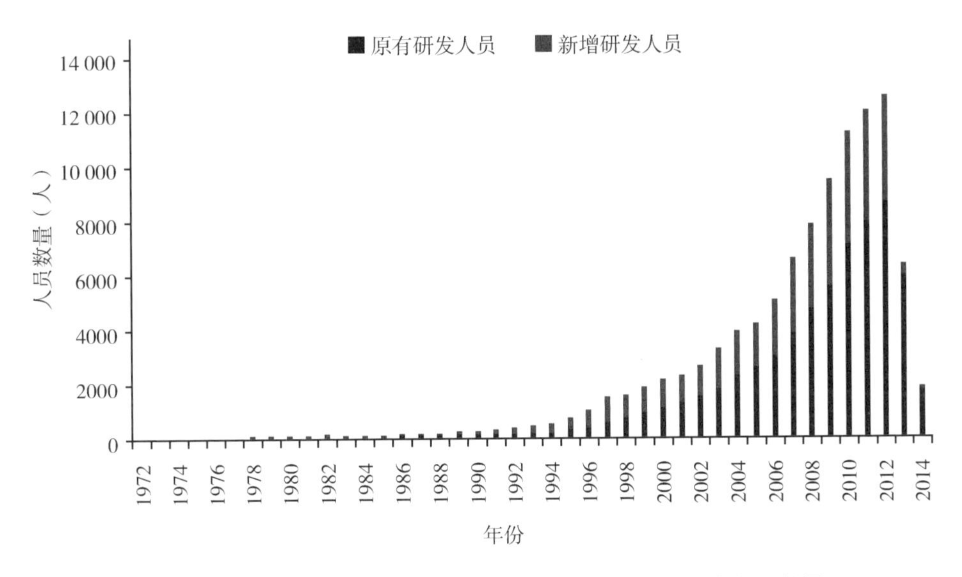

图 4-18　锂离子电池总体技术原有研发人员与新增研发人员数量

2006 年以后增长较多。虽然每年都有新增研发技术点，研究领域虽然不断扩大，但新增研发技术点增长较慢，新增研发技术点占比变化不大，如图 4-19和图 4-20 所示。

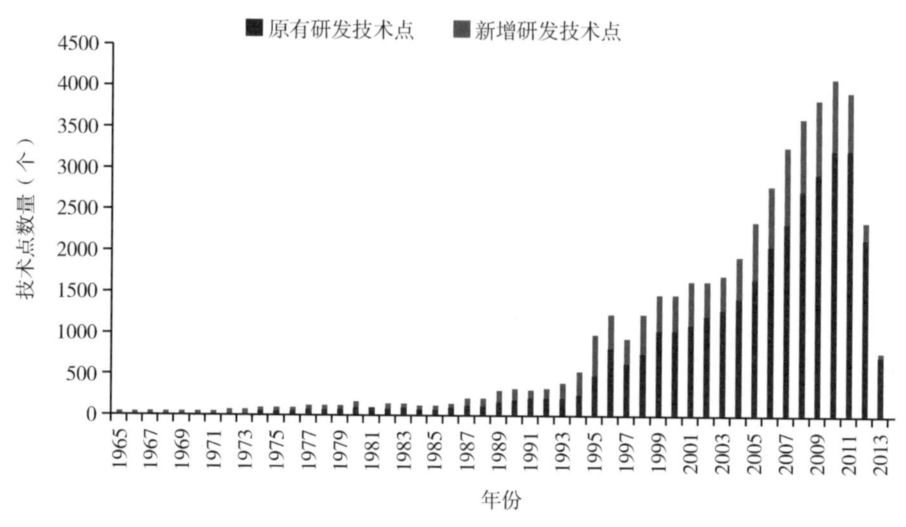

图 4-19　锂离子电池总体技术原有研发技术点与新增研发技术点数量

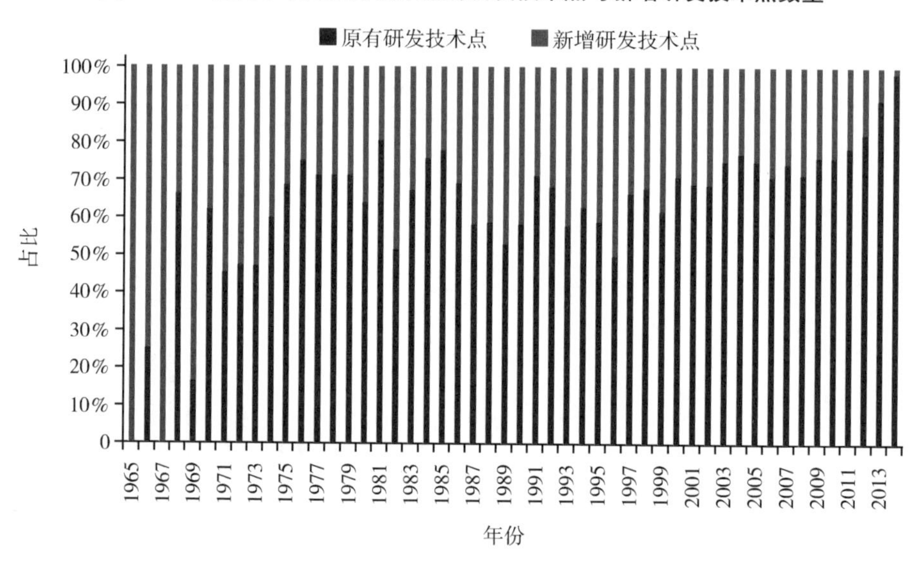

图 4-20　锂离子电池总体技术原有研发技术点与新增研发技术点比例

4.4.10　不同活跃程度机构拥有专利占比情况

机构专利分布显示在本技术领域拥有 100 件以上专利的机构所拥有的专利占比高，还是拥有 20 件以下的机构所拥有的专利占比高。如果拥有100 件以上专利的机构所拥有的专利占比高，则预示本技术领域可能已经趋于成熟；如果拥有 20 件以下专利的机构所拥有的专利占比高，则预示本技术领域可能是一个新的技术领域。由图 4 -21 可以看出，专利申请量超过 100 件的机构拥有的专利数量占比为 41%，而专利申请量在 20 件以下的机构拥有的专利数量占比为 39%，基本处于势均力敌，这说明锂离子电池技术正处于发展期。

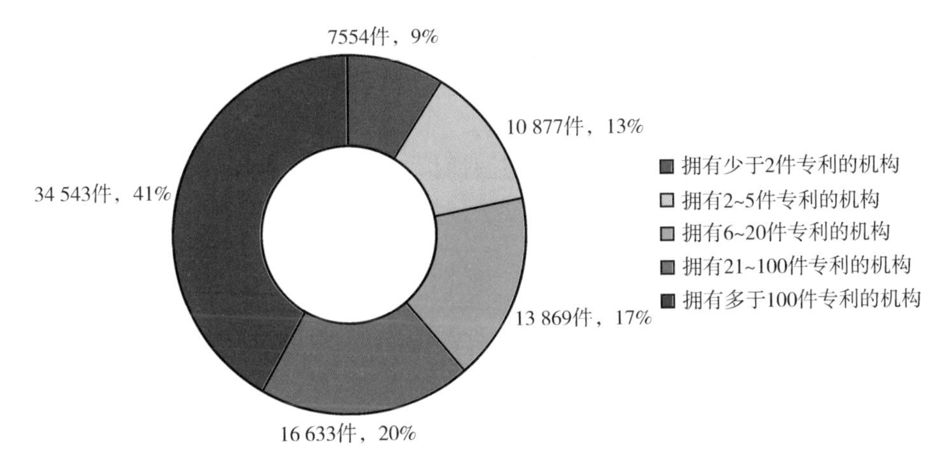

图 4 -21　锂离子电池总体技术不同活跃程度机构专利数量及占比

4. 4. 11　主要竞争对手分析

（1）竞争对手综合实力比较

由以上研究可知，锂离子电池领域无论是在技术方面还是市场方面竞争都很激烈，特别是日本、韩国 2 国的较量更是趋于白热化。通过数据发现，实力强劲的专利权人基本上都是日本、韩国的企业。从申请专利数量来看，排名前 25 名的机构中，中国 2 名、韩国 3 名、德国 1 名、日本 19 名；从拥有的独占技术点来看，日本丰田汽车（TOYOTA JIDOSHA KK）有 41 项、韩国 LG 化学公司（LG CHEM LTD）有 37 项，这 2 家公司大大高于其他 23 家机构；从最近 3 年研究技术点的数量来看，德国博世（BOSCH GMBH ROBERT）有 23 项、韩国三星 SDI（SAMSUNG SDI CO LTD）有 21 项，大大高于其他机构，说明最近 3 年这 2 家公司在锂离子电池领域的研究较多，研究技术点不断向纵深发展；从最近 3 年申请专利量占比来看，德国博世占 54%、韩国 LG 化学公司占 34%、日本丰田汽车占 25%，大大高于其他机构，说明这几家公司最近 3 年在锂离子电池领域较活跃，研发力度较大；从活动年限来看，日本蓄电池公司（JAPAN STORAGE BATTERY CO LTD）为 45 年、德国博世为 41 年、日本神户电机（SHIN KOBE ELECTRIC MACHINERY）为 41 年、日本日立（HITACHI LTD）为 38 年，这几家公司在锂离子电池领域研究时间较长，说明这些公司在该领域具有深厚的技术积累，技术研究具有持续性、连贯性；从拥有的专利数量来看，日本丰田汽车、韩国的三星 SDI、日本三洋、日本松下电器（MATSUSHITA DENKI SANGYO KK）数量较多，都在 2000 件以上，说明这几家公司在锂离子电池领域具有较强的竞争力，市场话语权较大。综上所述，我们认为在锂离子电池领域具有较强竞争力的公司主要有日本丰田汽车、韩国三星 SDI、日本三洋、日本松下电器、德国博世、韩国 LG 化学这 5 家公司。详细情况如表 4-7、图 4-22 和图 4-23 所示。

表 4-7　锂离子电池总体技术竞争对手综合实力比较

排名	专利数量(件)	专利权人	国家	活动年限(年)	最近 3 年专利占比	独占技术点（个）	最近 3 年技术研究点（个）
1	2421	TOYOTA JIDOSHA KK	JP	28	25%	41	1
2	2297	SAMSUNG SDI CO LTD	KR	19	20%	8	21
3	2131	SANYO ELECTRIC CO LTD	JP	27	8%	5	3
4	2124	MATSUSHITA DENKI SANGYO KK	JP	23	1%	7	0
5	1757	SONY CORP	JP	29	5%	14	1
6	1488	LG CHEM LTD	KR	27	34%	37	5
7	1166	MATSUSHITA ELECTRIC IND CO LTD	JP	30	3%	2	0
8	927	HITACHI MAXELL KK	JP	31	8%	4	0
9	911	PANASONIC CORP	JP	27	9%	0	1
10	825	MITSUBISHI CHEM CORP	JP	25	9%	10	0
11	801	NISSAN MOTOR CO LTD	JP	30	22%	22	3
12	784	SAMSUNG DENKAN KK	KR	27	11%	0	1
13	755	BOSCH GMBH ROBERT	DE	41	54%	13	23
14	704	TOSHIBA KK	JP	31	13%	13	3
15	635	JAPAN STORAGE BATTERY CO LTD	JP	45	0	0	0
16	593	HITACHI LTD	JP	38	17%	8	0
17	523	BYD CO LTD	CN	13	7%	3	0

续表

排名	专利数量(件)	专利权人	国家	活动年限(年)	最近3年专利占比	独占技术点(个)	最近3年技术研究点(个)
18	485	SHIN KOBE ELECTRIC MACHINERY	JP	41	6%	0	0
19	472	DONGGUAN AMPEREX TECHNOLOGY CO LTD	CN	6	65%	1	12
20	436	TOYOTA CHUO KENKYUSHO KK	JP	18	6%	2	0
21	424	GS YUASA CORP	JP	17	29%	3	2
22	393	NEC CORP	JP	26	18%	8	3
23	390	TOSHIBA BATTERY CO LTD	JP	27	0	0	0
24	385	HITACHI VEHICLE ENERGY LTD	JP	9	20%	0	0

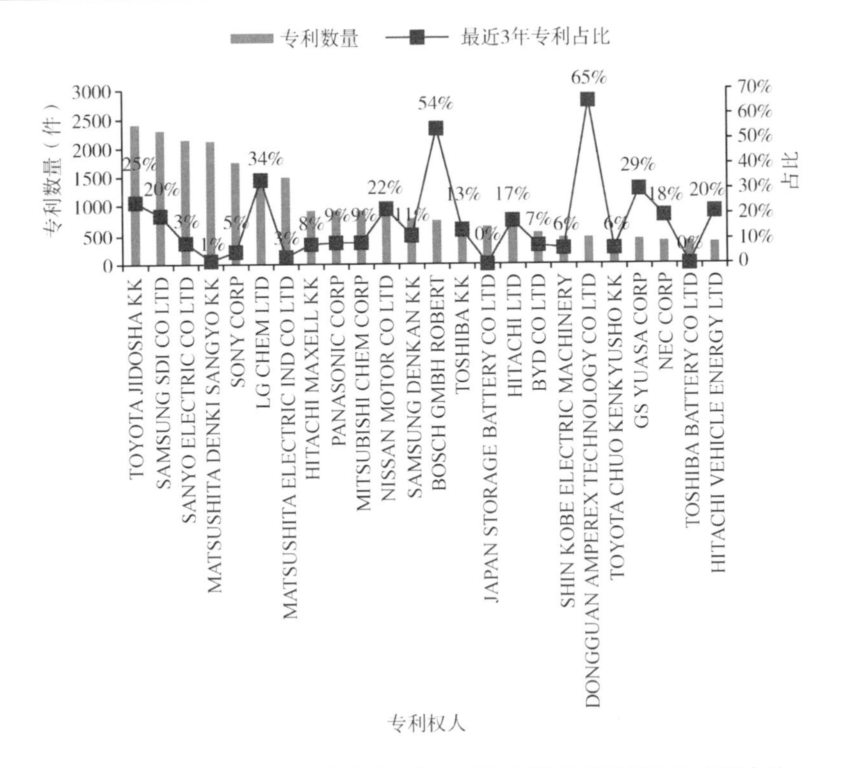

图 4-22　锂离子电池总体技术竞争对手专利数量及最近3年专利占比

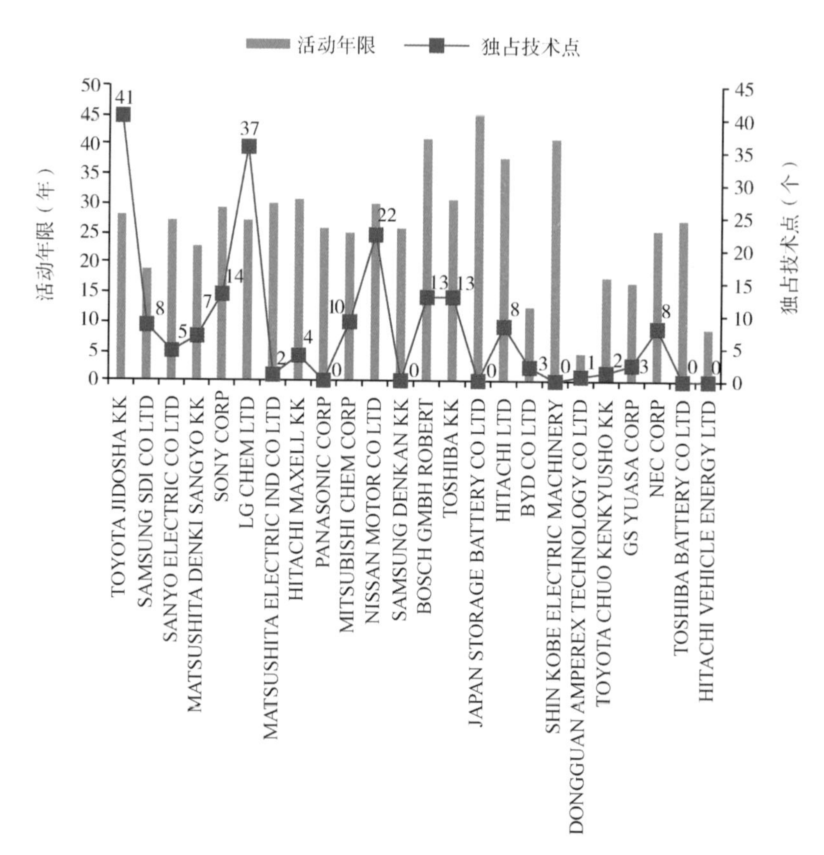

图 4-23　锂离子电池总体技术竞争对手活动年限及独占技术点

（2）竞争对手合作情况分析

日本丰田汽车与日本松下电器合作申请 10 项专利，日本丰田汽车与日本三洋合作申请 7 项专利，具体合作情况如表 4-8 所示。

表 4-8　锂离子电池总体技术竞争对手合作情况

	SONY CORP	MATSUSHITA SANGYO KK	DENKI	SANYO ELECTRIC CO LTD	SAMSUNG SDI CO LTD
TOYOTA JIDOSHA KK	—	10	—	7	—
SAMSUNG SDI CO LTD	—	—	—	—	—
SANYO ELECTRIC CO LTD	1	1	—	—	—
MATSUSHITA DENKI SANGYO KK	2	—	—	—	—

（3）竞争对手技术相似度分析

日本三洋与日本索尼技术相似度达0.985，日本三洋与日本松下电器技术相似度为0.973，但这几家企业之间技术合作很少。可以看出，技术合作密切的企业技术相似度并不高，而不合作的企业技术相似度却较高。这说明竞争对手之间的合作具有较大的技术互补性，同时也说明竞争对手之间的竞争很激烈，如表4-9所示。

表4-9　锂离子电池总体技术竞争对手技术相似度

	SONY CORP	MATSUSHITA DENKI SANGYO KK	SANYO ELECTRIC CO LTD	SAMSUNG SDI CO LTD
TOYOTA JIDOSHA KK	0.736	0.696	0.735	0.807
SAMSUNG SDI CO LTD	0.892	0.844	0.89	
SANYO ELECTRIC CO LTD	0.985	0.973		
MATSUSHITA DENKI SANGYO KK	0.973			

4.4.12　高被引专利分布情况

专利被引是一个长期的过程，一项专利从开始被引到大量被引通常需要5年或者更长时间。研究发现，专利被引次数分布十分不均，70%的专利在授权后5年内未被引用或者仅被引用1~2次，较少专利被引5次，仅有10%或者更少的专利被引6次或以上。这种偏态分布正好契合专利质量的分布，那些被引次数高的专利往往就是质量高的专利。被引次数反映专利质量信息可以从两个角度予以解释：一是作为基础技术的影响力，即对本领域后续技术创新的贡献；二是作为现有技术的法律功能，即对后续专利的权利限制。我国专利法规定授予专利的发明必须具备新颖性、创造性和实用性，因此后授权专利比先授权专利多多少少应该有所进步。在先专利被后续专利引用的现象，实际上可以反映技术创新的过程。技术创新是一个累积增值的连续过程，不时地被偶然的突破打断，这些突破继续引发后续创新的成功，引领技术步入新轨道。如果一项专利为进一步创新开辟成功的道路，那么该专利是重要的；沿着这个道路走下去的后续专利自然会引用该专利，“被引”是原始专利具有开创性本质的外在表现。特别是当重要的专利涉及新产品，要通过进一步研究予以完善和改进，因此旨在完善和改进原始创新的后续专利当然大都引用原始专利。这是从技术累积创新的角度解释原始创新专利具有很高的技术影响力，被引次数理应很高。由表4－10可看出，在前40名高被引专利中，美国专利占36位，日本专利占4位。

表4－10 锂离子电池总体技术高被引专利排序

排名	被引专利号	被引频次（次）	序号	被引专利号	被引频次（次）
1	US 5296318	115	21	US 6007947	54
2	US 5264201	98	22	JP 6275263	52
3	US 4830939	94	23	US 5569520	52
4	US 5910382	92	24	US 6514640	50
5	US 4668595	84	25	US 4303748	49
6	US 5314765	79	26	US 5597660	49
7	US 5028500	66	27	JP 62090863	48
8	US 5338625	64	28	US 5053297	48
9	US 6025094	63	29	US 5709968	48
10	US 4833048	62	30	US 5300373	46
11	US 5498489	61	31	US 5478674	46
12	US 5783333	61	32	US 5284721	45
13	US 5169736	60	33	US 5316877	45
14	US 4507371	58	34	JP 8050922	43
15	US 5460904	58	35	US 2005069777	43
16	US 4567031	57	36	US 4464447	43
17	JP 7220759	56	37	US 5418090	43
18	US 5545468	56	38	US 5540741	43
19	US 5196279	55	39	US 5612152	43
20	US 5147739	54	40	US 6235427	43

4.4.13 主要发明人分析

课题组从两方面来分析锂离子电池总体技术专利领军人才：一方面是发明人发明专利的数量，另一方面是发明人发明专利被引的频次。首先，从发明人发明专利的数量来看，在前23名发明人中，中国占19位，韩国占4位；从发明人发明专利被引的频次来看，在前25名高被引发明人中，没有一名是中国的，而高产的4位韩国发明人，有3位上榜，且都在前10名内，分列第1、第5、第7位，如表4－11和表4－12所示。

表4－11　锂离子电池总体技术主要发明人综合实力比较

排名	记录数	发明人	所在机构	活动年份	最近3年占比	特有技术分类数(个)	最近技术分类数(个)	国家
1	799	Wang Y	海洋王照明科技股份有限公司	1997—2014	46%	8	22	CN
2	647	Li J	清华大学	1997—2014	33%	8	10	CN
3	602	Kim J	三星SDI股份有限公司	1997—2014	24%	0	0	KR
4	590	Zhang Y	天津力神电池股份有限公司	2001—2014	42%	5	11	CN
5	546	Wang J	—	1989—2014	41%	3	10	CN
6	487	Zhang J	—	1994—2014	35%	4	10	CN
7	455	Li Y	深圳市沃特玛电池有限公司	1998—2014	43%	3	6	CN
8	435	Li X	中南大学	2000—2014	41%	3	6	CN
9	393	Zhang X	东莞新能源科技有限公司	1997—2014	44%	2	10	CN
10	390	Wang X	—	2001—2014	46%	5	2	CN
11	368	Liu J	惠州亿纬锂能股份有限公司	1998—2014	39%	7	6	CN
12	368	Zhang H	哈尔滨光宇电源股份有限公司	2000—2014	43%	1	17	CN
13	357	Kim S	三星SDI股份有限公司	1995—2013	15%	6	3	KR
14	357	Liu X	中国电子科技集团	1999—2014	32%	0	6	CN

续表

排名	记录数	发明人	所在机构	活动年份	最近3年占比	特有技术分类数(个)	最近技术分类数(个)	国家
15	355	Wang L	—	1998—2014	47%	5	11	CN
16	352	Lee J	三星 SDI 股份有限公司	1994—2014	14%	2	1	KR
17	352	Wang Z	中南大学	2001—2014	38%	1	6	CN
18	350	Liu Y	—	1994—2014	50%	1	15	CN
19	350	Zhang L	东莞骏泰精密机械有限公司	2004—2014	35%	10	11	CN
20	346	Li H	—	1997—2014	40%	3	3	CN
21	343	Kim J H	三星 SDI 股份有限公司	1995—2013	25%	1	1	KR
22	340	Wang C	深圳比克电池有限公司	1987—2014	31%	6	2	CN
23	319	Chen J	—	1994—2014	39%	14	2	CN

表 4-12　锂离子电池总体技术高被引发明人排序

排名	高被引发明人	被引频次（次）	排名	高被引发明人	被引频次（次）
1	Kim J	901	14	Fujimoto M	446
2	Takami N	677	15	Gozdz A S	438
3	Kawakami S	649	16	Dahn J R	430
4	Lee S	599	17	Barker J	420
5	Kim S	569	18	Suzuki H	418
6	Sato T	558	19	Kim Y	413
7	Lee J	523	20	Saito T	409
8	Armand M	506	21	Koshina H	401
9	Tarascon J	505	22	Kobayashi N	393
10	Yamada K	496	23	Watanabe K	392
11	Kim H	476	24	Sakai T	383
12	Yoshizawa H	455	25	Lee H	381
13	Fujitani S	453			

4.5 结 论

（1）电极领域是锂离子电池的研究重点

本次研究中，共检索电极领域专利 36 579 件，其专利量是电解质技术的 3 倍多、隔膜技术的 4 倍多、加热冷却技术的 16 倍多、充放电技术的 4 倍多、电池安全技术的 5 倍多。

（2）政策支持是锂离子电池产业快速发展的支撑

世界各国家（地区）都非常重视锂离子电池产业的发展，相继出台了一系列扶持锂离子电池产业的政策法规，从资金支持到政策扶持，从法规强制到标准制定，非常全面、完善、系统。锂离子电池政策的密集出台期为 2005 年之后，而无论是产业界还是学术界都在 2007 年出现了研究井喷，表现为专利申请量及发表学术论文的大幅增长。

（3）尚未形成技术垄断，中小企业具有较多发展机会

从世界范围来看，锂离子电池产业的技术、模式、标准还不成熟，暂时还没有哪家大型跨国公司具备领导整个产业的实力，中小企业发展机会较多，国际技术路线多元化。除总体技术和电极技术大公司和小公司活跃程度势均力敌外，其他子技术系统均处于小公司活跃的局面。锂离子电池各子技术系统发展并不同步，电极技术相对其他子技术系统发展要快一些，电解质技术、隔膜技术、充放电技术和电池安全技术发展要慢一些，而加热冷却技术发展更慢。这几个子技术系统拥有 100 件以上专利的机构所拥有的专利量占比为 20% 左右，而拥有 20 件以下专利的机构所拥有的专利量占比为 50% 左右，充分说明暂时还没有哪家大型跨国公司具备领导整个产业的实力，中小企业发展机会较多，同时也存在技术替代性风险。

（4）锂离子电池的市场主体与技术主体一致

日本、中国、韩国、美国和德国这 5 个国家既是锂离子电池的重点市场，又是锂离子电池的主要研究力量。总体来看，锂离子电池技术基本掌握在这 5 国手中，以日本为最多，占比达 50% 左右，几乎占据半壁江山。这 5 个国家互为锂离子电池的重点布局区域。日本目前在锂离子电池行业占据较大话语权，无论从特有技术分类来看，还是从拥有的专利数量来看，都独占鳌头。世界知识产权局及欧洲专利局也是这 5 个国家重点布局的知识

产权组织。但相对于其他国家（地区）及组织在中国布局的专利数量，中国在其他国家（地区）及组织布局的专利数量要少得多。

（5）锂离子电池总体技术竞争对手之间的合作具有技术互补性

表现为技术合作不多的竞争对手的技术相似度很高，而技术合作较多的竞争对手的技术相似度却不太高，这说明竞争对手之间的合作具有技术互补性，同时也说明竞争非常激烈。

（6）中国是高产发明人集中地，美国是高被引专利集中地

锂离子电池总体技术高产专利发明人主要集中在中国和韩国，特别是中国，高产专利发明人较多。而高被引专利主要集中在美国、日本和德国，特别是美国，高被引专利最多，被引频次最高。

（7）锂离子电池产业技术研究与学术研究几乎同步

锂离子电池产业研究起步于1973年，学术研究起步于1971年。在经历稳步发展阶段后，几乎于2009年同时进入快速发展阶段。

（8）中国和韩国是近期锂离子电池研究最活跃的国家

欧洲、美国和日本最早开始研究锂离子电池技术，是锂离子电池研究的发源地。近期，中国和韩国奋起直追、迎头赶上，无论是总体技术系统还是子技术系统，都能看到中国和韩国活跃的身影。

（9）锂离子电池的竞争对手主要来自日本、韩国和德国

在全球排名前25位的企业中，日本企业数量最多、实力最强，排名大都非常靠前，主要有丰田、松下、三洋、索尼、汤浅、尼桑、东芝、宇部等；韩国虽然只有三星SDI、LG化学2家公司，但其竞争力很强，排名非常靠前；德国的博世、戴姆勒、锂电公司，排名居中；中国有2家公司入围，分别是比亚迪公司和东莞新能源公司，但排名比较靠后。

（10）日本是锂离子电池专利产出大国，中国是锂离子电池论文产出大国

（11）我国专利申请主要集中在东部发达省份，国外在我国早已开始专利布局

我国锂离子电池研究起步比全球晚20年左右，专利主要集中在广东、天津、北京、江苏和浙江5个省市。日本、韩国、美国、德国等国家的申请人很早就开始在我国进行专利布局，特别是日本和韩国的申请人在我国的专利申请量排名都很靠前，分列第2名和第8名。

参考文献

[1] 廖文明，戴永年，姚耀春，等.4 种正极材料对锂离子电池性能的影响及其发展趋势［J］. 材料导报，2008，22（10）：45－49.

[2] 刘思德.2011 年日本二次电池生产情况［J］. 稀土信息，2012（6）：23.

[3] 中国储能网新闻中心.2014 年动力型锂离子电池行业市场分析［EB/OL］.［2014－9－13］. http://www.escn.com.cn/news/show－176630.html.

[4] 中商情报网.2015 年全球动力锂电池市场规模需求预测［EB/OL］.［2014－12－15］. http://www.askci.com/chanye/2014/12/15/2036235aij.shtml.

[5] 中国科学技术信息研究所. 锂离子电池技术路线图 2030［J］. 重点科技领域动态研究，2012，67（3）：1－23.

[6] 青岛市科学技术信息研究所. 青岛市动力型锂电池产业技术路线图研究［R］. 青岛，2011：1－20.

[7] 吉林省科学技术信息研究所. 吉林省光电产业分领域专利战略研究［R］. 长春，2014：1－41.

[8] 李涛. 纯电动汽车锂离子电池热效应及电池组散热结构优化［D］. 北京：中国知网，2013：1－91.

[9] 蔡松，霍伟强. 纯电动汽车用动力电池分类及应用探讨［J］. 湖北电力，2012，36（2）：70－72.

[10] 孙雾虹. 德温特优先权项标识探析［J］. 情报理论与实践，1993（3）：37－39.

[11] 顾震宇，卞志昕，杨莺歌，等. 电动车用锂离子电池技术创新与竞争研究报告［R］. 中国科学技术信息研究所，上海科学技术情报研究所，2013：1－135.

[12] 刘芳波，郭楚怡，赵恒晨. 动力电池产业的现状及未来分析［J］. 商场现代化，2013（11）：121.

[13] 厉海艳，李全安. 动力电池的研究应用及发展趋势［J］. 河南科技大学学报，2005，26（6）：35－39.

[14] 王金良. 动力锂离子电池发展及技术路线探讨［J］. 电池工业，2010，15（4）：234－238.

[15] 王少华. 光耀中日韩　“锂”动全世界：锂离子电池产业国际市场［J］. 军民两用技术与产品，2012（6）：10－12.

[16] 宦璐. 国家酝酿出台动力锂电池补贴政策［N］. 上海证券报，2014－11－14（A06）.

[17] 计雄飞，陈云鹏，魏利伟，等. 国内外动力用锂离子电池主要标准对比分析［J］. 标准科学，2014（4）：39－42.

[18] 杨帆，孔方方. 国内外新能源汽车动力电池发展及供求现状［J］. 上海汽车，

2014（9）：3－8.

［19］张磊鑫. 基于 SWOT－PEST 模型的锂电池汽车发展战略分析［D］. 中国知网，2012：1－52.

［20］董超，刘玉国，宋微. 基于专利分析的我国动力电池产业发展研究［J］. 现代情报，2014，34（6）：132－138.

［21］郭楚怡. 技术创新视角下的动力电池发展［J］. 东方企业文化，2014（18）：56－59.

［22］技术革新驱动锂电产业走向新高峰［EB/OL］.［2014－10－01］. http://xueqiu.com/4465409253/28600760.

［23］中国电子网. 动力锂电为何“动力不足”［EB/OL］.［2014－10－01］. http://www.chinaicnet.com.cn/news/detail－20131030－12466.html.

［24］魏宇锋，张继东，费旭东，等. 锂离子电池产业政策研究及检测标准分析［J］. 电池工业，2011，16（3）：189－192.

［25］刘璐，王红蕾，张志刚. 锂离子电池的工作原理及其主要材料［J］. 科技信息，2009（23）：454.

［26］王海明，郑绳楦，刘兴顺. 锂离子电池的特点及应用［J］. 电气时代，2004（3）：132－134.

［27］江艳红，宋勇，胡瑜飞. 锂离子电池隔膜的研究现状［J］. 中国井矿盐，2014，45（5）：28－30.

［28］张舒，王少飞，凌仕刚，等. 锂离子电池基础科学问题（X）：全固态锂离子电池［J］. 储能科学与技术，2014，3（4）：376－395.

［29］黄金辉，崔英德，贾振宇. 锂离子电池聚合物电池电解质［J］. 化工生产与技术，2011，18（1）：43－46.

［30］墨柯. 锂离子电池市场规模及预期［J］. 新材料产业，2014（10）：3－8.

［31］刘彦龙. 锂离子电池新应用看上去很美［N］. 中国电子报，2013－02－22（12）.

［32］工业和信息化部. 锂离子电池行业规范条件（征求意见稿）［EB/OL］.［2014－12－01］. http://www.miit.gov.cn/n11293472/n11293832/n12845605/n13916913/16321894.html.

［33］尚怀芳. 锂离子电池正极材料 $LiFePO_4$ 和 $LiMn_2O_4$ 的表面结构及电化学性性能研究［D］. 中国知网，2013：1－114.

［34］孙玉城. 锂离子电池正极材料技术进展［J］. 无机盐工业，2012，44（4）：50－54.

［35］李伟伟，姚路，陈改荣，等. 锂离子电池正极材料研究进展［J］. 电子元件与材料，2012，31（3）：77－81.

［36］谢燕婷，唐甜甜. 锂离子电池正极材料专利申请现状及其发展趋势［J］. 中国发明与专利，2012（1）：44－49.

［37］刘云建. 锂离子动力电池的制作与性能研究［D］. 中国知网，2009：1－172.

[38] 李连成，叶学海，李星玥．锂离子二次电池电解液研究进展［J］．无机盐工业，2014，46（9）：7－12.

[39] 贾明，赖延清．美国电动车动力电池的研发近况［J］．电池，2014，44（33）：127－130.

[40] 姜锐．锰酸锂电池的研究［D］．中国知网，2009：1－60.

[41] 陈铁艳，刘晖．欧盟锂动力电池法规与国际标准解析［J］．认证技术，2012（12）：52－54.

[42] 范亮，卢惠民，孙泽高．浅谈汽车动力电池现状与发展［J］．新材料产业，2014（10）：20－25.

[43] 中国行业研究网．全球锂离子电池产业格局变化探究分析［EB/OL］．［2014－10－21］. http://www. chinairn. com/news/20131021/143922683. html.

[44] 李大军，王丽媛．化工新材料Ⅱ：是的，燃料电池并不遥远了［R］．华创证券，2014－02－14：1－50.

[45] 潘锐焕，高子涵，乔婧．我国动力锂电池行业的发展现状［J］．科技创新与应用，2013（12）：66－67.

[46] 百度文库．我国锂电池产业链分析［EB/OL］．［2014－12－01］. http://wenku. baidu. com/link?url = X_ IiYHR_ 8JQPUBkkf7cTejCeoBk_ Y2kVRiTsBFFCHEndIdOY84hDabOK6gmYAAWaDLVBi9eiyvTZWRqWkKps－Cd0zfKA_ Tz9I－hh3kpBH_ G.

[47] 陈礼春．我国锂离子电池产业技术创新问题研究［D］．中国知网，2013：1－67.

[48] 苏金然．我国锂离子电池发展概述［C］//中国电池行业二十年发展历程，2014：20－78.

[49] 刘毅．我国新能源汽车动力电池标准体系研究［J］．广东科技，2012（17）：203－205.

[50] 鹤壁科技信息网．我省实现晶体六氟磷酸锂千吨级生产能力［EB/OL］．［2014－05－09］. http://www. hnhbkj. gov. cn/news/detail. asp?id = 9014.

[51] 钱恒安，邢树佩．新型动力电池技术及应用［J］．激光与光电子学进展，2007，44（2）：39－43.

[52] 张世明．新型锂离子电池正极材料研究与探索［D］．中国知网，2013：1－170.

[53] 王晓峰，周莎．知己知彼　百战百胜　世界各国电动汽车国家战略及政策分析［J］．当代汽车，2010（2）：24－29.

[54] 江西省科技情报研究所．国内外锂电池技术及产业发展现状与趋势［R］．南昌，2010：1－11.

[55] 曹兴刚．中国锂离子电池产业分析［D］．中国知网，2005：1－57.

[56] 万小丽．专利质量指标中“被引次数”的深度剖析［J］．情报科学，2014，32（1）：68－73.

5 核电发展态势分析

核能是原子核结构发生变化时放出的能量，可经由核裂变或核聚变释放。核能发电，是利用核反应堆中核反应所释放的热能进行发电的方式。核电已经成为一种重要的民用能源。

5.1 主要国家（地区）核电政策措施及发展趋势

5.1.1 全球核电发展态势

自20世纪50年代中期第1座商业核电站建成以来，核电发展已历经50多年。根据国际原子能机构2015年公布的数据，全球正在运行的核电机组共473个，生产电力达24 110亿kW·h，核电发电量约占全球发电总量的11.5%。从近10年核电消费情况看，2006年达到最高值为6.35亿t油当量，近年因受日本核电危机的影响，消费量有所下降。在地区分布上，欧洲和欧亚大陆的核电消费量最高，之后是北美和亚太地区。2014年世界主要国家核电发电量及占比排名如表5-1所示。

表5-1 2014年世界主要国家核电发电量及占比排名

排名	国家	发电量（亿kW·h）	占全部发电比例
1	法国	4180	76.9%
2	斯洛伐克	144	56.8%
3	匈牙利	148	53.6%
4	乌克兰	831	49.4%
5	比利时	321	47.5%
6	瑞典	623	41.5%
7	瑞士	265	37.9%

续表

排名	国家	发电量（亿 kW·h）	占全部发电比例
8	斯洛文尼亚	61	37.2%
9	捷克	286	35.8%
10	芬兰	226	35.8%
28	中国	1238	2.4%

数据来源：《Global nuclear fuel market report 2015》。

从国内情况看，我国的核电发电量处于快速上升期。数据显示，2015 年 1—12 月全国累计发电量为 56 184.00 亿 kW·h，核电累计发电量为 1689.93 亿 kW·h，约占全国累计发电量的 3.01%。2015 年，核电累计发电量比 2014 年同期上升了 29.42%；累计上网电量为 1582.89 亿 kW·h，比 2014 年同期上升了 29.02%。我国《核电中长期发展规划（2005—2020 年）》中设置的发展目标为：到 2020 年，核电运行装机容量争取达到 4000 万 kW；核电年发电量达到（2600～2800）亿 kW·h。而实际的发展情况远远超出规划，媒体多次报道我国 2020 年核电发展目标或将调整为 8600 万 kW。

我国已成为全球最重要的在建核电市场，核电技术则是支撑我国核电自主设计和开发的关键。中国核反应堆有 26 座，比美国（99 座）、法国（58 座）、日本（43 座）和俄罗斯（34 座）都少，居世界第 5 位，但是中国在建、拟建和提议的核反应堆数比任何国家都多。通过大量的建设经验积累和前期的研发沉底，我国已经逐渐成为国际新兴的核电技术供应大国。在国家科技重大专项中，“大型先进压水堆及高温气冷堆核电重大专项”取得了标志性成果。

2015 年 10 月，中国广核集团（以下简称中广核）和法国电力集团（以下简称法国电力）正式签订了英国新建核电项目的投资协议，中广核牵头的中方联合体将与法国电力共同投资兴建英国欣克利角 C 核电项目（HPC 项目），并共同推进塞兹韦尔 C（SZC 项目）和布拉德韦尔 B（BRB 项目）两大后续核电项目。其中，布拉德韦尔 B 项目拟采用中国自主第 3 代核电技术“华龙一号”。中国实现了核电技术向发达国家的首次出口。“华龙一号”是中国自主研发的第 3 代核电技术路线，是中核集团（以下简称中核）ACP1000 和中广核 ACPR1000 +2 种技术融合后的统称。该技术融合方案最初由能源局提出，经过中核和中广核的反复沟通和协商，确定了最终版本——包括“能动和非能动相结合”的安全设计理念，采用177个燃料组件的反应堆堆芯、多重冗余的安全系统、单堆布置、双层安全壳等。

5.1.2 主要国家核电政策与措施

2011年，日本福岛第一核电站发生核事故后，各国核电政策一度趋于保守，很多建设计划暂时中止。但几年之后，各国的政策出现了不同的发展态势，德国宣布2022年前将关闭所有核电站，但更多的国家都要扩大核电比重。英国调整后的能源战略重在发展核电，以减少对天然气等进口能源的依赖。未来20年内，英国现有的12座核电站约1/3需要更新。曾强烈反对发展核电的荷兰，也开始着手兴建第3代轻水反应堆。西班牙现有9座核电站，发电量占全国总发电量的20%，西班牙准备将核电发电比例提高到发电总量的30%。

核能在抑制电费上涨和减少二氧化碳排放方面都具有很强的支撑效应，所以很多国家从经济和环境角度出发，对核电采取了稳健发展的政策。巴黎气候大会后，一些国家对核电的发展政策越来越明朗。

（1）日本

福岛核电站事故对日本的核电发展造成毁灭性打击，日本民众对核电的恐惧心理难以磨灭。事故发生后，日本境内所有48座商用核反应堆全部处于停运状态。2012年7月，为了应对电力短缺的问题，位于福井县的关西电力大阪核电站3、4号机组曾一度重启，之后于2013年9月进入定期检查，再度停止运作。直到2015年8月，日本重启了川内核电站1号机组核反应堆，结束了持续2年的“零核电”状态。

为持续推进应对气候变化的各项工作，实现其减少温室气体排放的中长期目标，日本于2015年11月底公布了《气候变化适应计划》，并根据巴黎气候大会后确定的举措，积极开展《应对气候变化对策计划》《能源创新战略》《能源环境创新战略》的制定工作，于2016年2月公布了正在制订的这3项计划的要点与中间成果。以上4个战略计划规划了日本未来30年的气候变化应对思路，明确了以科技创新应对气候变化的方向，确定了重点科技领域的研究开发计划。《能源环境创新战略》提出，促进大学等研究机构积极开展低碳技术等基础研究，计划于2050年实现包括核聚变发电、宇宙太阳光发电等在内的前沿科学技术。

根据2015年以来开展制订的这4项战略计划，日本政府决定在重点科技领域推进研究开发。日本力图通过技术创新成果，推进二氧化碳排放量的大幅削减，共同实现气候变化对策与经济成长的目标。可以看出，核能是日本气候变化投入最大的领域，如表5－2所示。

表5－2　近5年日本政府预算中科技应对气候变化主要领域的经费投入情况

单位：亿日元

年份	2012	2013	2014	2015	2016
建筑节能	70.0	160.0	226.0	7.6	110.0
新能源汽车	292.0	300.0	400.0	200.0	162.0
地热资源技术与开发	90.5	84.5	94.0	80.0	100.0
风力发电技术	110.2	300.0	49.0	88.9	—
太阳能技术	126.6	72.0	11.5	43.5	—
电力管理系统	—	—	73.7	60.0	65.0
二氧化碳排出削减与存储	115.7	96.0	117.3	117.2	81.5
氢能源利用与研发	—	20.0	350.4	78.6	69.5
蓄电池系统	55.0	77.1	76.6	—	—
核能研究	393.0	494.0	446.0	465.0	459.0
下一代火力发电	—	107.7	118.3	28.0	120.0

数据来源：2012—2016年度日本政府各省厅预算，在当年预算中未体现的数据以“—”表示。

日本将加速研发下一代核电技术，福岛核事故的发生，使日本更加重视具有较高安全性的高温气冷堆的研发和产业化。2014年4月，日本内阁通过能源基本计划，明确了实施推进研发具有较高安全性的核能技术及产生的热能将用于制氢等目标。日本原子力研究开发机构计划重启位于茨城县大洗町的高温气冷实验堆。高温气冷反应堆安全性高，不会产生融堆和氢气爆炸，其可产生950 ℃的高温，在发电的同时还可用于制氢。日本计划在2030年实现下一代核电高温气冷反应堆的产业化。

（2）美国

在创新使命计划中大力发展核电。巴黎气候大会后，美国清洁能源技术研发又有了新的框架——创新使命。该倡议联合占全球清洁能源研发总投入80%以上的20个能源大国政府共同致力于推动各自5年内清洁能源研发投入翻番，并通过与以比尔·盖茨等商界巨富领衔的“能源突破联盟”

协作，共同推动尽快建立清洁、廉价、可靠的全球能源体系。2016 年 2 月，白宫向国会提交了 2017 财年联邦预算建议，提出将清洁能源技术研发投入提高到 77 亿美元，较 2016 财年（64 亿美元）增长约 20%，以实现到 2021 财年翻番（达到 128 亿美元）的承诺目标。其中，拟投入 8.04 亿美元支持先进核能技术的开发和相关设施研究的，包括先进核反应堆、现有核电站寿命延长和先进核燃料等技术。

（3）俄罗斯

俄罗斯把核能开发视为解决能源和生态问题的极具潜力的有效手段之一。俄罗斯政府认为建设核能发电项目及延长核电项目寿命，可以有效减少排放二氧化碳。俄罗斯国家原子能集团公司数据显示，2014 年，俄罗斯核能康采恩核电站发电量为 1804.75 亿 kW·h，占全国总发电量的 17.2%，比 2013 年增加了 4.8%，超计划指标 3.1%，发电量创历史最高水平的同时，也保持了近年来最好的安全运行水平。2014 年，除了使用压水反应堆技术筹建的库尔斯克 2 号核电站的 2 台机组外，俄罗斯在建的核电机组还有 9 台。俄罗斯国家原子能集团公司实施的《2010—2015 年及 2020 年前新一代核电技术》联邦专项计划支持的一批闭合式循环快中子反应堆研究项目，也取得了很好的效果，有望在提高核能利用方面发挥积极作用。根据俄罗斯核能发展规划，俄罗斯计划通过新建和提高现有机组产能的方式，到 2020 年将核能发电量提高到全国总发电量的 18%，2035 年达到 20%。

（4）巴西

巴西现有 2 座投产的核电站，并计划建设新机组。安格拉 1 号核电站于 1985 年启用，装机容量达 657 MW。安格拉 2 号核电站于 2000 年启用，装机容量达 1350 MW。在建的安格拉 3 号核电站设计装机容量达 1405 MW，装有 1 个压水反应堆，预计于 2018 年建成投产。巴西计划到 2030 年，在现有 2 台核电机组基础上再新增 4 台核电机组。

5.2 核裂变技术领域专利分析

下面将从核裂变领域的专利申请总体态势、国家竞争态势、机构竞争态势、领域发展趋势等几个方面进行分析。

5.2.1 专利申请总体态势分析

（1）时间序列分析

世界各国核裂变技术领域专利申请情况，如图5－1所示。统计结果表明，2000—2014年共申请核裂变技术专利7314件，自2010年以来，专利申请量呈现逐年上升的趋势，2013年达到峰值的903件。这说明，核裂变技术正处于高速发展阶段。

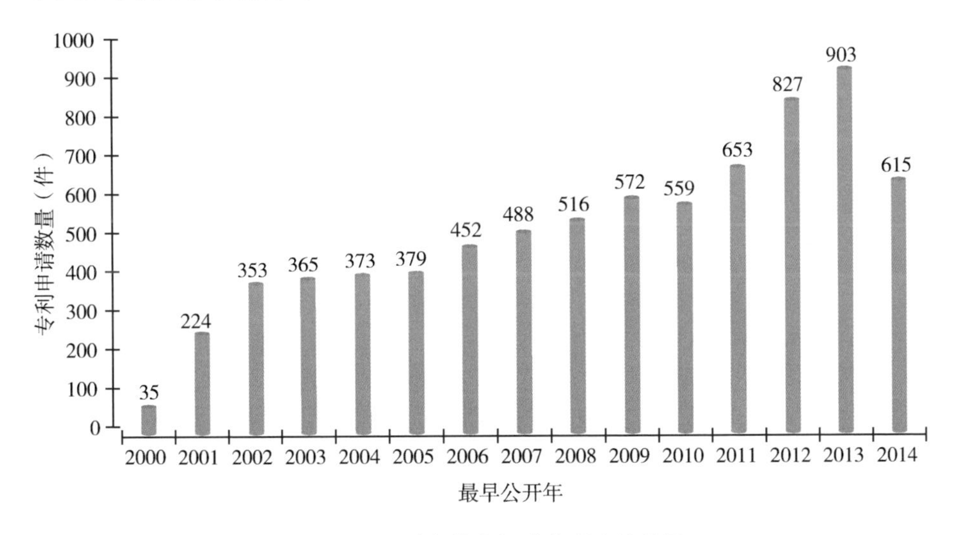

图5－1 核裂变技术领域专利申请数量

（2）专利类型分析

剔除无效数据和空值数据后，2000—2015年发明专利和实用新型专利总共有7461件，其中，发明专利7315件，占专利申请总数的98%；实用新型专利146件，占专利申请总数的2%，如图5－2所示。这说明，大约98%的专利能体现技术发展实力。

（3）技术构成分析

由图5－3可以看出，核裂变技术专利的分布比较集中。结合表5－3排名前10位核裂变技术专利CPC小类分类注释可知，申请量排名第一的CPC小类是Y02E，共有专利5735件，涉及能源生产、传输和配送的温室气体减排技术，其次是G21C，共有专利3846件，主要是核反应堆的专利。

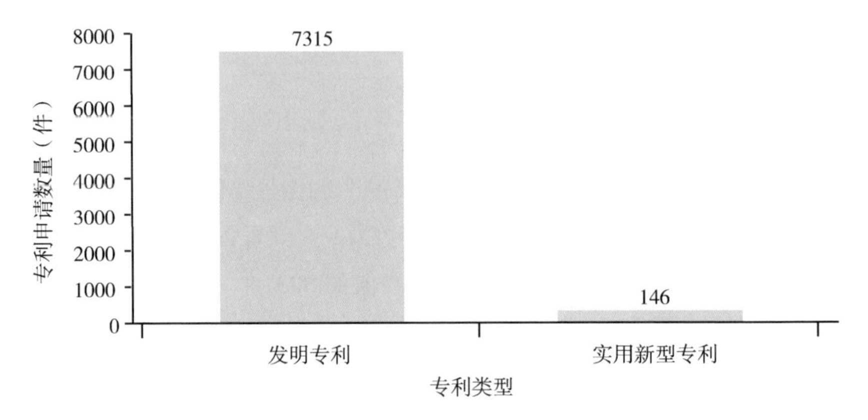

图 5-2　核裂变技术专利申请类型分布

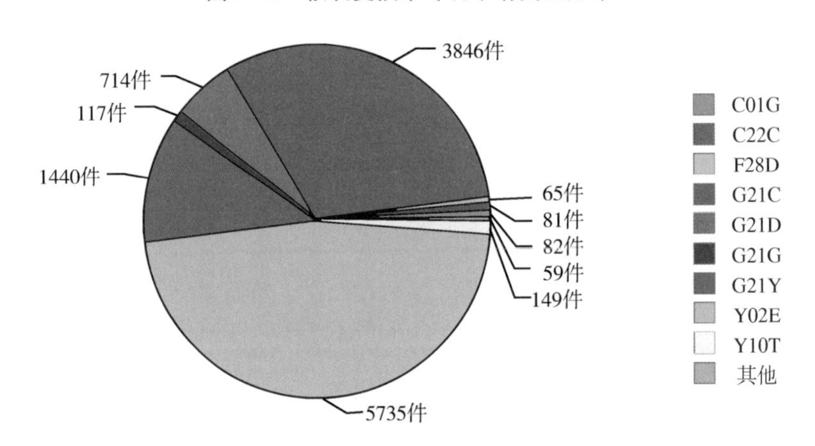

图 5-3　核裂变技术专利构成分布

表 5-3　排名前 10 位的核裂变技术专利 CPC 小类分类

排名	CPC 小类	专利申请量	CPC 小类注释
1	Y02E	5735	涉及能源生产、传输和配送的温室气体减排技术
2	G21C	3846	核反应堆
3	G21Y	1440	核反应堆、核电厂，防辐射及放射源应用
4	G21D	714	核电厂
5	Y10T	149	其他技术主题
6	G21G	117	化学元素的转换、放射源
7	C01G	82	金属化合物
8	C22C	81	合金
9	F28D	65	热交换设备
10	C23C	59	涂层金属材料

5.2.2 国家（地区）竞争态势分析

（1）技术实力态势分析

专利申请人一般在其所在国家首先申请专利，然后在1年内利用优先权申请国外专利。本国专利申请量是衡量一个国家科技开发综合水平的重要参数，也是该国经济技术实力的具体体现。从专利申请人优先权所属国的专利数量分布上可以了解各国在该领域的技术实力。美国是核裂变原创技术的发源地。美国在核裂变技术专利申请数量方面具有压倒性的优势，在所有子技术领域都处于领先地位。20世纪中叶，西屋、通用电气等公司在参与军用生产堆和核潜艇开发的基础上，率先掌握了压水堆、沸水堆等民用核动力技术，成为核电主设备供应商。日本、法国、德国紧随美国之后，成为第二集团。从图5－4可以看出，美国和日本一直保持了较为平稳的专利申请态势，德国的专利申请数量则有下降的趋势，中国则一直处于上升的趋势，特别是2008年以后，增长速度非常快。

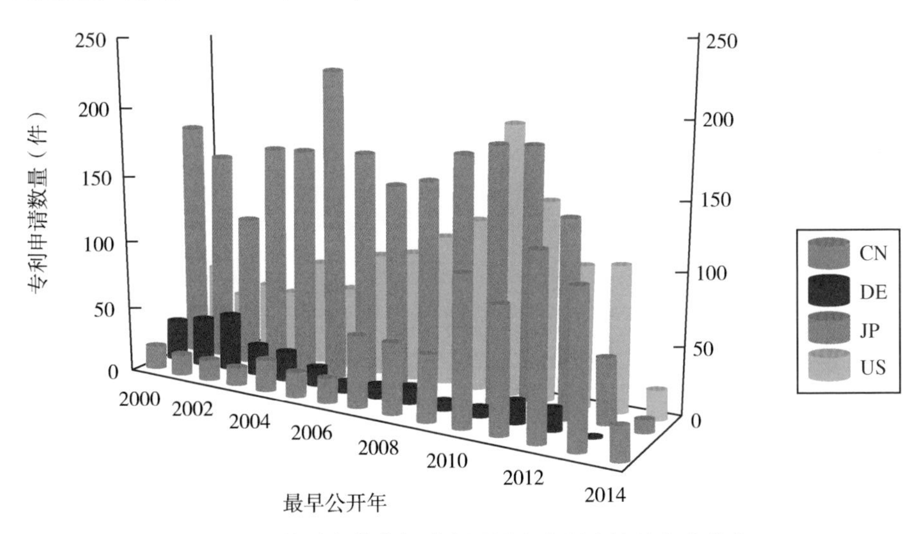

图5－4　核裂变技术领域主要国家专利申请的年度分布

（2）市场布局态势分析

企业为了在某一个国家（地区）生产、销售其产品，必须在该国家（地区）申请相关专利以获得知识产权的保护。因此，该国家（地区）专利申请量的多少大致可以反映出企业市场的大小。

图5－5反映了各国（地区）专利布局的情况，同时也反映出哪些国家（地区）比较重视核裂变技术市场。从中可以看到，日本、美国、中国和欧

盟是核裂变技术各国家（地区）主要进行专利布局的市场。特别是中国，近年成为全球最大的核电在建国家，宏伟的核电建设计划吸引了大批国内外机构到中国进行专利申请。

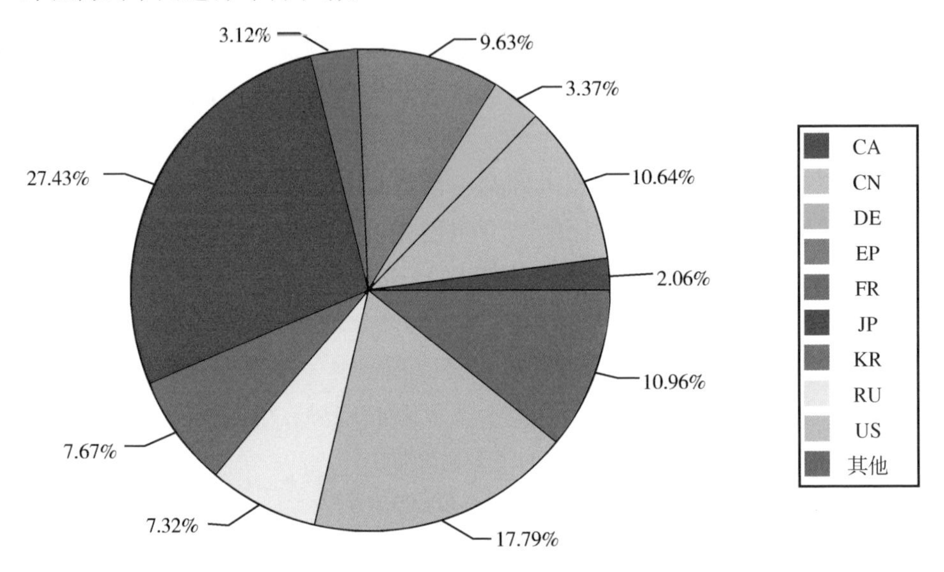

图 5-5　核裂变技术领域主要国家（地区）专利布局总态势（同族专利）

（3）重点技术领域分析

从图 5-6 和图 5-7 可以看出，各国家（地区）在核裂变技术领域的

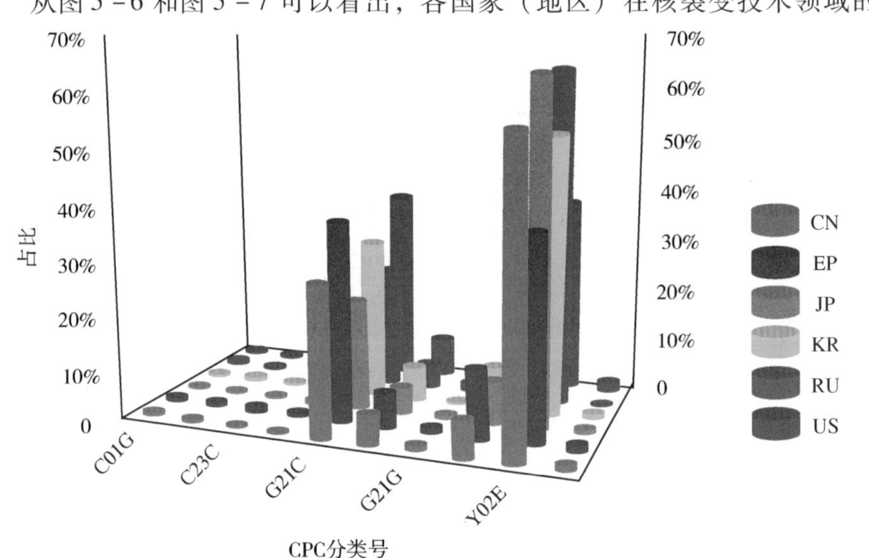

图 5-6　主要国家（地区）核裂变技术领域分布

专利申请重点相对比较一致，最主要的专利还是集中在 Y02E 这个小类，没有特别突出的异常情况，说明核裂变技术领域缺少新的突破点。美国和欧盟在各个技术领域的分布相对均衡，日本、中国、俄罗斯和韩国在 Y02E 类别下的技术专利数量都超过了 50%。

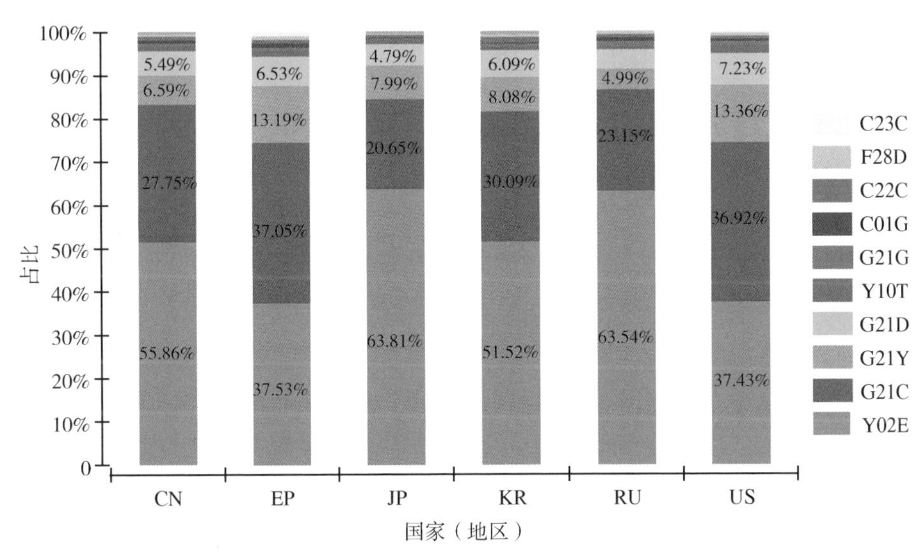

图 5－7　主要国家（地区）核裂变技术领域比例

5.2.3　机构竞争态势分析

（1）主要竞争对手及其专利申请规模分析

图 5－8 为专利权人核裂变技术领域专利（Y02E 小类）申请的统计结果。

日本东芝的专利申请量高居首位，为 369 件专利；之后是法国原子能委员会和阿海珐公司，分别为 232 件和 215 件专利。从排名前 10 位的专利权人看，有日本、美国、法国、韩国的专利权人，分析这些公司之间的合作与并购可以发现，日本公司具有全面的垄断效应。美国的西屋电气现已被东芝收购，通用电气则与日立进行深度合作，法国的阿海珐公司也与三菱进行深度合作，只有韩国的原子能机构抢占了一席之地，但主要是在国内进行专利申请。日本原燃株式会社在核废料处理方面拥有独到技术，并在中国进行了大量的专利布局。目前，东芝、通用电气与日立采用的反应堆是沸水堆，西屋电气则拥有压水堆技术，并占有该堆型 70% 左右的市场份额。

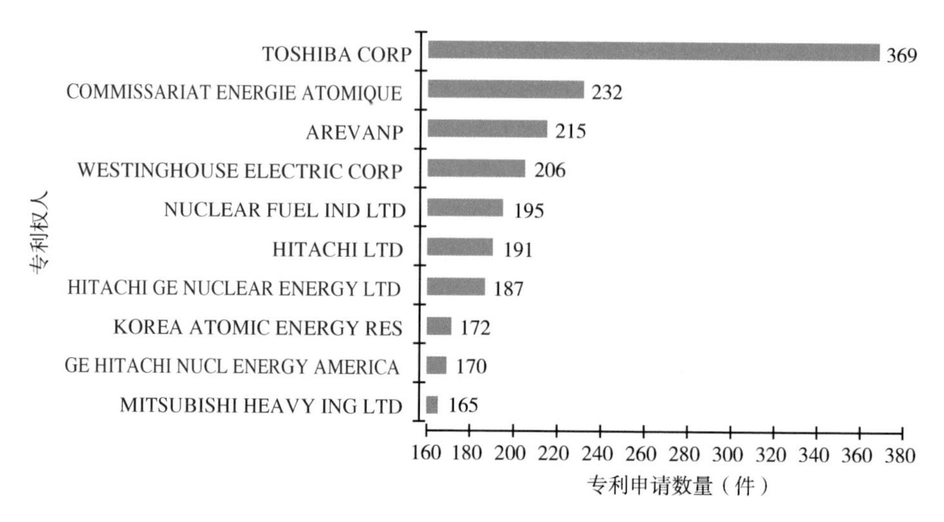

图 5－8　核裂变技术领域竞争对手专利申请数量

1979 年的三里岛核电站事故对美国的核电技术发展造成很大的影响，美国巴威公司（B&W）作为三里岛核电站的技术承担方，在事故发生后一度退出了核电领域。其 1976—1990 年共有专利 78 件，占其 1976—2010 年专利总数的 76.47%，可见此次事故对其影响之大。事故之后，美国核电产业发展也陷入了停顿，缺少创新技术的应用实践机会，造成美国核电技术能力的下降。日本企业则在政府支持下快速发展。2006 年，东芝、日立和三菱三大厂家纷纷与美国、法国企业整合、联合，一跃成为国际上最强的核电技术力量。

核电技术领域近年来发生了大量的合并、整合事件，使得专利权人的统计存在一定难度。以法国阿海珐集团为例，其 2001 年整合了法国多家核能企业，现包括珐马通先进核能公司（Framatome ANP）、考吉玛（Cogema）、阿尔斯通输配电（ALSTOM T&D）等，2006 年之后，所有一级子公司的名称，改为 AREVA。

（2）主要竞争对手的重点研发技术分析

各企业（机构）的研发重点，除了普遍意义的涉及能源生产、传输和配送的温室气体减排技术，最主要的技术点都集中在核反应堆技术和防辐射技术。这代表着核电领域的矛和盾，两者都同样受重视。

5.2.4 核裂变技术领域发展趋势分析

核裂变技术领域专利在 2000 年后市场扩张非常慢。从图 5－9 可以看出，2000 年以后，每年新增的专利族成员国数量非常有限，说明核裂变技术基本不再向新兴市场去申请，国际上的核电市场基本确定，变化不大。

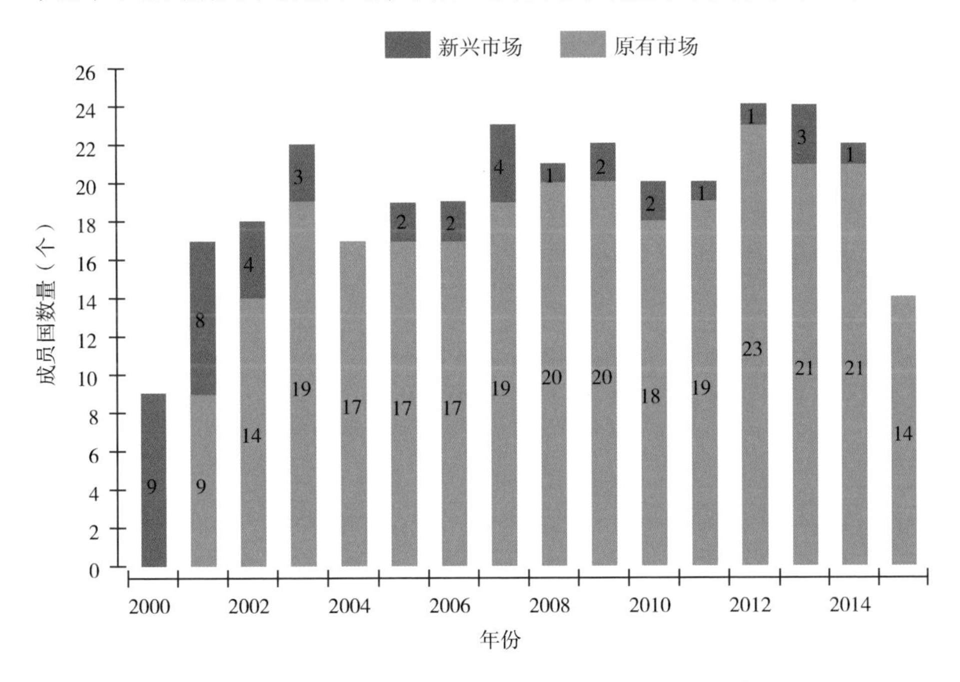

图 5－9　核裂变技术领域专利族成员国数量年度分布

从图 5－10 可以看出，核裂变技术领域也缺少新出现的技术路径。目前，国际上主流的核裂变技术仍是压水堆和高温堆，所以新出现的 CPC 分类号很少，基本都可以划归到原有的技术路径中。

从图 5－11 可以看出，核裂变技术领域的专利权人有减少的趋势，新增专利权人保持稳定的增加。这表示核裂变技术领域仍然处于技术的变化期，很多新的专利权人进入该领域，寻求新的技术市场。

从图 5－12 可以看出，核裂变技术领域的技术研发队伍不断扩大，保持稳定的增长。越来越多的企业和研发机构开始加入核裂变技术的研发行列，研发的人力投入也不断增加，说明核电产业被世界各国看好。

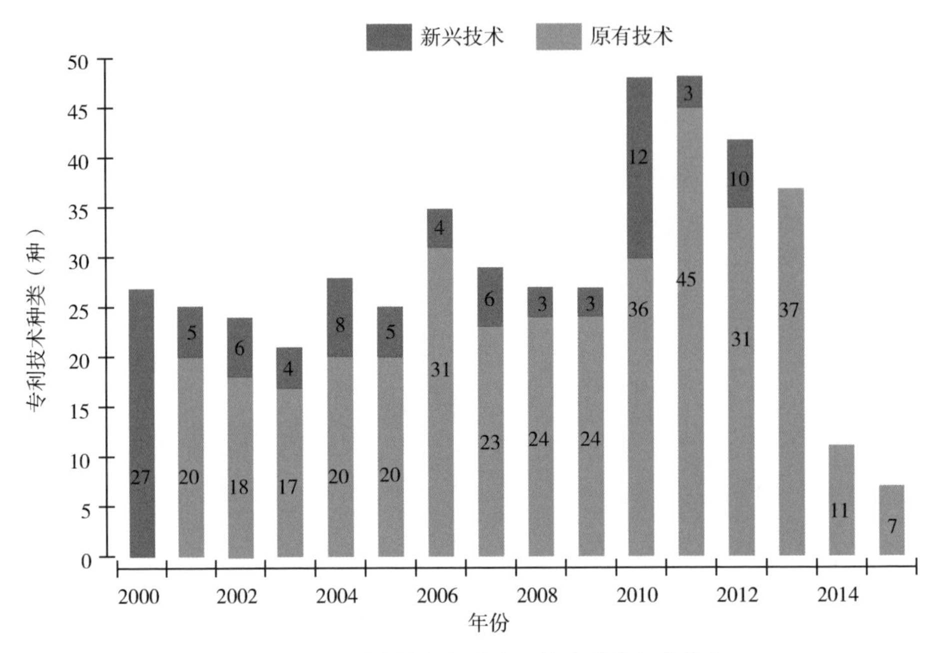

图 5－10　核裂变技术领域专利技术种类年度分布

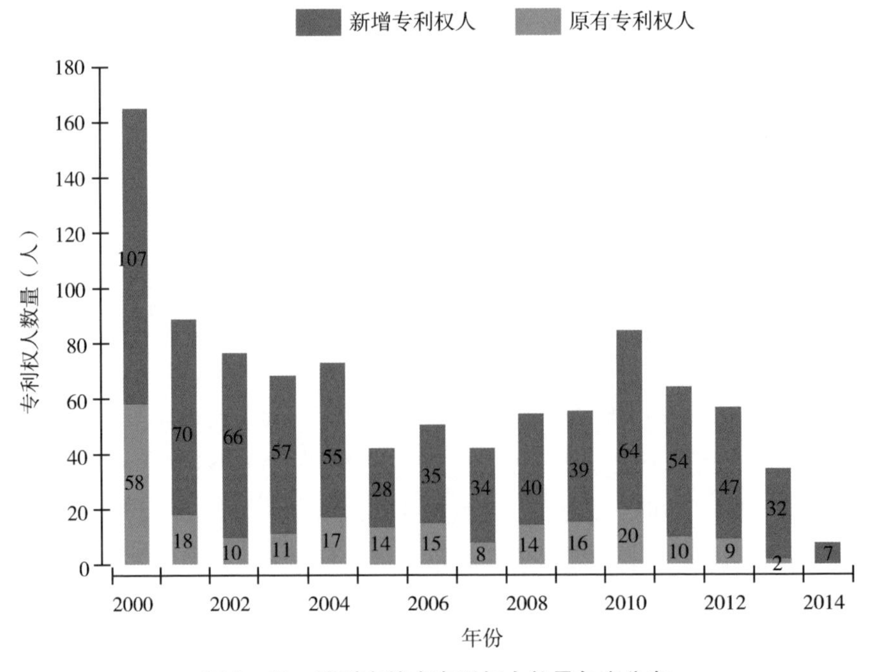

图 5－11　核裂变技术专利权人数量年度分布

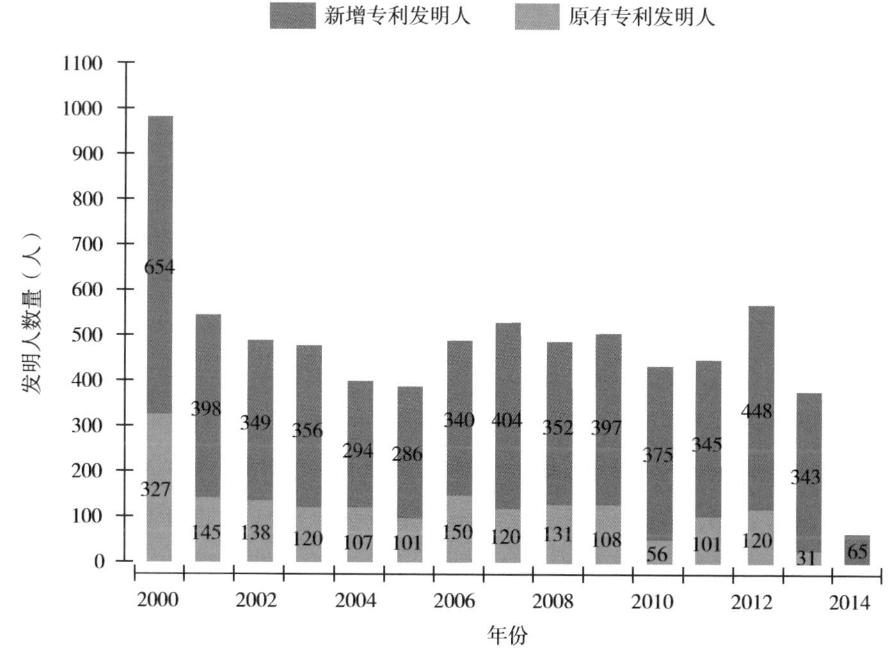

图 5－12　核裂变技术专利发明人数量年度分布

5.3　结　论

国际核裂变技术仍然掌握在少数发达国家手中，但主导力量一直在变迁。美国、日本、法国和德国等少数发达国家牢牢垄断着国际核裂变技术前沿。法国、日本、韩国等通过核电产业的快速发展迅速站到了国际核裂变技术前沿。我国应利用英国采用“华龙一号”技术的机会，加大核电国际推广力度，获取更多的建设和运营经验，成为国际核电技术供应主角。

核电站事故对发生国核电产业发展具有致命性的打击。因为三里岛核电站事故的发生，美国核电产业发展陷入停顿，企业缺少创新技术的应用实践机会，造成其核电技术向日本的大量转移。日本核电危机发生后，目前由其主导的全球核电技术装备供应状况可能会发生相应的改变。德国也宣布2022 年前关闭所有核电站。这些都为我国承接全球核电技术转移提供了契机。

核裂变技术领域专利合作很少，但企业整合、兼并频繁。近年来，国内外发生了大量的企业整合、兼并事件，使得国际核电企业的垄断性越来越高。我国核电企业应该处理好相互之间的关系，在技术开发中能够协同作战，瞄准核心技术和关键技术，实现自主创新，摆脱依赖和控制。

参考文献

[1] IAE. Energy technology perspectives 2011［R］. OECD/IAE, Paris, 2011.

[2] 郭峰，陈琳琳. 2000—2010年离子液体中国专利分析报告［J］. 甘肃石油和化工，2012，26（3）：50－54.

[3] Henk F M, Wolfgang G, Ulrich S. Handbook of quantitative science and technology research［M］. Dordrecht: Kluwer Academic Publishers, 2004: 532－547.

[4] Jaffe A B, Trajtenberg M Patents, citations and innovations: a window on the knowledge economy［M］. Cambridge: MIT Press, 2002.

[5] UKIPO. Green patent data banse launched［EB/OL］.［2012－07－21］. http://www.ipo.gov.uk/press－release－20100604.

[6] WIPO. IPC green inventory［EB/OL］.［2012－07－21］. http://www.wipo.int/classifications/ipc/en/est/－20120615.

[7] Ulrich S. Concept of a technology classification for country comparisons［R］. Karlsruhe, Germany, 2008.

[8] 贺德方. 基于事实型数据的科技情报研究工作思考［J］. 情报学报，2009，28（5）：764－770.

[9] Michel B. What drives innovation in nuclear reactors technologies? An empirical study based on patent counts［R］. CERNA working paper series, Paris, 2012.

[10] Mariette P, Bart V L, Song X Y, et al. Data production methods for harmonized patent statistics: patentee sector allocation 2009［R］. Belgium, 2010.

6 生物质能发展态势分析

6.1 引 言

为了减少温室气体排放，应对化石能源资源短缺，确保国家能源安全，促进农村经济可持续发展，世界各国，尤其是发达国家，都在致力于开发高效、无污染的生物质能利用技术。20 世纪 70 年代以来，生物质能的开发与利用已经引起各国政府和科学家的广泛关注，许多国家不仅制定了促进生物质能生产与利用的政策，而且将生物质能技术列为国家关键技术和优先发展的领域。

本部分采用定性与定量分析相结合的方法，主要以 ISTIC 专利分析数据库为依据，从世界主要国家（地区）对生物质能领域的国家政策、科学计划、专利产出及相关的研究机构等不同角度进行深入分析。通过对授予专利权的国家（地区）分布的分析，可以了解生物质能技术潜在市场等有关经济情报。通过对竞争对手的专利信息分析，可以了解对方产品的技术水平、经营方向及市场范围等信息。通过对技术发展趋势的分析，可以了解市场扩张、技术创新和企业研发能力等信息。本部分的分析结果，能够比较全面地了解世界生物质能技术发展的现状及趋势，并对我国生物质能产业的发展有所启示。

6.2 主要国家（地区）生物质能政策措施

能源是人类生活的物质基础，是整个经济增长和世界发展的基本驱动力。伴随着人类社会对能源需求的增加，能源安全逐渐与政治安全、经济安全紧密联系在一起，对能源的掌握影响着一个国家在国际上的地位。进入 21 世纪，世界各国的能源需求保持强劲增长态势，世界能源市场的供需平衡日趋紧张。同时，传统天然资源的不可再生性及分布不均等特点也造成全球能源供求关系失衡。因此，世界各国对生物质能、风能、太阳能等可再生能源的开发兴趣与日俱增，希望用它们来替代传统能源，保证国家能源安全。

生物质能成为近年来可再生能源中发展迅速且为许多国家关注的能源种类，一些国家不仅制定了相关政策，更投入了大量资金努力探索和发展生物能源，希望生物能源能在未来替代石油、天然气等传统资源，保障国家能源安全并创造市场效益。

6.2.1 生物质能政策措施

（1）优惠政策

世界主要国家（地区）在发展生物质能方面都制定了相对完善的优惠政策，大致可分为以下几类，如表6－1所示。

表6－1 世界主要国家（地区）生物质能政策措施

主要政策	主要措施
税收政策	减免关税、形成固定资产税、增值税和所得税（企业所得税和个人收入税）
价格政策	政府高价购买政策，实行绿色电价
补贴政策	对投资者和消费者（即用户）进行补贴，以及根据可再生能源设备的产品产量进行补贴
财政政策	提供低息（贴息）贷款，减轻企业负担，降低生产成本

1）美国

美国发展生物质能的政策主要体现在5个法案，即《生物质研究与开发法案》（2000年）、《农场安全及农村投资法案》（2002年）、《美国创造就业机会法案》（2004年）、《能源政策法案》（2005年）及《美国新能源法》（2007年）。其中，①《农场安全及农村投资法案》包含了关于促进生物燃料发展的议题，这些议题主要有生物质精炼和开发、生物质研发及联邦购买以生物质为基础的产品等；②《美国创造就业机会法案》规定：对于混合乙醇的汽油燃料及混合生物柴油的柴油燃料课税，每升减免13.47美分的税金（课税扣除会有弹性考虑，以使这些混合燃料中乙醇含量到2010年能够达到10%）；③《能源政策法案》规定：创造一个可再生燃料标准，到2012年，美国生物乙醇产量达到283.91亿L；④《美国新能源法》计划：到2020年，美国乙醇的使用量将达到1362.76亿L，其中，利用纤维质生产的乙醇达到794.94亿L、利用粮食原料生产的乙醇达到567.81亿L。

2）欧盟

欧盟发展生物质能的政策主要有：欧盟共同农业政策中引入对种植生物质作物的农民给予发放农业补贴的政策。欧盟对在休耕地（传统上种植粮食作物的耕地）上种植能源作物的，给予每公顷45欧元的补贴。此外，当农民不能在休耕地上种植粮食作物时，他们能用这些耕地种植非粮食作物（包括生物燃料作物），并能得到补贴。欧盟在交通运输方面还出台了3个关于生物燃料的政策法规。第一个是第2003/30/EC号法规。该法规鼓励生物燃料同成本相对低的矿物燃料进行竞争，采用的方式是制定了生物燃料“参考消费目标”：到2010年12月31日，生物燃料的消费量要达到能源消费总量的5.75%。该法规同时要求各成员国根据该“参考消费目标”，制定出本国生物燃料的消费目标。欧盟成员国必须在每年7月1日前，向欧盟委员会报告本国为促进使用生物燃料而采取的措施，如果需要的话，还得向委员会解释本国没有实现预期消费目标的原因。第二个是第2003/96/EC号法规。该法规允许给予生物燃料优惠税收减免，这些税收减免被认为是一种环境补助。同时，欧盟各成员国可以根据本国实际情况，决定本国生物燃料及矿物燃料的税率。第三个是2003年对第2003/17/EC号法规做出的修正。由于技术上的原因，该法规限定了生物柴油在混合柴油中所占比例不得超过5%，这对欧盟的生物燃料消费目标实现造成了障碍，因此，修改后的目标为：2010年生物燃料达到能源消费总量的5.75%。

3）巴西

巴西发展生物质能的政策主要有：巴西农业畜牧部制定了关于向汽油中强制混合无水乙醇的《强制混合燃料法律》（Law 737—1938）。该法律规定，从2007年7月1日开始，无水乙醇在汽油中混合的比率要达到20%～25%；巴西能源矿产部在生物柴油的生产使用方面出台了《生物柴油法》，该法律分别制定了生物柴油与柴油混合比例的目标：到2013年生物柴油占混合燃料的比率达到5%。另外，为促进社会和地区经济发展，巴西制定了一系列税收激励和津贴发放政策，以鼓励巴西北部及东北部地区（特别是半干旱地区）的小农户种植生产生物柴油的原料。为了能够达到生物柴油占混合燃料比例2%的生产及销售目标，从2008年开始，巴西每年的生物柴油产量将达到8.2亿L。巴西还规定，对汽车实行不同比率的税收，即根据汽车耗费的无水乙醇和汽油比率的不同，征收的税率也不同。这项政策是为了鼓励发展专门以无水乙醇作燃料的汽车。另外，巴西联邦政府对生物柴油产业链上所有的产品都不征税。

（2）关税政策

世界许多国家（地区）都使用生物燃料（包括生物柴油和生物乙醇）关税来保护本国农业和生物燃料产业的发展，并为本国生物燃料生产提供激励措施。但是，实施中的最惠国税率和关税配额也有一些例外情况。由于生物柴油和生物乙醇的关税不同，表6-2仅列出了除巴西以外，部分国家（地区）生物乙醇适用最惠国税率。

表6-2　部分国家（地区）生物乙醇适用税率

国家（地区）	适用最惠国税率	按税前单位价值0.50美元/L计算		例外/备注
	当地货币或从价税率	从价税等值	从量税等值（美元/L）	
澳大利亚	5% +0.381 43 澳元/L	51%	0.34	美国、新西兰
巴西	0	0	0	2006年3月从20%缩减
加拿大	0.0492 加元/L	9%	0.047	自由贸易协会伙伴
瑞士	35 瑞郎/100 kg	46%	0.232	欧盟、普惠制国家
美国	2.5% +0.54 美元/加仑	28%	0.138	自由贸易协会伙伴、加勒比盆地动仪伙伴
欧盟	0.192 欧元/L	52%	0.26	欧洲自由贸易协会、普惠制国家

注：出于贸易目的，乙醇被归类为HS2207.10，未改性乙醇。所列关税截至2007年1月1日。

数据来源：《粮食与农业状况2008》，世界粮农组织（FAO）。

关税可以被用来刺激国内生产、保护国内生产者，而免税则可以作为一种刺激生物燃料需求的手段。税收激励或惩罚是使用最广的手段，可以极大地影响生物燃料针对其他能源的竞争力，最终影响其商业活力。美国是OECD国家中第一个实施生物燃料税免除的。20世纪70年代石油价格激增后，美国就出台了《1978 能源税法案》，引入了生物燃料免税规定。该法案规定燃料中掺入乙醇可以享受免除消费税的待遇。2004 年，免税措施被生产者所得税抵免额取代。从此之后，其他国家（地区）也实施了不同形式的免税安排。

（3）目标及规划

1）液体生物燃料目标

为加快本国（地区）生物燃料产业的发展速度，许多国家（地区）制定了具体的生物燃料产业发展目标，用量化指标来驱动现代生物能源产业的发展。一些国家（地区）开始实施燃料混合措施，特别是用于交通运输的液体生物燃料“G8 +5”国家（地区）[①] 对于液体生物燃料的自愿性和强制性混合目标如表 6 –3 所示。

表 6 –3 “G8 +5”国家（地区）液体生物燃料的目标

国家（地区）	目标
美国	2008 年达到 90 亿加仑，2022 年提高到 360 亿加仑（M），其中，210 亿加仑为先进生物燃料（160 亿加仑来自纤维素生物燃料）
欧盟	2020 年生物燃料比例达到 10%（M，由欧盟委员会于 2008 年 1 月提议）
巴西	无水乙醇与汽油强制性混合比例为 20% ~25%；2008 年 7 月生物柴油与柴油的最低混合比例为 3%，2010 年年底要达到 5%
加拿大	2010 年汽油可再生能源含量要达到 5%；2012 年柴油可再生能源含量要达到 2%
中国	到 2020 年，交通运输能源需求的 15% 利用生物燃料
法国	到 2008 年生物燃料比例达到 5. 75%，2010 年达 7%，2015 年达 10%（V），2020 年达 10%（M = 欧盟目标）
德国	2010 年生物燃料比例达到 6. 75%，2015 年提高到 8%，2020 年达 10%（M = 欧盟目标）
印度	提出乙醇为 5% ~15%、生物柴油为 20% 的混合目标
意大利	2010 年生物燃料比例达到 5. 75%（M），2020 年达 10%（M = 欧盟目标）

① “G8 +5”国家（地区）包括 8 国集团（加拿大、法国、德国、意大利、日本、俄罗斯、英国和美国）加上 5 个新兴经济体（巴西、中国、印度、墨西哥和南非）。

续表

国家（地区）	目标
日本	到2010年，产量转换成原油为5亿L（V）
墨西哥	目标尚在酝酿
俄罗斯	没有设立目标
南非	到2006年生物燃料比例达到8%（V）（正在考虑将目标提高到10%）
英国	2010年生物燃料比例达5%（M），2020年达10%（M＝欧盟目标）

数据来源：《粮食与农业状况2008》（FAO）。M＝强制性，V＝自愿性。

2）研发战略规划

世界许多国家（地区）都在生物燃料生产过程的不同阶段开展研发活动，目的是通过技术开发，寻找可持续的原料，研究经济有效的转化方法以提高生物原料的能源转化率。目前，越来越多的国家（地区）公共研发资金被投入到第2代生物燃料的技术研发，特别是纤维素乙醇和生物柴油的研发，旨在替代以石油为基础的化石燃料。美国、欧盟和巴西的液体生物燃料研发战略规划的部分内容，如表6－4所示。

表6－4　美国、欧盟和巴西液体生物燃料研发战略规划的部分内容

国家（地区）	战略规划的部分内容
美国	一是核心技术研发，生物质原料供应（包括生物质原料的采收、存储、预处理和运输过程）和生物质转化技术（包括将生物质原料变为低成本液体燃料的生物化学和热化学转化技术）的研发； 二是示范与应用研究，包括综合生物精炼（包括综合生物精炼技术的低成本和商业化示范与实践）和生物燃料生产（包括E10生物燃料在全国的发展和E85生物燃料在区域范围内的发展）的研究； 三是交叉领域发展，主要指运输燃料市场的转型（包括在市场转型过程中建立沟通、政策与合作机制）
欧盟	一是技术推动研究，欧盟研究与技术开发框架计划、欧洲煤钢基金、国家研究与项目、风险投资与金融创新机制、欧洲投资银行、创新结构资金、科技研究合作计划、欧洲研究协调局、欧洲技术平台等，为生物燃料技术的研发提供强有力的支持和推动；

续表

国家（地区）	战略规划的部分内容
欧盟	二是需求拉动研究，欧盟要求制定目标和最低标准，执行调控手段和价格政策（排放贸易制度和能源税等财政手段）、能效标识、结构政策、工业自愿协议、补贴税、配额、绿色和白色认证、计划/建设规章、财政激励、竞争政策、公众获取政策及贸易协议等相关政策法规； 三是综合创新研究，待建的欧洲理工学院将在加强创新、研发和教育部门之间的联系与协作方面发挥重要的调控作用，创建一个与能源相关的知识创新共同体，共同体竞争和创新计划——特别是智能化能源欧洲计划将致力于去除非技术性屏障，进而保护市场的发展
巴西	一是巴西石油公司的生物燃料战略开发计划，主要加强管道建设、生物柴油开发及其他生物燃料的研发等； 二是甘蔗乙醇研发计划，由圣保罗州研究基金会和 Dedin 基础工业公司共同资助，用于促进甘蔗乙醇的开发，目的在于开发乙醇燃料生产过程中高效加工工艺、快速水解工艺及木质素的分享工艺等

6.2.2 世界能源消费变化与需求

（1）世界能源消费格局的变化情况

从世界能源结构演变历史来看，煤炭代替木材薪炭成为主要能源的第一次能源消费结构变革大约花了 100 年时间；石油代替煤炭成为主要能源的第二次能源消费结构变革大约花了 60 年时间；目前能源结构正向高效、清洁、低碳或无碳的天然气、水电、核能、太阳能、风能、生物质能等方向发展，有望在 2050 年替换化石能源。虽然能源技术革新、能源品种替代周期逐渐缩短，但能源结构和基本能源技术的更新换代仍然需要经历很长时间，一般需要二三十年甚至更长的时间。欧盟联合研究中心对全球能源构成变化的预测，如图 6 - 1 所示。

（2）世界能源市场的消费需求

据美国能源信息部门（EIA）的《世界能源展望 2016》（IEO）预测，2010—2040 年，世界能源消耗变化趋势将持续增长，如图 6 - 2 所示。可再生能源增速最快，煤炭消耗趋于稳定，天然气消耗在 2030 年左右超越煤炭消耗，石油仍然占据主要份额。

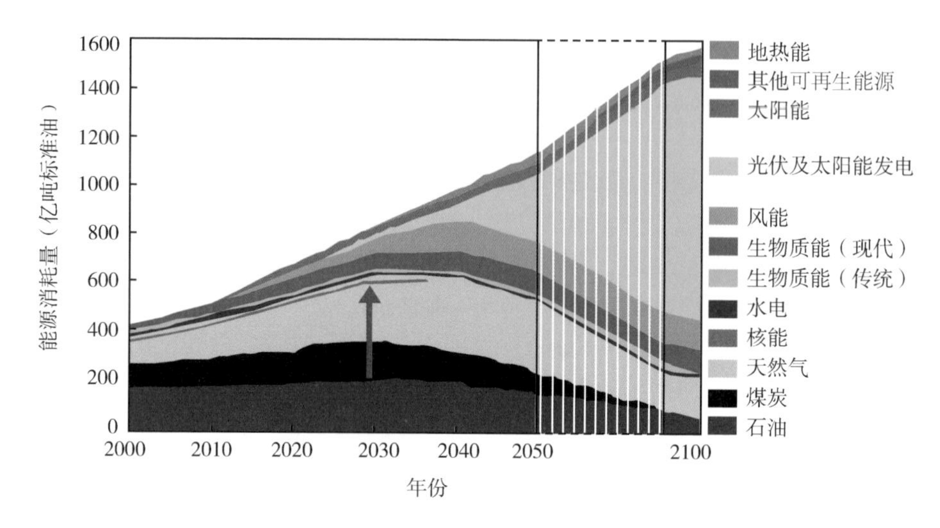

图 6-1 欧盟联合研究中心对全球能源构成变化的预测

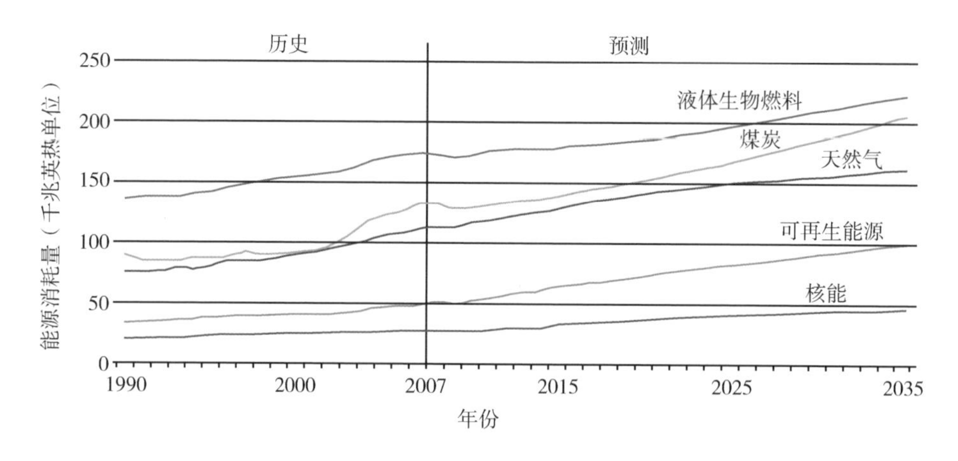

图 6-2 世界能源消耗变化趋势预测

数据来源：《世界能源展望 2016》和《EIA 对清洁能源计划的影响分析》。

液体生物燃料是唯一可以大规模获得的替代运输燃料的可再生能源。据国际能源署（IEA，2016）在《世界能源展望》中按照参考场景预测，单位 GDP 对应的人均交通英里数再增加，尤其是非 OECD 国家交通耗能增长巨大，如图 6-3 所示。全球大部分液体燃料消耗增长来自非 OECD 国家，尤其是亚洲。

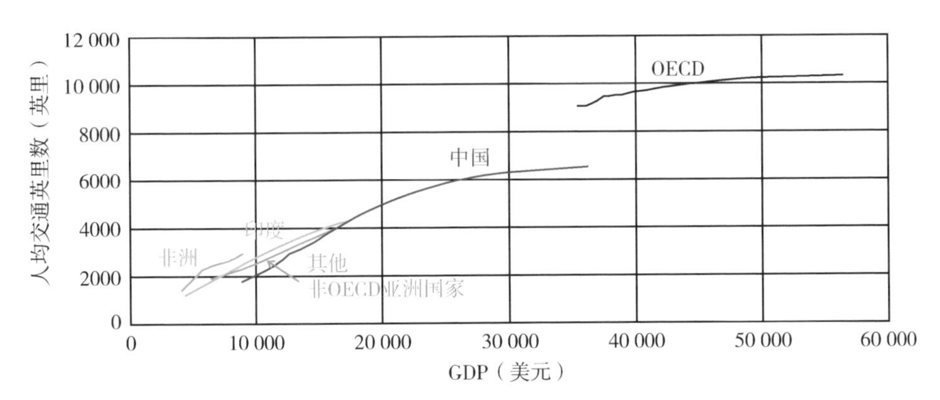

图 6－3　一些组织或国家（地区）在 2010—2040 年单位 GDP 对应的人均交通英里数

数据来源：《世界能源展望 2016》。

6.2.3　世界主要国家（地区）液体生物燃料的生产现状

（1）液体生物燃料的原料

生物能源的原料主要是农作物，近年来，在生物能源方面最大的增长点是以农作物为原料生产运输用液体生物燃料，即生物乙醇和生物柴油，如表 6－5 所示。全球生产的大部分生物乙醇都是以甘蔗或玉米为原料，巴西大部分生物乙醇来自甘蔗，美国则来自玉米。其他重要的原料作物包括木薯、稻谷、甜菜和小麦等。在欧盟，生物柴油最常用的原料是油菜籽，在美国和巴西是大豆，在热带和亚热带国家是棕榈、椰子和蓖麻油，对麻风树油的关注也越来越多。

表 6－5　液体生物燃料的原料

原料		转化技术	生物燃料
糖料作物	甘蔗、甜菜、甜高粱	发酵和蒸馏	生物乙醇
淀粉类作物	玉米、小麦、大麦、黑麦、马铃薯、木薯	糖化、发酵和蒸馏	生物乙醇
纤维质材料	柳杆稷、芒属草植物、柳树、杨树、秸秆	糖化、发酵和蒸馏	生物乙醇
油料作物	油菜籽、油棕、大豆、向日葵、花生、麻风树	萃取和酯化	生物柴油

由此可见，液体生物燃料与农产品密切相关，随着液体生物燃料需求的不断增加，农产品价格也会不断上扬，必将影响粮食安全。

粗粮和甘蔗依旧是首要的乙醇原料，如图 6－4 所示，菜籽油持续占据生物柴油生产的主导地位，如图 6－5 所示。

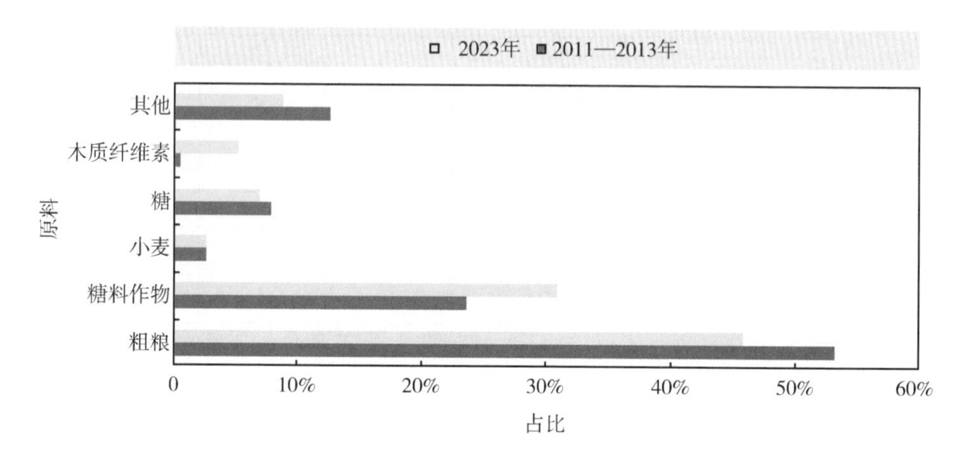

图 6-4 乙醇生产原料

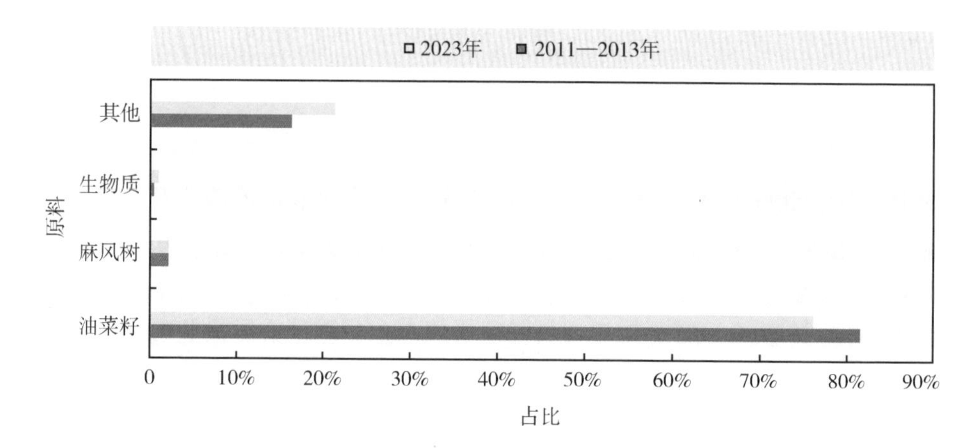

图 6-5 生物柴油生产原料

粗粮乙醇所占比例下降 13%，在 2023 年占据 45% 的份额，相当于全球粗粮产量的 12%。糖乙醇（含甘蔗和甜菜）所占份额从 2013 年的 25% 增加到 2023 年的 31%，2023 年，全球 28% 的蔗糖被用于乙醇生产。与 2013 年相比，木质纤维素乙醇的份额得到较大提升，2023 年占乙醇总产量的比例将达到 5%，且主要由美国生产。

源自油菜籽的生物柴油所占份额将从 2013 年的 80% 下降到 2023 年的 76%，占 2023 年全球菜籽油产量的 14%。其他原料来源（主要是地沟油和动物油脂）的生物柴油所占比例将从 2013 年的 18% 增加至 2023 年的 21%。

（2）液体生物燃料的产量和贸易

目前，全球 85% 的液体生物燃料都是乙醇形式，如表 6-6 所示。两个最大的乙醇生产国巴西和美国的产量约占总产量90%，其余大部分来自加拿大、中国、欧盟（主要是法国和德国）及印度。生物柴油的生产主要集中在欧盟（占世界总产量的60%左右），美国的产量相对少很多。在巴西生物柴油生产还是较新的事物，产量有限。其他重要的生物柴油生产国包括中国、印度、印度尼西亚和马来西亚。

表6－6　2012年世界主要国家液体生物燃料的产量

国家（地区）	生物乙醇（亿L）	生物乙醇（亿t油当量）	生物柴油（亿L）	生物柴油（亿t油当量）	总量（亿L）	总量（亿t油当量）
巴西	190.00	0.1044	2.27	0.0017	192.27	0.1060
加拿大	10.00	0.0055	0.97	0.0007	10.97	0.0062
中国	18.40	0.0101	1.14	0.0008	19.54	0.0109
印度	4.00	0.0022	0.45	0.0003	4.45	0.0025
印度尼西亚	0	0	4.09	0.0030	4.09	0.0030
马来西亚	0	0	3.30	0.0024	3.30	0.0024
美国	265.00	0.1455	16.88	0.0125	281.88	0.1580
欧盟	22.53	0.0124	61.09	0.0452	83.61	0.0576
其他	10.17	0.0056	11.86	0.0088	22.03	0.0144
世界	520.09	0.2857	102.04	0.0756	622.13	0.3612

数据来源：OECD和FAO的Aglink-Cosimo数据库。

各种作物转化为液体生物燃料的产量，如表6－7和表6－8所示。不同作物每公顷液体生物燃料产量会因原料、生产国和生产体系不同而存在很大差异。这种差异一方面由于不同产地、不同作物单产不同，另一方面由于不同作物转化效率不同。这就意味着要生产更多的液体生物燃料，不同产地、不同作物对土地需求的差异也会很大。目前，从甘蔗和甜菜中获取乙醇的单产最高，在每公顷液体生物燃料产量排名中，巴西以甘蔗为原料的产量位居第一，印度也较靠前。玉米生产液体生物燃料单产较低，但单产间差别较明显，此数据仅指技术单产，如中国和美国，如表6－8所示。不同产地、不同作物生产液体生物燃料的成本呈现非常不同的规律。

表 6-7　各种作物原料转化为液体生物燃料的产量

作物	全球/国家估计数	生物燃料	作物单产 (t/hm²)	转化率 (L/t)	生物燃料单产 (L/hm²)
甜菜	全球	乙醇	46.0	110	5060
甘蔗	全球	乙醇	65.0	70	4550
木薯	全球	乙醇	12.0	180	2070
玉米	全球	乙醇	4.9	400	1960
稻米	全球	乙醇	4.2	430	1806
小麦	全球	乙醇	2.8	340	952
高粱	全球	乙醇	1.3	380	494

表 6-8　各国生产液体生物燃料的主要作物及产量

作物	全球/国家估计数	生物燃料	作物单产 (t/hm²)	转化率 (L/t)	生物燃料单产 (L/hm²)
甘蔗	巴西	乙醇	73.2	74.5	5474
甘蔗	印度	乙醇	60.7	74.5	4522
油棕	马来西亚	生物柴油	20.6	230.0	4736
油棕	印度尼西亚	生物柴油	17.8	230.0	4092
玉米	美国	乙醇	904.0	399.0	3751
玉米	中国	乙醇	5.0	399.0	1995
木薯	巴西	乙醇	13.6	137.0	1863
木薯	尼日利亚	乙醇	10.8	137.0	1480
大豆	美国	生物柴油	2.7	205.0	552
大豆	巴西	生物柴油	2.4	205.0	491

数据来源：全球数据来自 Rajagopal 等人（2007）；国家数据来自 Naylor 等人（2007）。

全球乙醇贸易预期将快速增长，主要来自美国与巴西之间的乙醇贸易，预计到 2020 年达到乙醇掺入壁垒前，两国间的乙醇贸易都将持续增长。到 2023 年，美国从巴西进口的甘蔗乙醇量将达到 100 亿 L。同时，考虑到国际坚挺的乙醇价格及美国国内相对便宜的玉米乙醇价格，美国到 2023 年将出口 50 亿 L 玉米乙醇，其大部分出口至巴西。

加拿大和欧盟也将进口美国乙醇，其中，欧盟进口美国乙醇的规模将受到美国和欧盟间贸易争端的强烈影响，未来 10 年，预计欧盟平均每年进口的乙醇量为 16 亿 L。发展中国家则是乙醇净出口国，其中，巴西净出口 110 亿 L，印度、巴基斯坦、南非和泰国累计净出口 12 亿 L。

生物柴油贸易在未来 10 年预计增长缓慢，阿根廷和印度尼西亚仍将是首要出口国，两国的出口潜力都将受到各自国内需求的增加及欧盟 2014 年和 2015 年反倾销税的抑制。欧盟在未来 10 年的生物柴油净进口量维持在 RED（欧盟可再生能源指令）所指定的 2020 年 32 亿 L 的水平。美国将有少量过剩的生物柴油进行出口，但为了满足美国生物燃料强制法案的要求，其生物柴油出口也将减少。

6.3 生物柴油技术领域专利分析

本节以 ISTIC 专利分析数据库为基础，对 2000—2015 年，世界各国申请的生物柴油技术领域相关的专利数据进行统计分析，分别从申请年、专利分类、专利权人等角度深入分析生物柴油技术领域专利的整体产出情况、国家竞争情况、机构竞争情况及发展趋势。

生物柴油技术领域专利数据采集的是 ISTIC 专利分析数据库，入库时间为 2000—2015 年的专利数据，分析所用数据为最早公开年份在 2000—2015 年的专利数据，以 CPC 号 Y02E 50/13 为主题进行检索，共检索到生物柴油技术领域相关专利文献 8979 件。

6.3.1 专利申请总体态势分析

（1）时间序列分析

世界各国生物柴油技术领域专利申请情况如图 6－6 所示。统计结果表明，2000—2014 年共申请专利 8781 件。2000 年以来，专利申请量呈现逐年上升的趋势，尤其是 2004 年以后，专利申请量迅速增加，2013 年达到峰值 1165 件。这说明，生物柴油技术正处于高速发展阶段。

（2）专利类型分析

通过对 ISTIC 专利数据库 2000—2015 年生物柴油技术领域专利数据进行分析，发明专利和实用新型专利总共有 8979 件（图 6－7）。其中，发明专利 8787 件，占专利申请总数的 98%；实用新型专利 192 件，占专利申请

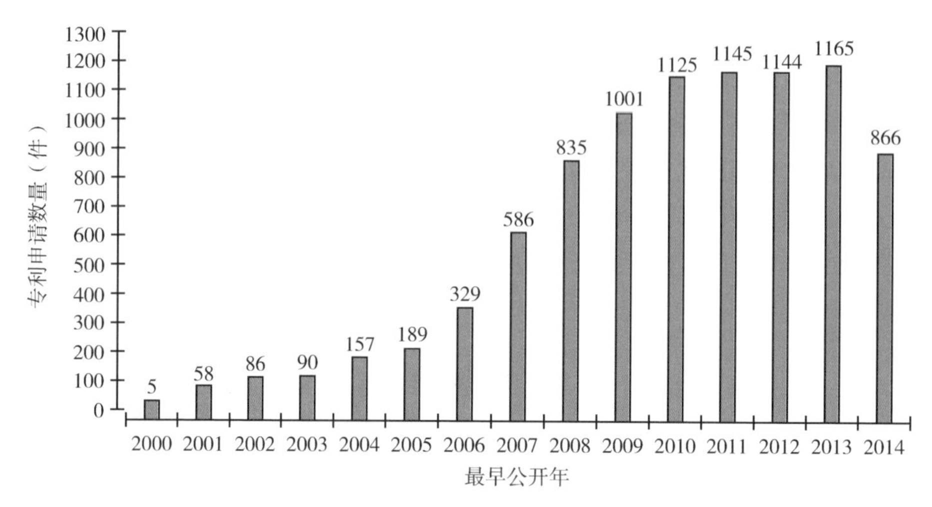

图6－6　生物柴油技术领域专利申请数量

总数的2%。这说明，大约98%的专利能体现技术发展实力。

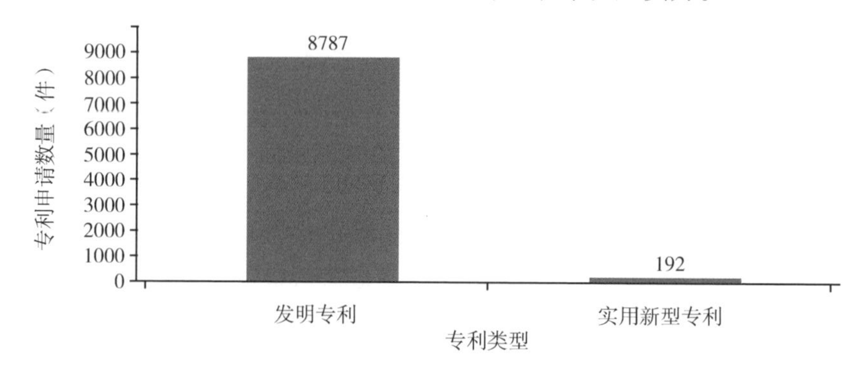

图6－7　生物柴油技术专利申请类型分布

（3）技术构成分析

由图6－8可以看出，生物柴油技术专利的分布比较分散。结合表6－9排名前10位的生物柴油技术专利CPC小类分类注释可知，申请量排名第一的CPC小类是Y02E小类，共有专利8972件，涉及能源生产、传输和配送的温室气体减排技术等。

专利申请量排名第二的是C10L小类，共有专利4362件，主要涉及生物柴油酯化反应设备方面的技术。排名第三的是C10G小类，共有专利2951件，主要涉及动植物油料生产生物柴油的催化、裂化方法。其他关于生物柴油技术的申请专利还包括生物柴油及其制备方法、利用餐厨垃圾生产生物柴油的方法、生物柴油副产品的制备方法、生物柴油脱酸的方法、微生物或酶、一般的物理或化学的方法或装置及涉及运输商品和人的交通工具等方面。

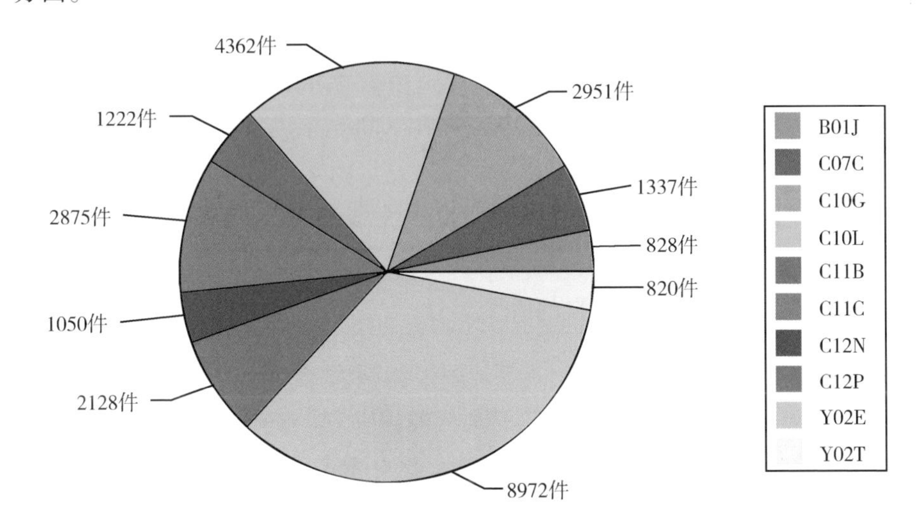

图 6－8　生物柴油技术专利构成分布

表 6－9　排名前 10 位的生物柴油技术专利 CPC 小类分类

排名	CPC 小类	专利申请量（件）	CPC 小类注释
1	Y02E	8972	涉及能源生产、传输和配送的温室气体减排技术
2	C10L	4362	生物柴油酯化反应设备
3	C10G	2951	动植物油料生产生物柴油的催化、裂化方法
4	C11C	2875	生物柴油及其制备方法
5	C12P	2128	利用餐厨垃圾生产生物柴油的方法
6	C07C	1337	生物柴油副产品的制备方法
7	C11B	1222	生物柴油脱酸的方法
8	C12N	1050	微生物或酶
9	B01J	828	一般的物理或化学的方法或装置
10	Y02T	820	涉及运输商品和人的交通工具

6.3.2　国家竞争态势分析

（1）技术实力态势分析

专利申请人一般在其所在国家首先申请专利，然后在 1 年内利用优先权申请国外专利。本国专利申请量是衡量一个国家科技开发综合水平的重要参数，也是该国经济技术实力的具体体现。

从图 6 -9 可以看到，2000 年以来，最早公开年专利申请排名前 4 位的国家，在生物柴油技术研发投入上基本保持持续增长的态势，表明各国均极为看好生物柴油技术产业。尤其是中国，2006 年生物柴油技术领域专利的申请量迅速增加，2007—2008 年中国有关生物柴油技术的专利申请量远远超过了美国、日本和德国，可见中国在生物柴油技术领域虽然起步较晚，但是发展速度很快。从上述分析情况可以看出，美国、日本、中国和德国在生物柴油技术领域具有较强的研发实力。

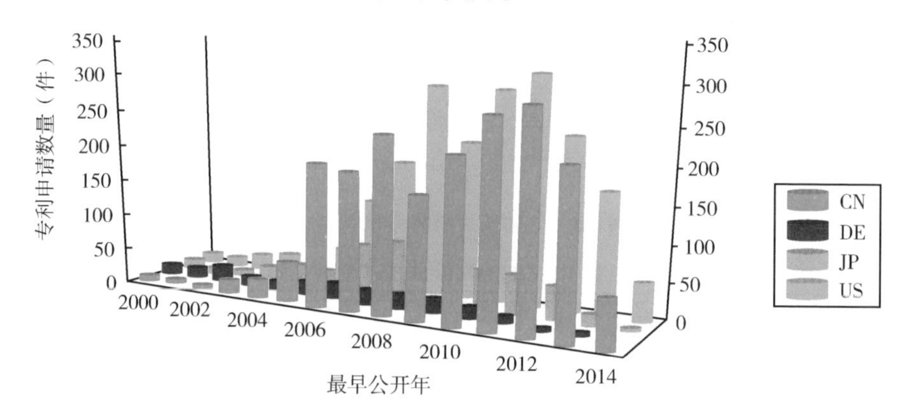

图 6 -9　生物柴油技术领域主要国家专利申请的年度分布

（2）市场布局态势分析

企业为了在某一个国家（地区）生产、销售其产品，必须在该国家（地区）申请相关专利以获得知识产权的保护。因此，该国家（地区）专利申请量的多少大致可以反映出其市场的大小。

图 6 -10 中同族专利分布情况反映了各国家（地区）专利布局的情况，同时也反映出哪些国家（地区）比较重视生物柴油技术市场。从图 6 -10 可以看到，美国和中国的生物柴油技术专利名列前茅，分别占专利总量的 22.80% 和 21.78%，表明国际上对美国和中国的市场非常重视。

（3）重点技术领域分析

图 6 -11 为主要国家（地区）的技术领域分布。

从图中可以看出，各国在生物柴油技术领域中专利重点不同。由图 6 -12和表 6 -9 可以看到，美国生物柴油技术研发重点是：Y02E 小类（涉及能源生产、传输和配送的温室气体减排技术），占美国专利申请量的

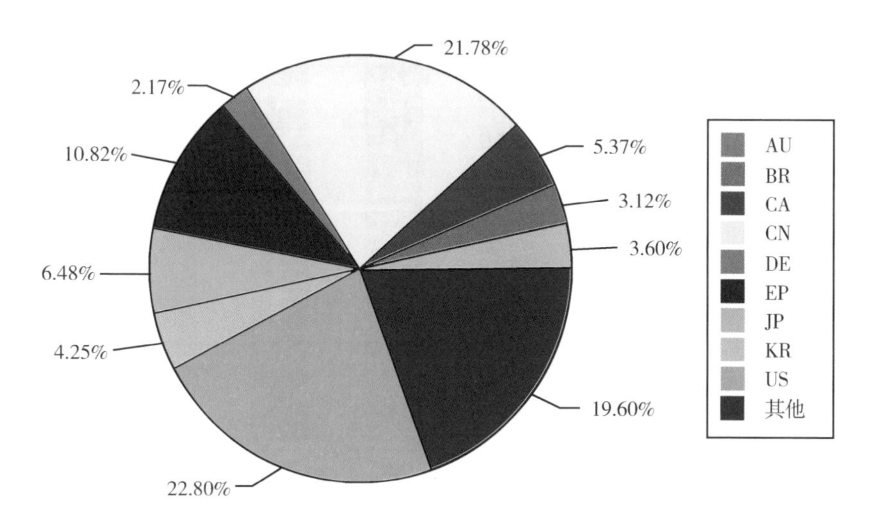

图 6－10　生物柴油技术领域主要国家（地区）专利布局总态势（同族专利）

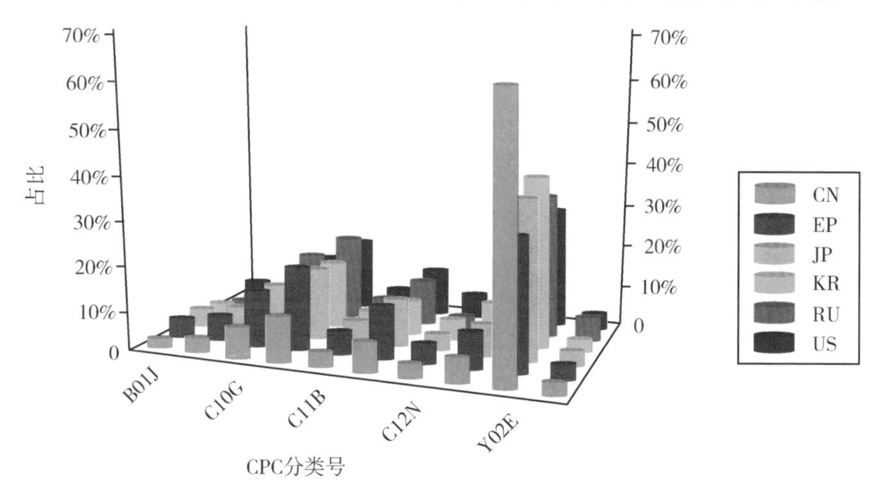

图 6－11　主要国家（地区）生物柴油技术领域分布

28.44%；C10L 小类（生物柴油酯化反应设备），占 16.74%；C10G 小类（动植物油料生产生物柴油的催化、裂化方法）和 C11C 小类（生物柴油及其制备方法），各占 12.04% 和 10.51%。日本生物柴油技术研发重点是：Y02E 小类，占日本专利申请量的 35.89%，C10L 小类，占 16.06%，C10G 小类和 C11C 小类各占 11.30% 和 10.44%。中国生物柴油技术研发重点是：Y02E 小类占中国专利申请量的 60.63%，C10L 小类占 9.99%，C10G 小类和 C11C 小类各占 6.48% 和 6.02%。这说明，在生物柴油技术研发方面各国的侧重点有所不同。

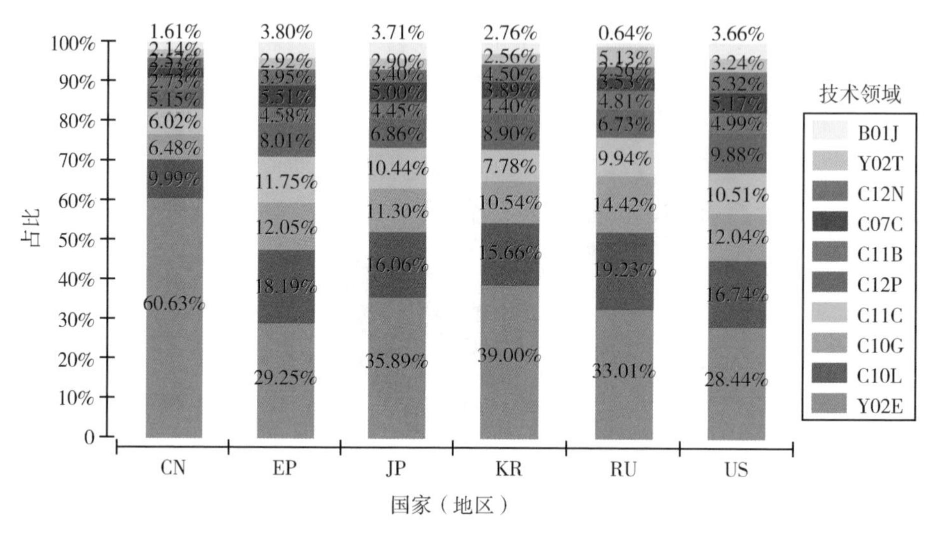

图 6－12　主要国家（地区）生物柴油技术领域比例

6.3.3　机构竞争态势分析

（1）主要竞争对手及其专利申请规模分析

由表 6－10 可知，TOSHIBA CORP 生物柴油技术领域的专利申请量占据首位，为 369 件专利；其次是 COMMISSARIAT ENERGIE ATOMIQUE 和 AREVA NP，分别为 232 件和 215 件专利。从表 6－10 可以看出，生物柴油技术领域排名前 10 位的专利申请公司，欧盟占 6 家，说明欧盟非常重视生物柴油技术的研发。

表 6－10　生物柴油技术领域竞争对手专利（Y02E 小类）申请数量

专利权人	专利申请数量（件）	专利申请国家（地区）
TOSHIBA CORP	369	JP
COMMISSARIAT ENERGIE ATOMIQUE	232	EP
AREVA NP	215	EP
WESTINGHOUSE ELECTRIC CORP	206	EP
NUCLEAR FUEL IND LTD	195	CN
HITACHI LTD	191	EP
HITACHI GE NUCLEAR ENERGY LTD	187	US
KOREA ATOMIC ENERGY RES	172	AR
GE HITACHI NUCL ENERGY AMERICA	170	EP
MITSUBISHI HEAVY IND LTD	165	EP

（2）重点研发投入产出分析

表6－11为生物柴油技术领域专利申请数量前10名的企业（机构），其中，“平均每人专利数”为专利数除以发明人数的值，代表发明人研发生物柴油技术的效率；“每件专利平均投入人次数”为发明人次数除以专利数，代表企业（机构）对技术的人力成本投入量。

表6－11 生物柴油技术领域主要企业（机构）研发投入统计

专利权人	专利申请数量（件）	发明人次数（人次）	发明人数（人）	每件专利平均投入人次数（人次/件）	平均每人专利数（件/人）
TOSHIBA CORP	369	2905	453	7.87	0.81
COMMISSARIAT ENERGIE ATOMIQUE	232	916	154	3.95	1.51
AREVA NP	215	673	118	3.13	1.82
WESTINGHOUSE ELECTRIC CORP	206	793	170	3.85	1.21
NUCLEAR FUEL IND LTD	195	778	63	3.99	3.1
HITACHI LTD	191	1652	256	8.65	0.75
HITACHI GE NUCLEAR ENERGY LTD	187	937	155	5.01	1.21
KOREA ATOMIC ENERGY RES	172	1291	370	7.51	0.46
GE HITACHI NUCL ENERGY AMERICA	170	746	81	4.39	2.1
MITSUBISHI HEAVY IND LTD	165	764	201	4.63	0.82

从表6－11可以看出，AREVA NP每件专利平均投入人次数最低，为3.13人次/件，说明其对技术投入的人力成本较低；其平均每人专利数较多，为1.82件/人，说明其投入产出效率较高。HITACHI LTD每件专利平

均投入人次数最高，为 8.65 人次/件，说明其对技术投入的人力成本较高；其平均每人专利数量为 0.75 件/人，说明其投入产出效率较低。

（3）重点研发技术分析

SOLAZYME INC、HELIAE DEVLIC 和 EXXONMOBIL RES & ENG CO 生物柴油技术专利申请量最多的 CPC 小类都是 Y02E 小类和 C12P 小类，即涉及能源生产、传输和配送的温室气体减排技术和利用餐厨垃圾生产生物柴油的方法；国际壳牌研究有限公司（SHELL INT RESEARCH）生物柴油技术专利申请量最多的 CPC 小类是 Y02E 小类和 C11C 小类，涉及能源生产、传输和配送的温室气体减排技术和生物柴油脱酸的方法。可见，各企业（机构）在生物柴油技术研发方面侧重点略有不同。

6.3.4 技术领域发展趋势分析

本节以 2000—2015 年的专利数据为基础，对生物柴油技术的发展趋势进行分析，主要包括市场布局扩张趋势、技术发展趋势及专利权人和发明人变化趋势。

（1）市场布局扩张趋势分析

专利族成员国的数量可以体现技术领域市场布局情况。图 6－13 为生物

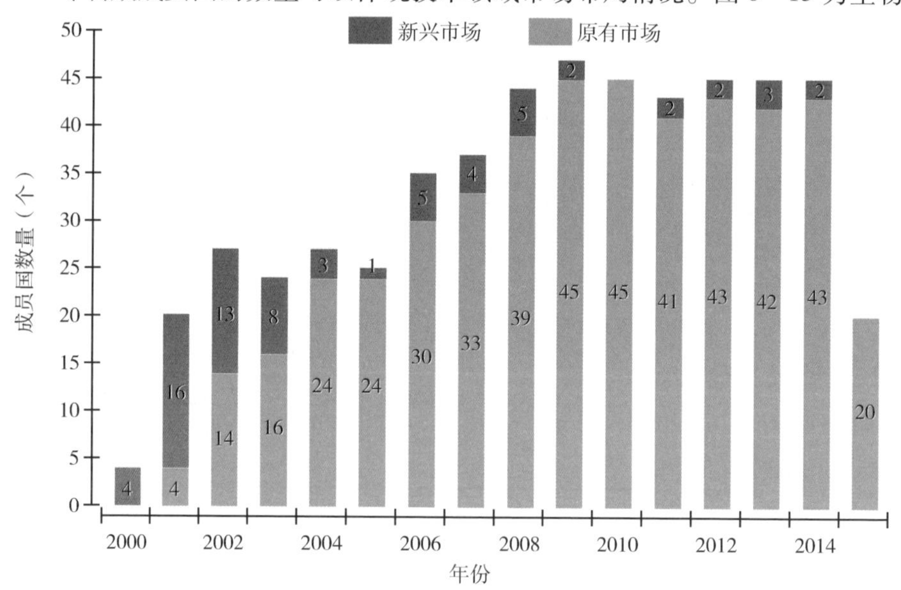

图 6－13 生物柴油技术领域专利族成员国数量年度分布

柴油技术2000—2015年的专利族成员国数量变化情况，蓝色部分为当年度中，此前已经存在的专利族成员国；红色表示当年新出现的专利族成员国。

由图可知，2000—2015年生物柴油技术专利族成员国数量呈现上升的态势，表明在此期间生物柴油技术的市场处在加速扩张的状态中；2008—2014年专利族成员国数量较为稳定，基本维持在40多个国家左右的水平，此时生物柴油技术的市场已经达到饱和，不再继续开拓新的市场，可能一些国家在生物柴油技术研发方面遇到技术瓶颈，市场扩张能力较弱。

（2）技术发展趋势分析

图6-14为生物柴油技术专利（CPC大类）种类年度分布情况，蓝色部分为当年度中，此前已经存在的专利技术种类（CPC大类）；红色表示当年新出现的专利技术种类（CPC大类）。

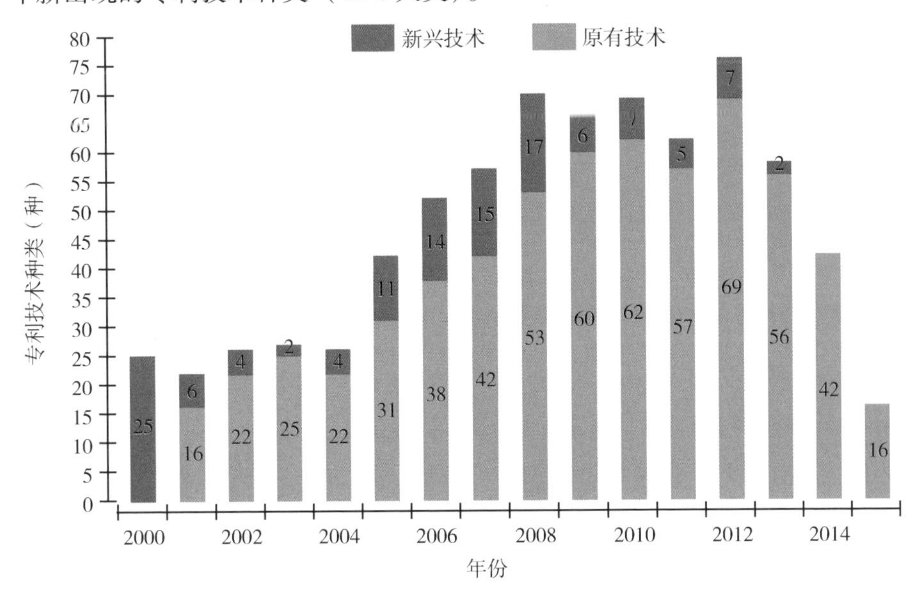

图6-14　生物柴油技术领域专利技术种类年度分布

从图中可以看出，生物柴油技术种类在2005年出现快速增长，2009年开始增长速度稍有放缓，2012年之后又开始快速增长。这不仅体现在当年度专利技术种类数量的增长上，同时新增的技术也逐年持续稳步增长。这种趋势表明，国际上对生物柴油产业十分看好，企业和研究单位不断加大对新技术研究的投入力度，以期在未来的发展中获得更大市场份额。

（3）专利权人、发明人变化趋势分析

图6-15和图6-16为生物柴油技术专利权人、发明人数量年度分布情

况，蓝色部分为当年度中，此前已经存在的专利权人或发明人；红色表示当年新出现的专利权人或发明人。

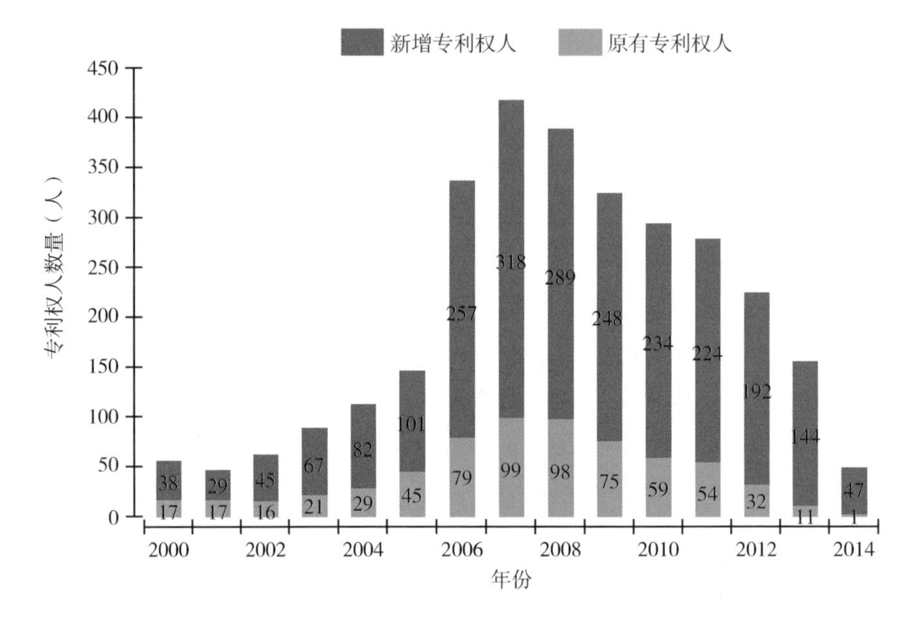

图 6-15　生物柴油技术专利权人数量年度分布

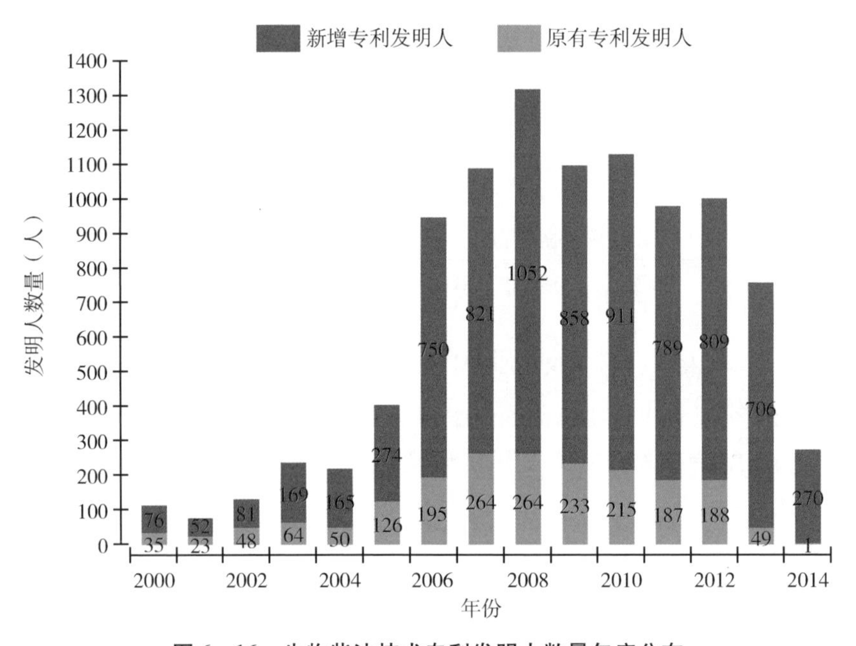

图 6-16　生物柴油技术专利发明人数量年度分布

图6－15和图6－16的变化趋势基本一致：专利权人和发明人的总量在增长，2000—2004年增长较为缓慢，基本维持在一个稳定的水平，2005年开始出现快速持续增长，表明国际上生物柴油技术研发队伍不断扩大，而且持续加速增长。这说明，越来越多的企业和研发机构加入生物柴油技术的研发行列，研发的人力投入也不断增加，生物柴油产业被世界各国看好。

6.4 生物质能技术趋势及产业前景

生物质能技术就是把生物质转化为能源并加以利用的技术，按照生物质的特点及转化方式可分为固体生物燃料生产技术、液体生物燃料生产技术、气体生物燃料生产技术。综合世界主要国家发展生物质能的政策和战略可以看出，未来世界生物质能技术的发展趋势如下。

6.4.1 世界生物质能技术发展趋势

（1）固体生物燃料技术的发展趋势

固体生物燃料技术包括生物质固化成型技术、生物质直接燃烧技术和生物质与煤混烧技术，是应用广泛且非常成熟的技术。生物质的直接燃烧和固化成型技术的研究开发，主要着重于专用燃烧设备的设计和生物质成型物的应用。目前，国外生物质固化成型技术及设备的研发主要有三类：一是以日本为代表开发的螺旋挤压生产棒状成型物技术；二是欧洲各国开发的活塞式挤压条状成型技术；三是以美国为代表开发的内压滚筒颗粒状成型技术和设备。我国从20世纪80年代才开始重视生物质固化成型技术的研究和开发，近几年，在螺旋挤压成型技术和液压压辊式成型技术方面取得了较大的进展。2010年，我国生物质成型燃料年产5000 t，2020年达50 000 t，可替代25 000 t标准煤。需要解决的关键问题是：降低压缩成型机的单位产品耗能、生产效率和生产成本等。因此，生物质常温成型技术是当今固体生物燃料的发展趋势。

（2）液体生物燃料技术的发展趋势

目前以粮食为原料生产液体生物燃料的技术已经成熟，但是会对粮食安全造成很大影响。世界各国纷纷将研发重点转向以纤维素为原料的第2代生物燃料技术。虽然第2代生物燃料市场面临诸多问题，市场规模也不大，但随着第 2 代生物燃料技术的逐步成熟，其市场前景非常诱人。

第 2 代生物燃料技术指的是以麦秆、稻草和木屑等农林废弃物、纸浆废液为主要原料，使用纤维素酶或其他发酵手段将其转化为生物乙醇或生物柴油。第 2 代生物燃料技术与第 1 代技术最重要的区别在于其不再以粮食作物为原料，最大限度地降低了对粮食安全的威胁。第 2 代生物燃料技术不仅有助于减少对传统化石能源的依赖，也能减少温室气体的排放，对实现全球可持续发展具有重要作用。

世界许多国家都正在制定或执行相关计划，大力发展第 2 代生物燃料技术。但使用纤维素生产燃料乙醇还存在一些问题：①如何更有效地去除木质素，同时降低该过程的能耗，开发清洁环保的技术；②以基因工程手段培育高产纤维素酶、木质素酶的菌种，降低纤维素酶的生产成本，提高酶的水解效率；③对使用的酶和菌株进行基因工程的改造，提高五碳糖的发酵效率及其与六碳糖的共发酵效率，提高乙醇的产率；④整合从纤维素到乙醇的各步操作，开发各种联合工艺，进一步简化生产流程，降低生产成本。现在各主要公司的研究团队和相关科研机构都加大了对预处理过程及新型水解酶和酵母的研发力度，使该技术的发展充满机会。全球性的产业革命正在朝着以碳水化合物为基础的经济方向发展。

第 3 代生物燃料以藻类为原料。在众多非粮食生物质中，藻类具有分布广泛、油脂含量高、环境适应能力强、生长周期短、产量高等特点，用藻类制备生物燃料的研究开发方兴未艾。虽然到目前为止，藻类生物燃料产业还处于起步阶段，但各国政府的政策法规将大大推动藻类生物燃料的工业化，众多公司的研究与实践也将有力促进其商业化。藻类生物燃料很可能成为未来重要的可再生能源之一。

（3）气体生物燃料技术的发展趋势

气体生物燃料技术包括沼气、生物质气化、生物质制氢等技术，工业化生产沼气及沼气净化后作为运输燃料是发展气体生物燃料的现实可行技术。

沼气技术是目前生物能源成熟的技术之一。沼气产业当前面临的主要问题有：充分利用秸秆制取沼气尚无成熟技术；沼气发酵原料转化率低、进料浓度低、进料量大、运行稳定性差、经济效益低；大中型沼气工程设计施工缺乏统一标准、规范等。目前，沼气工业化生产工艺主要是发展厌氧干发酵工艺技术，此技术的特点是：发酵剩余物为固体有机肥料，处理过程中没有污水产生，运行时自身能耗低。欧洲厌氧干发酵工艺主要有车库型、气袋型和干湿联合型等。

生物质可通过汽化和微生物催化脱氢的方法制氢。从目前国外研究结果来看，生物质制氢技术不是十分成熟，整体研究水平仍处于基础和奠基阶段。大多数研究都集中在细胞和酶固定化技术上，尚有许多问题未得到解决：①固定化细胞活性衰减快，需要定期更换，因而要求有与之相适应的菌种生产及菌体固定化材料的加工工艺，这使得制氢成本大幅度增加；②细胞固定化形成的细胞代谢产物在颗粒内部积累，传质阻力较大，从而使生物产氢能力降低；③细菌的包埋技术是一种很复杂的工艺，尚无优良的包埋剂；④包埋剂或其他细胞固定剂、固定物质的使用，限制了产氢率和总产量的提高。降低成本生产出廉价的氢源是制氢工业化的关键所在。目前初具规模化的方法是从煤、石油和天然气等化石燃料中制取氢气，但从长远来看，这不太符合可持续发展的需要。在非化石燃料制取氢气方面，电解水制氢已具备规模化生产能力，降低制氢电耗的问题是推广该技术的关键；光解水制氢其能量可取自太阳能，这种制氢方法适用于海水及淡水，原料资源极为丰富，是一种非常有前途的制氢方法；生物质制氢技术由于具有常温、常压、能耗低、环保等优势，成为目前国内外研究的热点。

6.4.2 世界生物燃料产业发展前景

2014 年 7 月 11 日，OECD 和 FAO 联合发布了《OECD - FAO 农业展望报告 2014—2023 年》（OECD - FAO Agriculture Outlook 2014 - 2023），报告对未来 10 年全球及各国生物燃料市场的格局及中期定量计划进行了分析。主要内容包括对全球及各国乙醇和生物柴油的价格、产量、应用和贸易等的发展预期数据，以及可能影响生物燃料中期前景的主要因素进行了讨论，包括生物燃料政策及特殊市场的发展、消费和贸易等。

（1）生物燃料市场形势

由于 2013 年全球一系列政策或决议的出台，对生物燃料的市场环境产生了强烈的影响。欧盟采取了限制从阿根廷、印度尼西亚和美国进口生物燃料的措施，同时调低了 RED 所规定的 2020 年第 1 代生物燃料在燃料总量中的比重。在巴西，乙醇混入比例增加到 25%，同时，为降低国内石油的价格也会对高乙醇混入产生影响。在阿根廷和印度尼西亚，都增加了生物柴油强制掺入比例，其部分目的也是为了应对欧洲抵制生物燃料进口的举措。尤为值得关注的是，美国环保署（EPA）也首次调低了总体生物燃料、高级生物燃料和纤维素生物燃料的强制掺入比例。

2013 年，伴随着乙醇和生物柴油产量的增加，全球乙醇和生物柴油的价格也从历史最高水平的 2011 年开始，呈现出持续下降的趋势。

（2）生物燃料价格预测

未来几年内，乙醇价格将与通胀率和原油价格同步增长，生物柴油的价格也将持续增长，只是增长速率较低，主要受菜籽油价格增长的驱动，很小程度受到原油价格的影响。具体预测数据如图 6－17 所示。

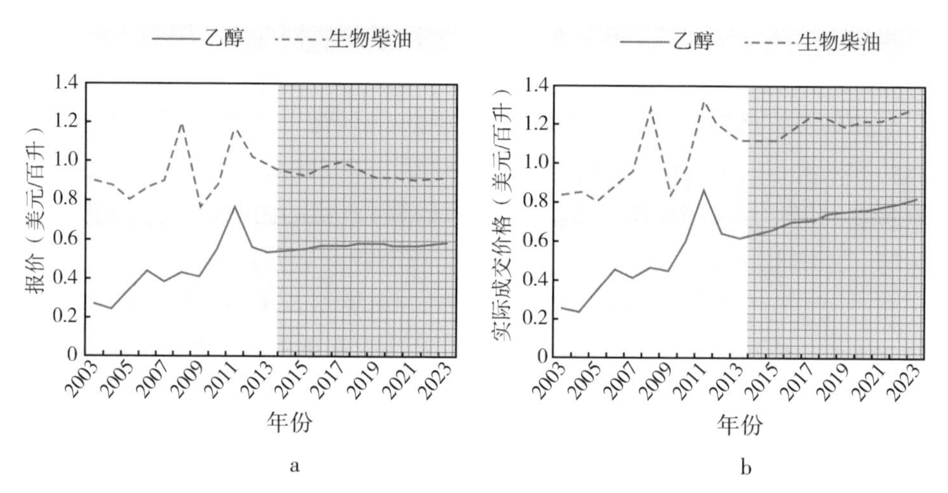

图 6－17　生物燃料价格预测

生物燃料主要出口国国内需求的增加，将导致 2016 年和 2017 年生物燃料价格的增长。

2023 年，全球乙醇和生物柴油的产量预计将分别增长到 1580 亿 L 和 400 亿 L，生产乙醇和生物柴油仍将以粮食为主要原料，预计 12%、28% 和 14% 的粗粮、甘蔗和菜籽油被用于生产生物燃料。

美国乙醇应用将受到乙醇掺入比例的限制，未来几年增长缓慢，进而为生物柴油的应用留下较大空间，以满足生物燃料强制指令及高级生物燃料应用的要求。美国的生物燃料政策将驱动甘蔗乙醇的进口，以弥补到 2023 年大概 100 亿 L 的缺口，预计美国 2023 年的纤维素生物燃料强制目标仅能实现 12%。

对欧盟而言，到 2020 年来自生物燃料的 RED 实现比例将达到 8.5%。2020 年以前，生物柴油的应用将持续增长，并在 2020 年达到 190 亿 L，之后将保持稳定。第 2 代生物燃料的增长依旧缓慢，必须依赖进口才能完成其 RED 目标。

国际乙醇价格在未来 10 年预计将增长 9%，两大因素将对乙醇价格产生重大影响：第一，含水乙醇主产国巴西对乙醇需求量增加，这将导致巴西石油公司强劲的石油价格将下降；第二，巴西 25% 的乙醇掺入比例及美国高级生物燃料的缺口将抬升乙醇价格。

与国际菜籽油价格一致，国际生物柴油价格预计在未来几年将增长 6%。其价格主要受政策影响，受原油价格的影响较小。

（3）生物燃料市场趋势与前景

在过去的几年时间里，部分发达国家和发展中国家都制定了雄心勃勃的生物燃料目标或强制法案及一些支持生物燃料部门发展的举措。这些国家的生物燃料政策动机主要是基于下面几种不同却又互补的因素，包括实现更高水平的能源安全、减少温室气体排放、增加国内高附加值产品的出口及促进农村发展。

在美国，生物燃料生产和应用主要受 2007 年制定的《可再生燃料标准》（Renewable Fuel Standard，RFS2）的影响，需要特别指出的是，2013 年 EPA 制定了在 2014 年全面降低生物燃料总量、高级生物燃料和纤维素生物燃料比重的新提案，目前还存在不确定性。基于木质纤维素生物质的生物燃料不太可能出现强有力的增长，这一点 RFS2 也早有预见，原因是工业界在未来几年仍尚未做好大规模商业化生产技术的准备，预计到 2023 年纤维素乙醇的强制目标仅能实现 12%，这意味着美国 2007 年《能源独立与安全法》（EISA）所制定的 RFS 目标将完全搁置，美国高级生物燃料和生物燃料的实际应用将比 RFS 所规定的强制目标低 67% 和 40%，也就是说，高级生物燃料的缺口在 2023 年将达到 116 亿 L。

在欧盟，RED2009 指出到 2020 年交通运输燃料的 10% 要来自可再生燃料。然而，在当时欧盟的生物燃料政策存在很大的不确定性，欧洲议会在 2013 年 9 月提议修订 RED，而能源部长们却没能在 2013 年 12 月达成对 RED 进行改革的一致意见。2014 年 1 月，欧盟委员会提出了一个适用于 2020—2030 年的可预见的能源和气候目标框架。该框架强调第 1 代生物燃料对交通运输部门的碳减排作用有限，各种可替代的可再生燃料将有助于解决2030年的交通运输部门应对碳减排的挑战，但该框架并未提出2020年以后的具体目标。因此，在未来几年欧盟的任何政策都将对全球生物柴油和乙醇市场产生影响，预计到2020年欧盟生物燃料占交通运输燃料的比例将达到8.5%。

在巴西，对汽油掺入乙醇的比例要求是25%，灵活燃料交通工具可使用E25汽油或E100含水乙醇。阿根廷在2014年2月将本国生物燃料掺入比例要求提升到10%。

除巴西外，其他发展中国家生物燃料的发展目标仅能实现40%，这种假设降低了对全球生物柴油价格的压力，理由是与乙醇相比，发展中国家占据了生物柴油产能的很大比重。印度尼西亚计划到2025年生物柴油的掺入比例将达到25%，预计2023年该目标仅能实现20%。

（4）全球乙醇市场发展趋势

得益于粗粮和糖较低的价格，全球乙醇产量经历了2012年的明显下滑后，在2013年实现了增长，并超过了2011年的水平，预计全球乙醇产量在未来10年将持续增长，全球乙醇供给量在2023年将达到1580亿L，如图6-18所示。

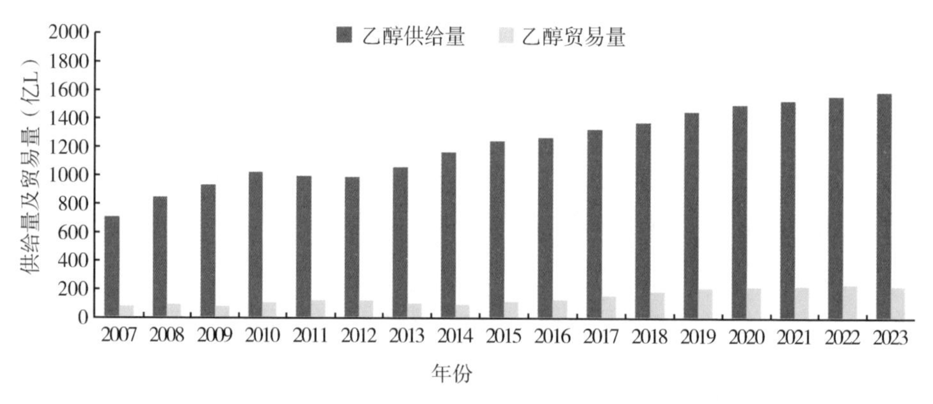

图6-18　全球乙醇市场发展趋势

全球3个主要的乙醇生产及应用国家（地区）依旧是美国、巴西和欧盟，如图6-19所示，发展中国家的乙醇产量将从2013年的450亿L增长到2023年的710亿L，其中，巴西占据增长部分的绝大份额。

在美国，生物燃料的总产量将由EPA制定的未来几年包含高级生物燃料、生物柴油和纤维素生物燃料在内的生物燃料强制方案决定。美国乙醇

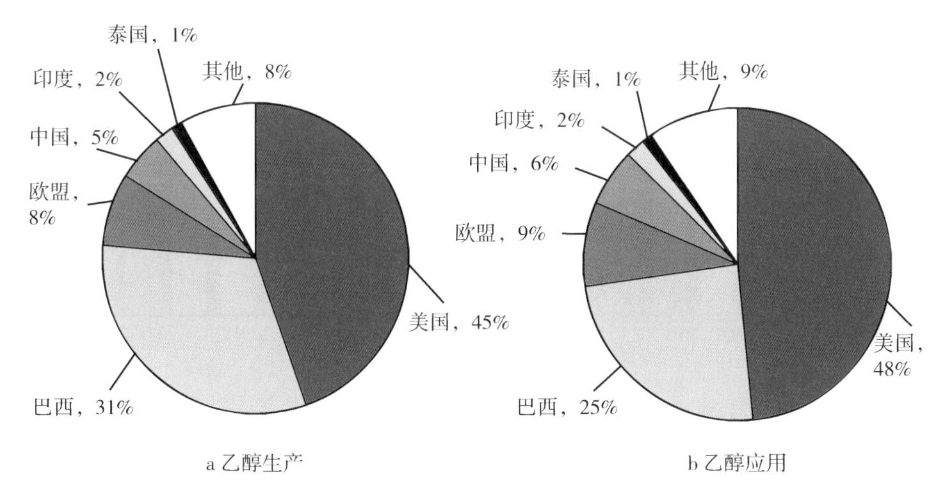

图 6－19　2023 年全球乙醇生产和应用区域分布

产量预计将从 2013 年的 500 亿 L 增加到 2023 年的 710 亿 L。从 2016 年开始，美国乙醇产量的增长将主要以纤维素乙醇为主，2023 年将达到 73 亿 L。

在欧盟，燃料乙醇的生产原料以小麦、粗粮和甜菜为主，预计 2023 年的产量将达到 121 亿 L。从 2017 年开始，随着糖配额的废除，甜菜用于生产乙醇与用于生产人类消费品相比利润下降，进而导致甜菜乙醇的产量将下降到 13 亿 L，纤维素乙醇将迎来发展机遇。2023 年，欧盟交通运输燃料中乙醇燃料的使用比例将达到 6.6%。

巴西乙醇应用的增长与其 25% 的乙醇掺入强制法案、灵活燃料交通工具的发展及从美国进口高级生物燃料的需求密切相关。巴西乙醇产量预计将从 2013 年的 250 亿 L 倍增至 2023 年的 500 亿 L，其中，净出口量将由 20 亿 L增加至 110 亿 L，应用量将从 224 亿 L 增加至 390 亿 L。

（5）全球生物柴油市场发展趋势

2013 年，全球生物柴油生产停滞不前。在首要生产区欧盟，受到对可能降低支持第 1 代生物柴油供给的争论的影响，欧盟生物柴油供给没有增长。同时，欧盟出台的反倾销税政策也抑制了阿根廷的生物柴油出口，进而导致阿根廷生物柴油产量下降。尽管如此，全球生物柴油的产量预计仍将在 2013 年的基础上增长 54%，在 2023 年达到 400 亿 L，如图 6－20 所示。欧盟预计仍将是生物柴油的首要生产地区和消费地区，其他主要国家（地区）还包括阿根廷、美国、巴西、泰国和印度尼西亚，如图 6－21 所示。

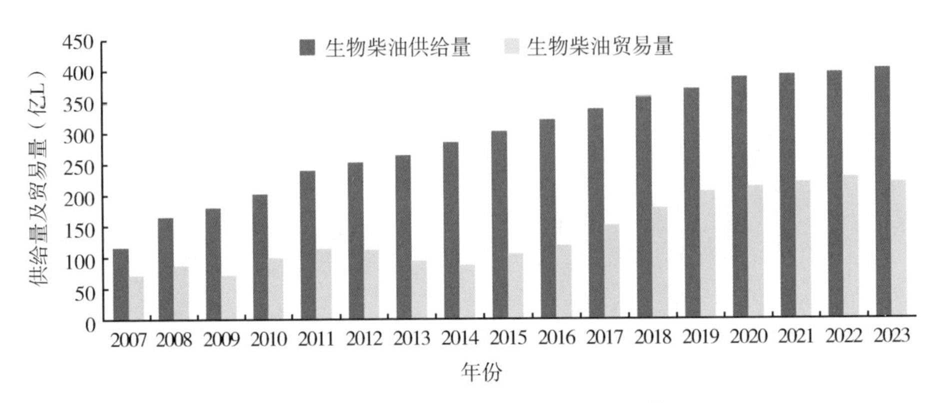

图 6－20　全球生物柴油市场发展趋势

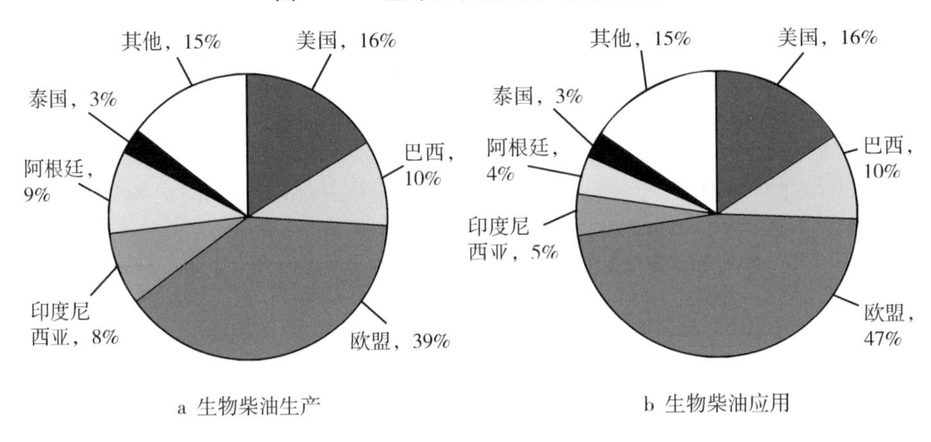

图 6－21　2023 年全球生物柴油生产和应用区域分布

除阿根廷外，其他发展中国家如巴西、印度尼西亚、泰国和马来西亚的生物柴油产量都实现了增长。发展中国家的生物柴油产量将在 2023 年达到 160 亿 L。影响发展中国家生物柴油生产的因素之一是替代原料的可用性，如麻风树并不适合生物燃料的大规模商业化生产。

在欧盟，经历了 2013 年生物柴油消费的大幅下滑后（从 2012 年的 134 亿 L 下滑至 2013 年的 120 亿 L），考虑到受欧盟成员国强制法案及税收减免政策的影响，欧盟生物柴油应用量预计在 2020 年将达到 190 亿 L 的稳定水平，届时生物柴油消费量将占欧盟柴油应用总量的 7.4%。2020 年之前，欧盟成员国国内生物柴油的生产与应用将同步增长，未来 10 年内第 2 代生物柴油并不会取得明显成果，为满足 RED 目标，至少有 32 亿 L 生物柴油需要进口。

在美国，由于乙醇掺入存在壁垒，生物柴油的应用在未来 10 年将迎来强有力的增长。2023 年生物柴油的消费量将达到 65 亿 L，以帮助实现 EPA 的高级生物燃料和生物燃料总体强制目标。如果 EPA 决定调低生物燃料强制方案的目标，那么生物柴油的消费将与强制目标非常接近。在柴油消费量下降的情况下，生物柴油在柴油中的掺入比例将从 2013 年的 1.4% 增长到 2023 年的 2.7%。

阿根廷和印度尼西亚生物柴油的发展将直接决定发展中国家生物柴油的产量。阿根廷生物柴油的产量在 2014 年仍将受到欧盟反倾销税的影响，到 2023 年，阿根廷的生物柴油产量预计需达到 36 亿 L 才能满足出口和国内需求，届时考虑到对生物柴油 10% 掺入比例的强制要求及柴油消耗的持续需求，阿根廷国内的生物柴油需求量将达到 17 亿 L。印度尼西亚生物柴油的出口与国内消费之间的竞争也将加剧，其目标是能同时满足这两个市场，假定印度尼西亚能实现 20% 的生物柴油目标，产量也需从 2013 年的 18 亿 L 增长至 2023 年的 33 亿 L。

6.5 结　论

生物质能产业是近几十年发展起来的一个新兴产业。目前生物质能源主要包括生物质气体燃料（沼气及生物质汽化发电）、液体燃料（生物乙醇和生物柴油）和固体燃料（生物质成型燃料）。现行的生物质能和生物化工产品开发技术存在生产成本高、工艺流程复杂、排放污染环境等问题。为解决这些问题，世界主要国家在发展生物质能方面都制定了相对完善的优惠政策，还投入了大量的研究经费，推动生物质能的大力发展。

生物质能源技术发展离不开政策的支持，特别是 21 世纪以来，许多国家相继出台了一系列促进生物质能源产业发展的相关政策法规。主要包括：①税收政策，减免关税、形成固定资产税、增值税和所得税（企业所得税和个人收入税）；②价格政策，如政府高价购买政策、实行绿色电价；③补贴政策，对投资者和消费者（即用户）进行补贴，以及根据可再生能源设备的产品产量进行补贴；④财政政策，提供低息（贴息）贷款，减轻企业负担，降低生产成本。为加快生物质能源产业的发展速度，许多国家制定了具体的生物质能源产业发展目标，用量化指标来驱动现代生物质能源产业的发展。目前，越来越多的国家公共研发资金被投入到第 2 代生物燃料的技术研发中，特别是纤维素乙醇和生物柴油的研发，旨在替代以石油为基础的化石燃料。这些政策和计划促进了世界生物质能源产业的快速发展。

从对世界生物柴油技术相关的专利分析来看，企业是申请生物柴油技术专利的主导力量，意味着生物柴油技术转化为市场产品的可能性非常大。从生物柴油技术专利申请总体态势分析可知，生物柴油技术正处于高速发展阶段，生物柴油技术专利的分布比较分散，主要涉及生物质燃料的分离等化学或物理方法，还包括生物质的燃烧设备、固体废物的处理、农业生物技术、含碳化合物的制备及燃烧发电技术等方面。从各国技术实力态势分析可知，美国、日本、中国和德国在生物柴油技术领域具有较强的研发实力，但各国企业的研发侧重点不同。

总之，生物质能源技术在各国一系列政策的推动下，得到了快速发展。对世界生物柴油技术专利的统计分析表明，国际上生物柴油技术研发队伍不断扩大，越来越多的企业和研发机构加入生物柴油技术的研发行列，研发的人力投入也不断增加，促进了新技术的持续增长，说明生物柴油产业被世界各国看好。

参考文献

[1] 生物能源发展全球冷热不均 [N]. 中国经济导报，2010-04-15 (A04).

[2] 陈徐梅，马晓微，范英. 世界主要国家生物质能战略及对我国的启示 [J]. 中国能源，2009，31 (4)：37-39.

[3] 崔海兴，郑风田，张彩虹. 中国生物质利用政策演变与展望 [J]. 林业经济，2008 (10)：22-26.

[4] 美国能源部网. Biomass program [EB/OL]. [2009-09-15]. http://www.eere.energy.gov/biomass.

[5] World Bank. East Asia & Pacific update-testing times ahead [EB/OL]. [2009-09-15]. http://Hsiteresources.worldbank.org/INTEAPHALFYEARLYUPDATE/Res Ources/550192.1207007015255/EAPUpdate_Ajpr08-fullreport.pdf.

[6] 欧盟委员会. 欧盟生物燃料战略 [R]. 2006.

[7] Market Research Report. Algae-based biofuels：demand drivers，policy issues，emerging technologies，key industry players，and global market forecasts [R]. Navigant Research，2010.

[8] OECD，FAO. OECD-FAO agricultural outlook 2008-2017 [R]. Paris，2008.

［9］ Naylor R，Liska A J，Burke M B，et al. The ripple effect：Biofuels，food security，and the environment ［J］. Environment，2007，49（9）：31－43.

［10］ IFPRI. Biofuels and grain prices：impacts and policy responses ［R］. Mark W Rosegrant. Testimony for the US Senate Committee on Homeland Security and Governmental Affairs，Washington，DC，2008.

［11］ Navigant Research. Algae-based biofuels：demand drivers，policy issues，emerging technologies，key industry players，and global market forecasts ［R］. 2010.

［12］ Marcos S Jank. Global dynamics of biofuels in the coming decade：a Brazilian view ［R］. Paris，France，2007.

［13］ IEA. World energy outlook 2007 ［R］. 2007.

［14］ FAO. The state of food and agriculture 2008 ［R］. Food and Agriculture Organization of the United Nations Rome，2008.

［15］ USDA. Agricultural projections to 2018 ［R］. Interagency Agricultural Projections Committee，2009.

［16］ AFRI 2009 annual synopsis ［ED/OL］. ［2009－09－15］. http://www. csrees. usda. gov/newsroom/news/2009news/07221_plant_feedstock. html.

［17］ 中国科学院生命科学与生物技术局. 2008 工业生物技术发展报告 ［M］. 北京：科学出版社，2008.

［18］ 石元春. 中国可再生能源发展战略研究丛书：生物质能卷 ［M］. 北京：中国电力出版社，2008.

［19］ OECD，FAO. OECD－FAO agricultural outlook 2014－2023 ［R］. 2014.

［20］ EIA. International energy outlook 2016 ［R］. 2016.

［21］ Rajagopal. Optimizing franchisee sales and business performance in retail food sector ［R］. Campus Ciudad de Mexico，2007.

7 太阳能发展态势分析

7.1 引 言

为了提高太阳能相对于常规能源的成本竞争力，实现太阳能在未来能源体系中由补充能源向重要的替代能源转变，加大太阳能技术研发力度，加速太阳能技术的商业化进程也就备受重视。同时，随着全球变暖问题日益受到重视，太阳能技术还被作为应对气候变化的重要选择之一。在技术推动和市场拉动的双重作用下，近年来太阳能产业发展迅猛。

金融危机对世界太阳能产业的发展虽然产生了诸如投资减少、融资困难、产业化受阻等一些消极影响，但是，世界主要国家仍不遗余力地大力发展太阳能，积极开展太阳能技术研发、示范活动，出台扩大太阳能技术应用的激励措施，推动太阳能产业的成长，并将之作为应对金融危机的措施之一，促进本国经济发展，为创造就业岗位做出贡献。

在此背景下，本部分从太阳能技术领域的研发投入、发展计划、发展政策、专利申请、学术论文产出等方面对世界主要国家进行了对比分析，以起到相互补充而又各有侧重的效果，力图为科技管理、能源管理等有关部门提供决策支持和参考。本部分采用定性和定量相结合的分析方法，并力求分析结果在数据的支持下更加客观。

7.2 太阳能技术发展概述

7.2.1 世界太阳能技术发展历程

人类利用太阳能已有3000多年的历史，而将太阳能作为一种能源和动力加以利用，却只有300多年的历史。20世纪以来，太阳能科技发展历史大体可分为7个阶段[1]，如表7－1所示。

表 7－1　20 世纪以来太阳能科技发展的若干阶段

时期	主要特征	影响因素
第一阶段（1900—1920 年）	研究重点是太阳能动力装置，采用的聚光方式多样化，开始采用平板集热器和低沸点工质，装置逐渐扩大，造价很高。	太阳能爱好者个人研究制造，同时实用目的比较明确
第二阶段（1920—1945 年）	太阳能研究工作处于低潮，参加研究工作的人员和研究项目大为减少	与矿物燃料的大量开发利用和发生第二次世界大战（1935—1945 年）有关
第三阶段（1945—1965 年）	太阳能研究工作的恢复和开展	一些有远见的人士已经注意到石油和天然气资源正在迅速减少，呼吁人们重视这一问题
第四阶段（1965—1973 年）	太阳能研究工作停滞不前	太阳能利用技术尚不成熟，投资大，效果不理想，难以与常规能源竞争，得不到公众、企业和政府的重视和支持
第五阶段（1973—1980 年）	不少国家制定近期和远期阳光计划；开发利用太阳能成为政府行为，支持力度大大加强；研究领域扩大	石油在世界能源结构中担当主角，左右一国经济和社会发展。1973 年的“石油危机”使人们认识到：现有的能源结构必须彻底改变，应加速向未来能源结构过渡
第六阶段（1980—1992 年）	逐渐进入低谷，世界上许多国家相继大幅度削减太阳能研究经费	石油价格大幅度回落，太阳能产品价格居高不下，缺乏竞争力；太阳能技术没有重大突破，提高效率和降低成本的目标没有实现，信心受到动摇；核电发展较快
第七阶段（1992 年至今）	在加大太阳能研究开发力度的同时，注意科技成果转化为生产力，加速商业化进程，发展太阳能产业；国际合作活跃	《里约热内卢环境与发展宣言》《21 世纪议程》和《联合国气候变化框架公约》等重要文件确立了可持续发展的模式；大量燃烧矿物能源造成全球性的环境污染和生态破坏；构建清洁、可靠、负担得起、可持续的能源体系成为共识

1973年的“石油危机”使人们认识到：当化石能源左右一国经济和社会发展，且价格不断上涨时，无疑会加大国家经济发展的成本，因而必须彻底改变现有的能源结构，加速向未来能源结构过渡。出于战略的考虑，不少国家制订了近期和远期阳光计划，开发利用太阳能成为政府行为，支持力度大大加强，这有力地推动了太阳能技术研发。真正将太阳能作为“替代能源”和“未来能源结构的基础”则是近年来的事。随着构建清洁、可靠、负担得起、可持续的未来能源体系渐成共识，太阳能因具有清洁、环保、无限供给等优势而再度受到重视。一些主要发达国家加大了太阳能研究开发力度，以提高太阳能技术的成本竞争力，同时注重科技成果转化，加速商业化进程，发展太阳能产业。

7.2.2 世界太阳能技术发展现状

太阳能转化利用主要有光热、光电、光化学、光生物质等转换方式。目前的太阳能技术还主要采用光热转换和光电转换。太阳能光热转换主要采用太阳集热器来实现，主要分为平板集热器、真空管集热器和聚光集热器3类；太阳能光电转换主要采用太阳能光伏电池来实现；太阳能光化学转换主要通过可逆的化学反应来实现太阳能转换成化学能的过程。由于吸热或放热可逆的化学反应所需要的温度较高，所以也可以用于太阳能热发电，未来利用太阳能制氢作为无污染的稳定能源，也是可取的。

近年来，太阳能技术日新月异，发展势头迅猛，呈现出如下突出特点。

（1）太阳能电池研发工作不断取得进展

提高转换效率和降低成本是太阳能发电技术发展的根本因素。开展高效太阳能电池技术研究，开发新的电池材料、电池结构（如高效多结太阳能电池技术），也一直是该领域的热点。太阳能电池的研发工作不断取得新进展，不同类型光伏电池的能量转化效率不断取得突破，围绕太阳能电池技术的竞争更加激烈，如图7-1所示。

（2）晶体硅光伏电池技术持续进步

晶体硅光伏电池效率不断提高，商业化单晶硅光伏电池效率已提高到16%~20%，商业化多晶硅光伏电池效率已提高到15%~18%[①]。晶体硅光

---

① http://www.chinaglassnet.com/resource/showres.asp?id=2257.

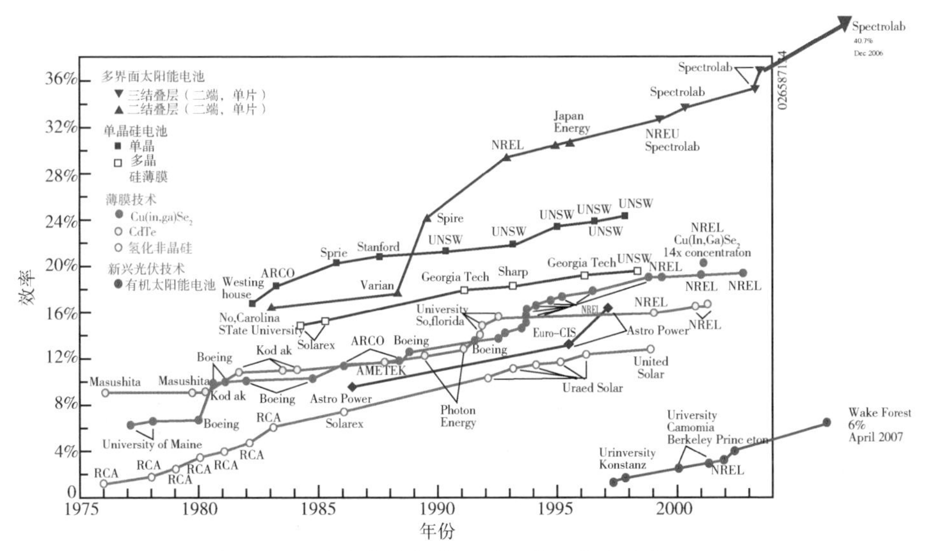

图 7－1　太阳能电池的实验室最高效率变化情况

数据来源：美国国家可再生能源实验室。

伏电池硅片厚度持续降低，已从20世纪90年代的350～400 μm降为目前的180～280 μm，预计到2020年将降至80～100 μm，这成为减少硅材料消耗、降低电池成本的有效技术措施。随着技术的进步、生产规模的不断扩大和自动化程度的持续提高，光伏电池的生产成本大为降低，30年来光伏组件成本降低了2个数量级。

目前，单晶硅太阳能电池和多晶硅太阳能电池共占据约93%的市场份额。其中，多晶硅太阳能电池自1998年开始成为世界光伏市场的主角。

（3）新一代太阳能电池技术研发加快

薄膜太阳能电池主要包括非晶体硅（使用硅材料，但以不同的形态表现）太阳能电池、化合物（砷化镓、硫化镉、铜铟硒、碲化镉、硒镓铟铜）太阳能电池、有机半导体太阳能电池等，这类电池占据了7%的市场份额，且市场份额扩大趋势明显。作为新一代太阳能电池产品，薄膜太阳能电池具有轻薄、易折叠、便于移动的特点。其技术在目前还不成熟，存在产品质量不稳定、容易老化、光电转换效率偏低等缺点，但有大幅度降低成本的潜力，市场前景广阔。因此，日本、美国、德国等国家都在大力研究开发薄膜太阳能电池和未来新一代太阳能电池（图7－2），竞相抢占技术制高点。例如，2007年6月，德国联邦教研部开展了“新型有机太阳能电池研发行动”。

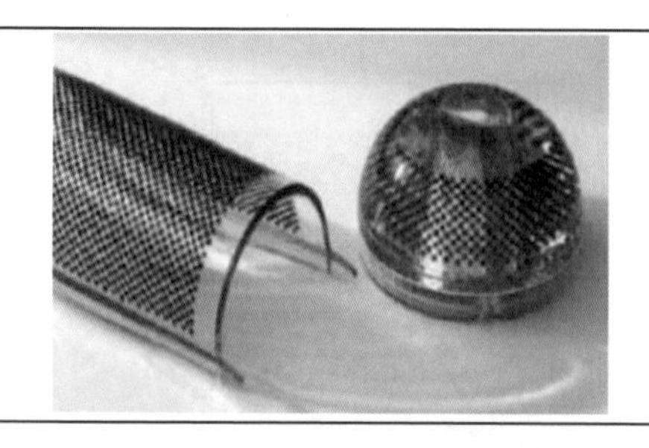

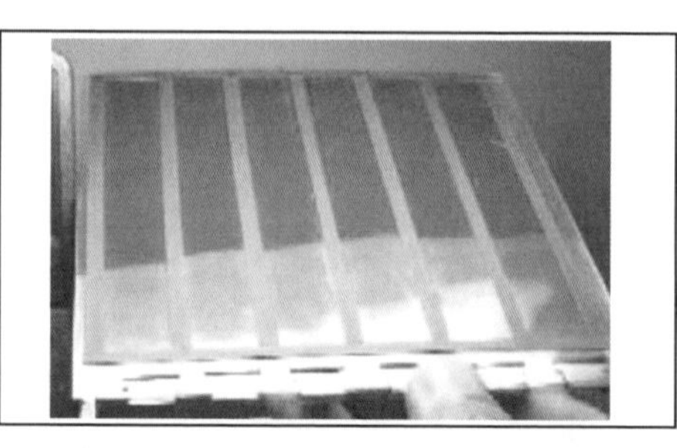

a 球状太阳能电池

b 有机太阳能电池（如染料敏化太阳能电池）

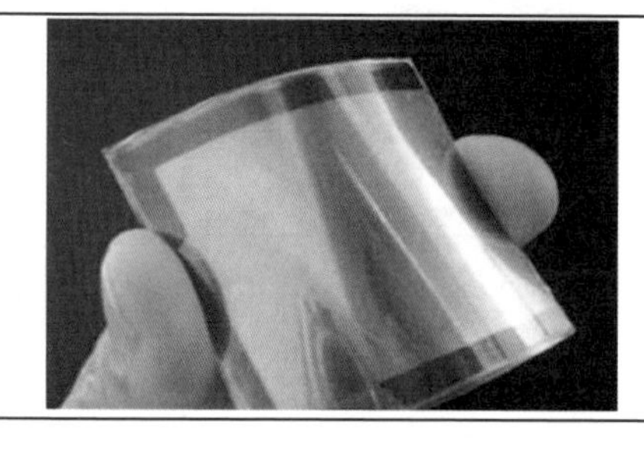

c 纳米晶太阳能电池

d 柔软的 CIGS 太阳能电池

图 7－2　新一代太阳能电池

（4）薄膜太阳能电池生产线和示范项目建设积极推进

许多国家已经积极推进薄膜太阳能电池生产线和示范项目的建设。美国已建立 30 MW 非晶硅太阳能电池生产线和 90 MW 碲化镉太阳能电池生产线，德国已建立 90 MW 硒镓铟铜太阳能电池生产线。美国建立了 1 MW 非晶硅薄膜太阳能电池光伏电站；美国和德国分别建立了 1.8 MW 碲化镉薄膜太阳能电池光伏电站；西班牙建立了 40 MW 薄膜太阳能电池光伏电站[①]。据报道，全世界 65 家薄膜太阳能电池生产厂规划，到 2010 年形成 4000 MW 薄膜太阳能电池的产能。

（5）太阳能热发电重新受到重视

太阳能发电技术有光伏发电和聚光太阳能热发电两种途径如图 7－3 所示。聚光太阳能热发电技术是通过聚集太阳产生的热能，推动发电机发电。与光伏发电相比，太阳能热发电可以通过热量的存储技术，在没有阳光的情况下继续发电。20 世纪 90 年代后，太阳能热发电技术由于政策和成本的

① http://www.chinaglassnet.com/resource/showres.asp?id=2257.

原因发展趋向停滞。近年来，随着新能源技术热度的迅猛提高，这项技术得到美国、西班牙、澳大利亚等国政府的政策和资金支持，并受到企业的青睐。

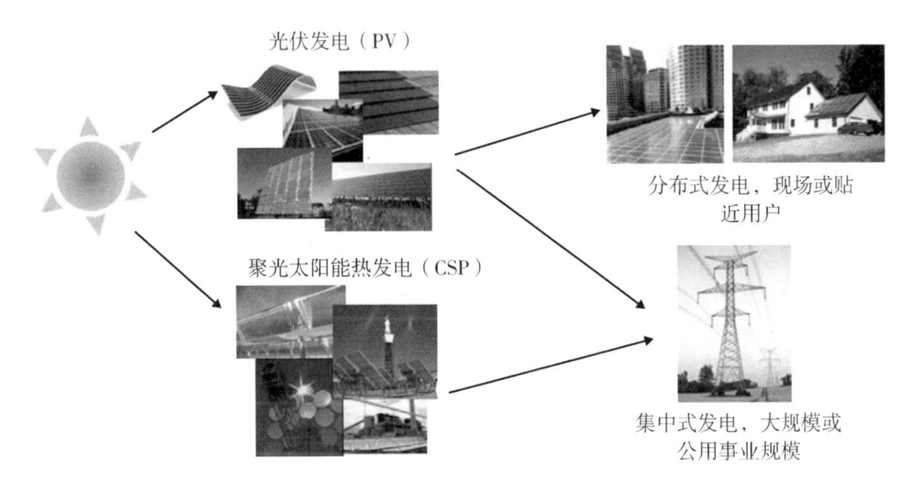

图 7－3　太阳能发电技术

（6）并网光伏发电已成为光伏技术的主流应用市场

在世界光伏产业应用市场，并网光伏发电的应用比例快速增长，已成为光伏技术的主流应用市场。并网光伏发电市场份额逐年增长，2008 年的市场份额高达 80% 以上①，大规模太阳能光伏发电厂大量涌现。

7.3　主要国家太阳能技术研发支持情况

太阳能作为一种可再生的新能源，具有清洁、环保、无限供给等显著优势，正成为应对能源短缺、实现节能减排的重要选择之一。近年来一些国家纷纷出台与太阳能技术研发相关的支持计划，突出重点、加大研发，以使太阳能技术更具有成本竞争力。本节对美国、德国、日本及中国近年来的太阳能技术研发支持情况进行简要介绍。

（1）美国

在 2006 年度的《国情咨文》中，时任美国总统布什宣布了“先进能源计划”，“阳光美国计划”（Solar America Initiative）是其重要组成部分。

① http://www.chinaglassnet.com/resource/showres.asp?id=2257.

“阳光美国计划”涉及一系列太阳能产业的利益相关者及太阳能产业链的相关活动，能源部希望通过与工业界、大学、联邦政府、州政府和非政府组织结成伙伴关系和战略联盟来实现计划目标，并采取了多种研发策略和市场转型策略。该计划的研发策略包括：未来新一代太阳能发电、光伏组件孵化器、技术路径伙伴关系、大学光伏产品和工艺开发；其市场转化策略包括：太阳能规范和标准、美国太阳能城市、美国太阳能展示、面向州/公共事业部门的太阳能技术推广。2006 年，该计划的联邦政府预算拨款为 8300 万美元，2007 年增至 1.48 亿美元。

之后，“阳光美国计划”被“太阳能技术计划”（Solar Energy Technologies Program，SETP）取代。计划目标是力争到 2015 年光伏发电技术和聚光太阳能热发电技术具有成本竞争力。该计划主要包括光伏发电、聚光太阳能热发电、系统整合和市场转化四大类活动，每年预算超过 1.7 亿美元，2010 年的预算请求高达 3.2 亿美元之多。可见，美国对太阳能技术越发重视。

“太阳能技术计划”同样注重支持创新项目的发展，鼓励太阳能技术的产业化，以加速美国太阳能产业的发展：

1）与企业结成伙伴关系，开展成本分担、以企业为主导的光伏系统开发和生产示范项目。例如，在 2007 年技术路径伙伴关系（TPP）项目招标中，政府计划 3 年内投资 1.68 亿美元，合作企业匹配提供 1.89 亿美元。

2）建立光伏组件孵化器，支持企业进行光伏组件原型设计和中试生产，为企业缩短光伏技术从商业化前期到大规模生产的时间，每项资助 300 万美元。

3）支持企业开展探索性研发，进行概念和工艺验证，激发创新活力，以开发未来新一代太阳能发电技术。

4）对大学的产品和工艺开发给予支持，用于大学有针对性地开展材料科学和工艺工程研究。

“太阳能技术计划”的另一个突出特点是增加了聚光太阳能热发电部分。2008 年政府为聚光太阳能热发电的先进高温存储技术提了 4 年共 3500 万美元的经费支持。在 2009 年 1.75 亿美元的预算中，有 3000 万美元用于聚光太阳能热发电。

《美国经济复兴与再投资法》（2009）还为太阳能技术项目分配了 1.176 亿

美元的拨款，如表 7－2 所示[①]。美国智能电网技术的研发工作已经开始推进，这将成倍地增加太阳能等可再生能源电力的开发能力。

另外，为加快建立 21 世纪能源经济所需的科学突破，美国在 2009 年提出未来 5 年内投入 7.77 亿美元，资助建立 46 个能源前沿研究中心（Energy Frontier Research Center，EFRC），其中，有 9 个涉及太阳能前沿研究。

表 7－2　经济刺激计划对太阳能技术的支持情况

主题	金额（万美元）	目的
太阳能光伏发电技术研发	5150	提高国内制造商的竞争力和实力
太阳能技术部署	4050	关注太阳能技术部署的非技术壁垒，包括并网、市场壁垒和太阳能安装人才的缺乏，为太阳能在住宅、商业和市政环境中的广泛采用拓宽道路
聚光太阳能热发电技术研发	2560	增强聚光太阳能热发电技术的可靠性，提高美国能源部国家实验室的能力，从而为太阳能产业提供测试和评估支持

2015 年年底，美国众议院通过了新的法案，决议延长太阳能投资企业的投资税收抵免（ITC）和生产税收抵免（PTC）至 2020 年，一些细节性的优惠政策更是延伸到了 2024 年。ITC 政策是美国太阳能发电产业扶持政策的重要一环，获得 ITC 支持的太阳能项目可享受最高 30% 的税收抵免优惠。该项政策自 2006 年开始实施，2008 年 ITC 政策有效期被确定为 8 年，此次延期，将极大刺激美国太阳能市场。

（2）德国

德国政府非常重视太阳能技术的研发，其中，联邦教研部、经济部和环保部分别对太阳能领域的研发提供资助。仅 2006 年德国在太阳能技术领域的研发投入就超过了 1 亿欧元，其中，德国政府资助的项目达 68 个，资助额达 5500 万欧元。德国的太阳能发展战略是：以最好的技术，保障其未来的竞争力。不仅在传统的技术领域，还通过研发的多样化，开拓新的太阳能技术，来全面引领太阳能技术领域的发展。

2007 年 6 月，德国联邦教研部展开“新型有机太阳能电池研发行动”，

① http://www.energy.gov/news2009/7427.htm.

鼓励德国太阳能研发机构和企业在有机太阳能电池技术上获得新的突破，抢占未来技术制高点。为此，联邦教研部投入专款6000万欧元，战略伙伴企业投入3亿欧元，参与企业包括化工巨头巴斯夫集团（BASF）、博世集团（BOSCH）、默克公司（MERCK KGAA）和玻璃制造商肖特集团（SCHOTT AG）①。

目前，德国正逐渐将其优秀的科学专长转化为太阳能行业的资产。德国的大学共开设了80多个不同的太阳能和能源管理相关学位，其中，柏林工业大学还开设了一个新的硕士学位计划。

2016年3月1日，德国启动“储能系统及太阳能光伏方阵支持计划”。直到2018年年底，太阳能加储能系统投资才会结束，总投资额将达到3000万欧元。该支持计划的目的是加强电网恢复能力，可在一定程度上反映出储能技术成本的下降。德国计划2050年停运全部燃煤发电站，还将关闭核电站，太阳能将是最可靠的电力来源，所以德国还将进一步加强太阳能技术的研发和相关支持。

（3）日本

日本的化石能源资源十分匮乏，因而十分重视可再生能源开发，并把太阳能技术研发置于最为重要的位置。日本太阳能光伏发电市场的成功在很大程度上归于光伏发电技术的长期持续研发和日本政府的适当支持[1]。日本经济产业省将太阳能发电确立为推动日本经济发展的新增长领域②。在2008年公布的能源创新技术计划中，还将创新型太阳能发电技术选定为可大幅削减温室效应气体排放量的21项创新技术之一，欲进行重点研发支持。

日本政府对太阳能技术研发与应用方面的财政支持力度很大。2003年日本经济产业省对太阳能光伏发电技术的投入达259亿日元，其中，研发投入74亿日元，验证性实验投入80亿日元，其他部分用于户用光伏发电系统的推广。

新能源·产业技术综合开发机构（NEDO）是日本经济产业省下属的独立行政法人机构，主要任务是负责新能源和节能领域的研究开发、普及及产业技术领域的研究开发，包括提供研究经费、组织和管理研究开发项目。2009年，日本夏普开发的三结化合物太阳能电池以35.8%的转换效率刷新

---

① http://eetimes.eu/showArticle.jhtml?articleID=200000936.

② http://www.in-en.com/newenergy/html/newenergy-1918191845331157.html.

世界纪录，该重大突破正是受到了该机构的资金支持①。

在太阳能技术领域，该机构的关注主题有：太阳能光伏发电技术研究开发、太阳能光伏发电系统共性基础技术研究开发、太阳能光伏发电系统普及加速型技术开发、太阳能光伏发电系统实用化加速型技术开发、创新型下一代太阳能光伏发电系统技术开发、创新型太阳能电池技术研发、并网光伏发电系统实证研究。

从2008年主要项目的年度预算来看，日本政府重视创新型太阳能电池和5类薄膜太阳能电池的研发，分别投入20亿日元和11亿日元，创新型太阳能电池研发项目将持续7年之久；为光伏发电新技术的现场试验和大规模光伏发电系统并网稳定性检测投入了大量资金，分别达63.5亿日元和35.8亿日元之多，为大量大规模光伏发电系统的运营和接入电网做好准备②。

（4）中国

自2000年开始，中国加大了对太阳能技术研发的投入力度。2006年，《国家中长期科学和技术发展规划纲要（2006—2020年）》颁布，将“高性价比太阳能光伏电池及利用技术，太阳能热发电技术，太阳能建筑一体化技术”列入能源领域的优先主题，有力地推动了太阳能技术研发活动的开展。

在随后发布的国家“十一五”863计划先进能源技术领域重大项目的评审结果中有20项太阳能技术课题，其中，13项涉及太阳能光伏电池及利用技术。此外，科技部还设立了“MW级并网光伏电站系统”重点项目，国拨经费预算1亿元。2007年，“十五”863计划重点课题“铜铟硒太阳能薄膜电池试验平台与中试线”项目获得滚动经费支持。2008年，设立“薄膜太阳能电池成套关键技术”重点项目，拟设计建设3种不同类型、不同形式的薄膜太阳能电池生产线，并对其关键设备、电池制造技术进行研究和研制。

在太阳能热利用方面，“十一五”863计划主要支持了“太阳能热发电技术及系统示范”“槽式聚光复合太阳能热电联供系统研发”“太阳能吸附式空调”“太阳能光伏光热建筑一体化”“中高温集热技术和产品开发”等项目。其中，“太阳能热发电技术及系统示范”项目的国拨经费预算为5000万元。

在太阳能利用的基础研究方面，2000年以来，国家973计划设立了5项

---

① http://finance.ifeng.com/news/20091022/1374032.shtml.

② http://www.robroad.com/light-industry/index.php/solar-cells-plan-universal.

太阳能研究项目，对太阳能电池、太阳能制氢、太阳能化学及生物转化和太阳能热发电领域的重大基础性问题进行前瞻性、战略性研究。

7.4 主要国家太阳能发展政策

7.4.1 主要国家地区太阳能发展相关计划

为了推广和普及太阳能技术，实现产业化和规模化发展，世界上的许多国家制订了相应的发展计划，明确了发展目标，并运用一定的政策手段来推动计划的实施。尤其在太阳能技术发展初期，这些计划通常是采取补贴政策。

制定、实施可再生能源发展计划或规划是支持太阳能发展的最为普遍的计划类型，也有专门针对偏远地区、无电地区或特殊场合实施太阳能计划的情况。此外，也有许多国家和地区制订了专门的太阳能发展计划，来扩大太阳能技术应用，启动太阳能市场，带动太阳能产业和经济发展。其中，又以光伏屋顶计划比较常见。例如，1999 年德国联邦技术经济部政府投资 4.6 亿欧元开展“十万太阳能屋顶计划”，目标是到 2003 年年底安装 10 万套光伏屋顶系统，总容量达 300 ~ 500 MW，并通过大规模应用促使光伏组件成本下降。

2006 年，澳大利亚实施“太阳能城市计划”，支持了 23 个应用项目，以进行城市环境中太阳能、能源效率、敏捷测量技术等方面的应用示范，拉动约 1.5 亿澳元的私营机构（公司）投资。

当太阳能技术被赋予保障能源供应以外的更多作用时，有关太阳能发展计划的内容也会蕴含于其他计划之中。例如，日本政府把低碳经济作为引领今后经济发展的引擎，在 2008 年 7 月内阁会议确定的“构建低碳社会行动计划”中提出的目标为：争取到 2020 年太阳能电池的采用量（按发电量计算）增加到 2005 年度实际采用量的 10 倍，到 2030 年增至 40 倍，并在 3 ~ 5 年后，将太阳能电池系统的价格降至目前的一半左右[①]。

---

① http://www.nedo.go.jp/kankobutsu/pamphlets/kouhou/2007gaiyo_e/87_140.pdf, Energy and Environment Technologies Development Projects.

2008 年，日本经济产业省、文部科学省、国土交通省及环境省还联合发布了“太阳能发电普及行动计划”，该计划制定了日本 2030 年的太阳能发电目标和 3～5 年后太阳能系统电池价格预期。同年，致力于推动太阳能的普及，日本颁布了《绿色电力证书制度》，补贴引进太阳能发电的普通住户。还制定了太阳能剩余电力回收政策，该政策是一个全民参与的能源利用推广政策。日本还计划在 2020 年前实现 2/3 的新建住宅安装太阳能光伏发电系统。

2009 年 3 月，美国能源部推出总额为 32 亿美元的“节能和环保专项拨款计划”，其内容是由联邦政府资助各州、市、县和原住民居住地区等实施节能和环保计划。

2011 年 2 月，美国能源部推出“SunShot”计划，拟在 2020 年前将太阳能光伏系统总成本降低 75%，达到 6 美分/kW·h。该计划旨在通过降低太阳能技术的生产成本，提高大规模应用的竞争力，从而振兴美国的太阳能行业。

2011 年，美国能源部（DOE）推出了一项可能使光伏制造业面临“洗牌”的新计划，以刺激国内光伏公司的发展，即“SunPath”计划，旨在解决美国太阳能市场的一个重要的资金缺口，为需要扩展生产规模的新建太阳能公司提供资金支持，促进具有创新性、低成本的太阳能制造业发展壮大。

2010 年，美国参议院能源委员会通过了美国“千万太阳能屋顶计划”。根据该计划，预计从 2012 年开始，美国将投资 2.5 亿美元用于太阳能屋顶的建设。2013—2021 年，每年扩大投资到 5 亿美元。预计到 2021 年，美国太阳能光伏市场总量将超过 100 WG。“千万太阳能屋顶计划”是美国继“百万太阳能屋顶计划”之后的又一雄心勃勃的太阳能计划，该计划既能保护环境，又能推动经济，并且促使全球范围内太阳能屋顶计划越来越流行。随后，欧盟、日本也先后推出“百万太阳能屋顶计划”和“日本新阳光计划”。

2012 年 8 月，我国制定了《可再生能源“十二五”规划》和《太阳能发电专项规划》为太阳能发电提出了明确目标：到 2015 年年底，太阳能发电机容量达到 2100 万 kW 以上，年发电量达到 250 亿 kW·h。

2016 年，我国制定的《中国可再生能源 2050 发展路线图》指出，2020 年前，太阳能热水系统仍将是我国太阳能主流应用方式，约60%的建筑安装太阳能热水系统。同时，太阳能采暖、制冷系统应用快速发展，1%左右的总建筑面积将应用太阳能采暖、制冷系统。随着技术的成熟与普及速度的加快，“十三五”期间，我国太阳能热利用产业在采暖、制冷应用等市场潜力巨大。不计算国外出口市场，仅我国国内市场空间预计可达数千亿元之巨，太阳能将在煤炭替代和用能结构调整中发挥积极作用，对全社会的节能减排效应将更加显著。

7.4.2 主要国家（地区）太阳能发展相关法律

许多国家在制定太阳能发展计划的同时，还在能源基本法、可再生能源法、新能源法、替代能源法、节约能源法、电力法、建筑法、税法等法律中纳入鼓励太阳能发展的相关内容，为太阳能发展提供了法律保障。有些国家在法律中对发展太阳能的目标和激励政策做出了具体规定，有些国家则只是在能源基本法、可再生能源法等法律中明确了一些原则，具体政策则另行出台。

在美国，鼓励太阳能发展的政策主要体现于《能源政策法案》（2005）之中。2005年7月，法国制定的《能源规划法》提出，将优先考虑生物能源的充分利用和太阳能热利用，并将太阳能光伏发电列入重点发展领域。2006年9月，西班牙开始实施的《国家建筑技术法令》规定了太阳能在户用热水系统的最低保证率及太阳能光伏发电系统的最低安装量。2006年，中国开始实施《中华人民共和国可再生能源法》，并有多项配套政策和实施细则先后出台，但在并网光伏发电、太阳能建筑应用等方面还存在具体政策不到位的问题。

此外，也有针对太阳能技术制定专门法律的情况。例如，美国曾于1974年制定了《太阳能研究、开发和示范法》，不过这项法律已经废止。2006年8月，美国加州参议院通过《百万太阳能屋顶法案》，计划10年内在加州百万个屋顶上安装太阳能发电系统，整个计划总发电规模将达3 00万kW。

2009年，美国联邦级政策《可再生能源鼓励政策投资税收抵扣法》出台，其主要内容是给予太阳能光伏发电及其他太阳能相关发电技术的使用者（包括居民和商业区企业）相应的税收抵扣和加速折旧期。

2009 年，德国制定新的《可再生能源采暖立法》，要求新建筑必须要与可再生能源系统结合。

2009 年，时任美国总统奥巴马签署总额为 7870 亿美元的《美国复苏与再投资法案》，其要点是在 3 年内让美国再生能源产量倍增，足以供应全美 600 万户用电，这是过去计划在 30 年内才能达到的目标。

7.4.3 主要国家（地区）太阳能发展政策措施

为了推动太阳能等可再生能源的示范、推广与应用，实现发展计划目标，各国家（地区）政府采用了各种各样的政策措施。在政策实施过程中，一些国家（地区）十分注意调动居民、企业、电力公司和商业银行等参与主体的积极性。在当前经济危机的背景下，美国、日本、中国等国家更是加强了政策扶持力度。对各种支持太阳能发展的政策措施进行归纳和梳理，大致可以分为以下几类。

（1）上网电价政策

政府明确规定可再生能源电力的上网电价，并强制要求电力公司必须全额收购可再生能源电力。由于有了电价和上网的保证，从而解决了可再生能源电力上网的障碍和由于可再生能源开发成本高于常规能源开发成本给新能源项目带来的资金运行困难。各个国家的上网电价政策各不相同，通常是根据发电成本，对不同的技术制定不同的上网电价。截至 2009 年年初，全世界有 63 个国家（地区）出台了上网电价政策。德国的光伏上网电价政策尤为成功。

德国在实施“1 千光伏屋顶计划”（1994—1998 年）基础上，于 2000 年 1 月颁布实施了与“全网平摊”相配套的上网电价政策，对光伏发电实施 0.99 马克/kW · h 的上网电价。在实施“10 万光伏屋顶计划”（1999—2003 年）基础上，德国政府对光伏上网电价政策进行修订，2004 年 1 月 1 日实施。修正后的上网电价更加科学、合理、容易操作。《上网电价法》还规定，以后每年上网电价下降 5%，既符合实际，又符合《上网电价法》实施的目的。自 2004 年起，德国一跃成为世界光伏市场和光伏产业发展最快的国家，并拉动了其他国家光伏产业的发展。

目前，上网电价政策已经被欧洲的大部分国家、日本、韩国及美国、加拿大的部分州所采用。在过去的几年里，特别是在德国、西班牙等国家，当时的上网电价政策明显地带动了创新，提高了投资者的兴趣，增加了投资。2007 年，太阳能光伏市场也主要集中在上网电价政策实施效果好的国家和地区。

2011 年 3 月，法国实施了新的补贴政策，向 9 kW 以下的光伏建筑一体化项目发放 0.464 欧元/kW·h 的补贴，向 12 MW 以下的“其他类”项目发放 0.12 欧元/kW·h 的补贴。100 kW 以上项目实施招标机制。

（2）净计量政策

净计量电表从字面上理解，也就是电表可以反方向转动。根据“净计量”政策，电力公司向发电者支付为电网供电的费用①。在美国国会 2005 年通过的《能源政策法》要求，州政府应允许拥有住房的居民和小型企业自行发电，并把剩余电力售回给当地的电力公司。目前，美国许多州颁布了净计量政策，如加利福尼亚州和新泽西州，但由于各州具体实施方法不同，因而效果差别较大②。

日本曾施行一种基于自愿的净计量政策。2009 年 11 月起推行家庭、学校等安装的太阳能发电设备剩余电力收购新制度，电力公司以 48 日元/kW·h 的价格购买剩余电力，新价格是原先的 2 倍。还规定电力公司有在 10 年内收购剩余电力的义务，这对正在考虑安装太阳能发电设备的人群来说，无疑起到了助推剂的效果③。

（3）可再生能源配额制政策

可再生能源配额制是一个国家或者其中一个地区的政府用法律的形式对风能、太阳能、生物质能等可再生能源发电的市场份额做出的强制性规定，也就是说，在总电力中必须有规定比例的电力来自可再生能源。配额制政策体系中设计了绿色证书，来代表可再生能源的环境等社会效益所具有的价值，该证书是一种可交易、能兑现为货币的凭证。该政策一般有明确的长期目标，引入市场竞争机制，并对未完成配额的企业实施处罚[2]。目前，采用此项政策的主要有英国、日本和澳大利亚。美国加利福尼亚、新泽西、内华达等多个州也已出台有关可再生能源配额的法案，支持发展太阳能光伏发电。

---

① http://finance.ifeng.com/roll/20090731/1019492.shtml.

② http://www.sh-lydq.com/sh-lydq_Affiche_10998.html.

③ http://861.ahpc.gov.cn:9090/ahjjyj/information.jsp?xmid=1182.

（4）政府补贴政策

补贴政策在中国是最为常见的一种激励手段，在其他发达国家也屡见不鲜。一般而言，补贴有 3 种形式：投资补贴、产出补贴、对消费者补贴。在技术发展初期阶段，由于成本因素太阳能发电价格居高不下，尤其需要依靠政府补贴来达到扩大市场需求的效果。

例如，在太阳能产品引入市场之初，日本把光伏屋顶并网发电纳入“日本新阳光计划”，开始实施政府补贴政策。初始补贴达到光伏系统造价的 50%，随着成本的降低，补贴随之减少，到 2003 年下降到 10% 左右，2005 年下降到 4% 左右，2006 年日本按计划停止了补贴政策[①]。该政策使日本成为当时世界最大的太阳能电池生产国和光伏市场，影响到了 20 多万个家庭及 800 MW 的装机容量。2008 年，福田政府恢复了补贴计划，以重振日本光伏市场和产业发展，并为履行《京都议定书》中的温室气体减排承诺做出贡献。

为启动和发展太阳能发电事业，韩国政府将“10 万户太阳能住宅普及”项目作为重点示范项目，持续给予大力扶持。对安装 3 kW 以下太阳能发电设备的一般住宅和公共住宅，政府补贴总安装费用的 60%，有些地方政府补助比例高达 75%[②]。韩国政府对太阳能发电补贴 677.38 韩元/kW · h，大大高于风力发电补贴额 107.29 韩元/kW · h。

澳大利亚政府 2007 年宣布实施新的太阳能补贴计划，为居民用户在屋顶安装太阳能电池板使用清洁太阳能源提供资金补贴。用户将获得标准电力零售价 2 倍的补贴，用以将太阳能电力输送到公共电网。

2009 年 1 月，日本政府启动了一项预算额达 209.5 亿日元的住宅光伏补贴政策。对符合一定要求的住户，按每千瓦装机容量 7 万日元的额度给予补贴。针对非住宅光伏的补贴政策，自 1994 年实施以来从未间断过，该项政策包含两个方面，分别针对商业企业和公共基础设施单位，2009 年的补助金预算总额为 300 亿日元。

2009 年，中国加快推进太阳能光电建筑应用，并实施金太阳示范工程，对示范项目主要给予补贴，为中国的太阳能光伏应用创造了大好契机。

2009 年 3 月 23 日，财政部印发的《太阳能光电建筑应用财政补助资金

① http://www.chinaxh.com.cn/news/fazhan/guoji/2009/0415/90.html.

② http://ccn.mofcom.gov.cn/spbg/show.php?id=9052&ids=.

管理暂行办法》规定，补助资金使用范围包括：①城市光电建筑一体化应用，农村及偏远地区建筑光电利用等给予定额补助；②优先支持并网式太阳能光电建筑应用项目；③优先支持学校、医院、政府机关等公共建筑应用光电项目。

（5）税收优惠政策

税收优惠政策也是应用最多的一种经济政策，从理论上不需要政府拿出大量资金进行补贴。

美国2005年《能源政策法》提出在10年中提供34亿美元的税收优惠来鼓励可再生能源电力的开发，同意为安装住宅太阳能装置的家庭一次性减税30%[①]。2006年，美国联邦政府针对太阳能热水系统追加了一项税收抵免计划，对专门用于加热游泳池的设备和淋浴用太阳能热水器提供30%的免税政策，这促成了太阳能热水系统的安装量从2006年的8000套增加到2008年的大约25 000套[②]。2008年10月，美国通过的《联邦投资税收优惠法案》将对光伏系统、太阳能热发电系统、太阳能热水系统给予安装成本30%税收抵免的政策延长至2017年，这将有力地促进美国太阳能市场的发展。

从2005年1月1日开始，法国政府对使用可再生能源生产设备实施税收抵免40%的政策，并在2006年将抵免幅度进一步提高到50%；个人安装光伏发电装置的税收抵免上限为8000欧元/户。

2015年12月16日，美国众议院同意了延长太阳能投资税收抵免（ITC）5年的修正案。根据文件内容，原定于2016年12月31日将从30%下调至10%的ITC，向后延长5年至2022年，并依照开始建置的时间给予不同额度的补贴，此修正案自颁布之日起生效。

（6）金融政策

这类政策主要包括鼓励对太阳能设备、系统或项目给予贷款；政府筹集一定资金为企业提供贴息贷款，减轻企业初期投资的资金负担；为太阳能企业提供贷款担保。

例如，美国2005年《能源政策法》对购买和使用太阳能设备给予相关的激励政策：到2007年将允许为购买商业化太阳能设备提供30%的银行贷款，且没有总额限制；私人购买太阳能设备将允许贷款2000美元，同时安

① http://www.jacksonsolar.cn/44.html.

② http://www.fw123.net/scyx/jygl/92864.html.

装太阳能发电系统和热水系统的，可享受的贷款额度为4000美元。美国的一些州和市政府一直在考虑实施住宅太阳能贷款项目[①]。德国对光伏项目实施低利率贷款，利率为2.5%~5.1%[①]。韩国对太阳能发电设备、零部件生产、设施安装及运营提供长期低利融资，以减轻企业初期投资的资金负担。例如，对太阳能发电设备和核心技术实用化项目，提供资金规模可达5亿~40亿韩元，利率为4.25%，偿还期最长达5年至10年，远比一般商业贷款优惠。

（7）节能环保建筑政策

太阳能与建筑一体化是未来太阳能技术发展的方向，一些国家还制定了相应的发展政策，要求新建和翻修的建筑物符合节能环保的要求。例如，西班牙从2006年9月开始实施《国家建筑技术法令》，这是几十年来西班牙建筑业最为重要的改革。建筑节能共有5个方面的基本要求，其中就包括太阳能在户用热水系统的最低保证率及太阳能光伏系统的最低安装量，这就是西班牙的“强制安装政策”。根据该法令要求，所有有热水需求的新建建筑、既有建筑的改造及游泳池必须安装太阳能热水器，且节能热水器必须满足3个方面的要求：最低太阳能保证率的要求；规定的技术要求；规定的维护要求。

（8）政府采购政策

为推进政府、社会团体带头利用新能源，一些国家采取了政府采购政策。例如，美国政府带头鼓励再生能源开发和使用，要求联邦机构使用可再生能源的比例在2011年达到总能耗的7.5%。2003年，美国联邦政府拨款3亿美元，计划在2010年前在联邦机构的屋顶安装2万套太阳能系统[②]。日本政府从2001年4月开始执行《推进采购环保产品法》，要求国家机关、公共设施必须依法带头采购太阳能发电系统和太阳能热水器系统及其他节能环保产品[③]。

除了上述政策手段以外，有的国家还建立了可再生能源公共效益基金，采取了招标制度。事实上，上述政策手段也存在较大的差别，其利弊也各不相同。一些国家在实施这些支持太阳能发展的政策时，具体做法和实施

① http://www.eri.org.cn/manage/upload/uploadimages/eri2006727100030.pdf.

② http://xhjj.nbsme.gov.cn/xhjyjl/5389257441.htm.

③ http://www.cnhvacrnet.com/detail-3647391.html.

力度也是存在较大差异的，因而实施效果也就不尽相同。但是，从一些主要发达国家的经验来看，对太阳能的支持政策并不是单一的，而是将多种政策手段有机结合起来，实施综合性的激励政策，以加快太阳能技术商业化进程，促进太阳能产业的发展壮大，并为节能减排做出贡献。例如，一些国家实行资金补贴和分类上网电价政策或同时实行净计量政策，来促进光伏屋顶并网发电，这些政策无疑对近年来并网光伏市场的迅速增长起到很大的作用①。

7.5 太阳能技术领域专利分析

本节以 ISTIC 专利分析数据库为基础，对 2000—2014 年世界各国申请的有机太阳能电池技术领域相关专利数据进行统计分析，分别从申请年、IPC 分类、专利权人等角度深入分析有机太阳能电池技术专利的整体产出情况、国家竞争情况、机构竞争情况及发展趋势。

7.5.1 专利申请总体态势分析

（1）时间序列分析（图 7－4）

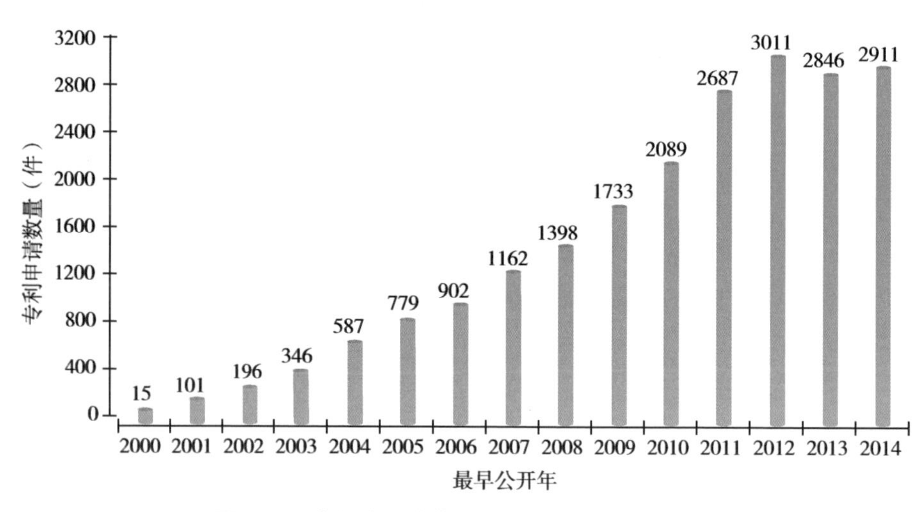

图 7－4 有机太阳能电池技术领域专利申请数量

① http://www.ren21.net/pdf/RE2005_Global_Status_Report.pdf.

各国有机太阳能电池技术领域专利申请情况如图 7－4 所示。统计结果表明，2000—2014 年共申请有机太阳能电池技术专利 21 455 件。2000 年以来，专利申请量呈现稳步上升趋势，2012 年达到峰值 3011 件。这说明，有机太阳能电池技术正处于高速发展阶段。

（2）专利类型分析

剔除无效数据和空值数据，发明专利和实用新型专利总共有 21 455 件，其中，发明专利 21 331 件，占专利申请总数的 99.42%；实用新型专利 124 件，占专利申请总数的 0.06%，如图 7－5 所示。这说明，大约 99% 的专利能体现技术发展实力。

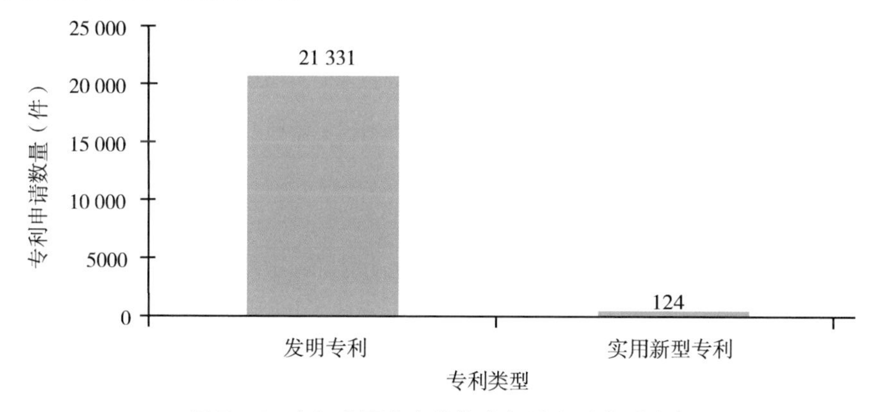

图 7－5　有机太阳能电池技术领域专利类型分布

（3）技术构成分析

由图 7－6 可以看出，有机太阳能电池技术专利的分布比较分散。结合表 7－3 排名前 10 位的有机太阳能电池技术专利 CPC 大类分类注释可知，申请量排名第一的 CPC 小类是 B82Y，共有专利 4257 件，占申请总量的 20.50%，涉及纳米结构的特定用途或应用、纳米结构的测量或分析、纳米结构的制造或处理；专利申请量排名第二的是 C08G 大类，共有专利 3228 件，占申请总量的 15.55%，主要涉及用碳碳不饱和键以外的反应得到的高分子化合物；排名第三的是 C09K 小类，共有专利 3051 件，占申请总量的 14.69%，主要涉及不包含在其他类目中的各种应用材料、不包含在其他类目中的材料的各种应用。其他关于有机太阳能电池技术的申请专利还包括有机化学、电子元器件等方面。

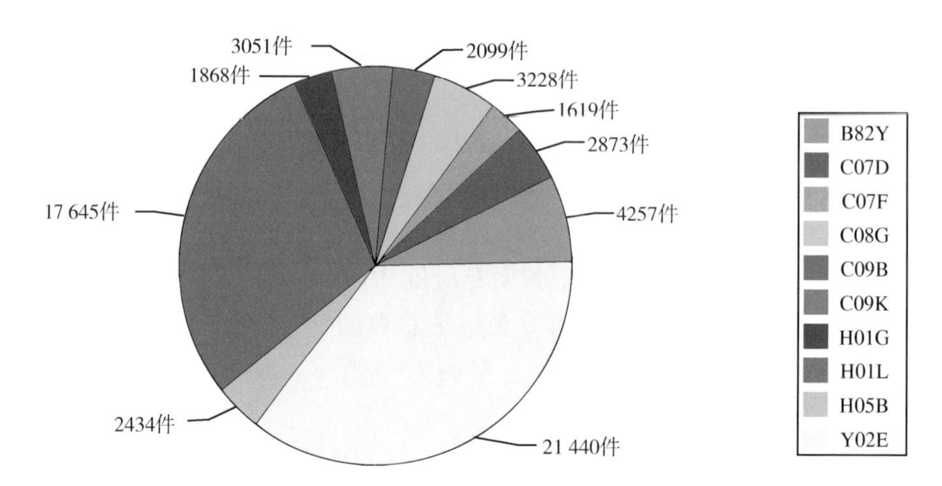

图 7-6　有机太阳能电池技术专利构成

表 7-3　排名前 10 位的有机太阳能电池技术专利 CPC 小类分类

CPC 分类号	专利申请数量（件）	CPC 小类注释
Y02E	21 440	涉及能源生产、传输和配送的温室气体减排
H01L	17 645	半导体器件，其他类目中不包括的电固体器件
B82Y	4257	纳米结构的特定用途或应用，纳米结构的测量或分析，纳米结构的制造或处理
C08G	3228	用碳碳不饱和键以外的反应得到的高分子化合物
C09K	3051	不包含在其他类目中的各种应用材料，不包含在其他类目中的材料的各种应用
C07D	2873	杂环化合物
H05B	2434	电热，其他类目不包含的电照明
C09B	2099	有机染料或用于制造染料的有关化合物，媒染剂，色淀
H01G	1868	电容器，电解型的电容器、整流器、检波器、开关器件、光敏器件或热敏器件
C07F	1619	含除碳、氢、卤素、氧、氮、硫、硒或碲以外的其他元素的无环、碳环或杂环化合物

7.5.2 国家竞争态势分析

（1）技术实力态势分析

从图 7－7 可以看到，2000 年以来最早公开年专利申请排名前 4 位的国家，在有机太阳能电池技术研发投入上基本保持持续增长的态势，表明各国均极为看好有机太阳能电池技术产业。尤其是中国，2000—2008 年中国的专利申请量比美国和日本要低，而从 2009 年开始，专利申请量迅速增加，超过了日本和美国。可见，中国在有机太阳能电池技术领域虽然起步较晚，但是发展速度很快。日本和美国在 2000 年的专利申请量较其他两国中国和德国的专利申请量高，且此后一直呈现波动上升趋势。德国专利申请数量一直保持平稳状态，每年的申请量都维持在 100 件左右，且没有明显的增长趋势。从上述分析情况可以看出，美国、日本、中国具有较强的研发实力。

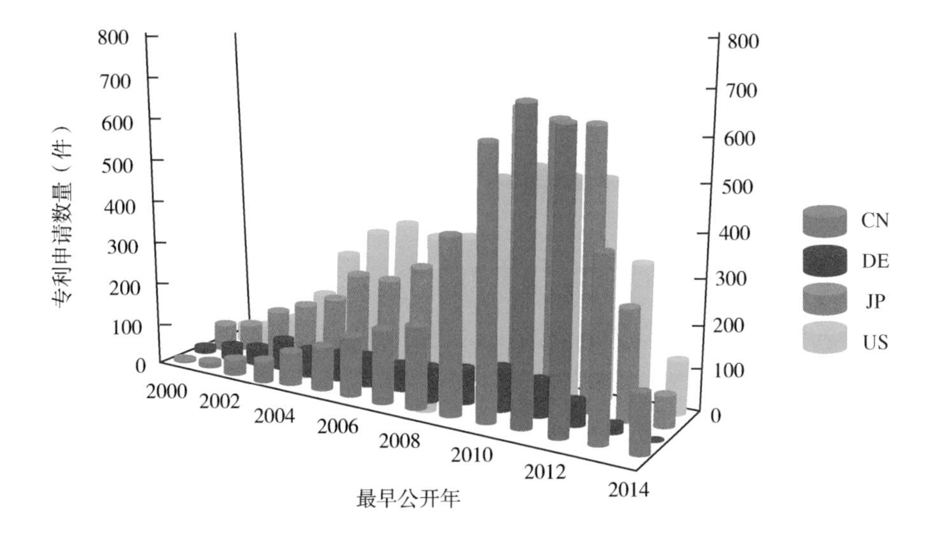

图 7－7　有机太阳能电池技术领域主要国家专利申请的年度分布

（2）市场布局态势分析

企业为了在某一个国家（地区）生产、销售其产品，必须在该国家（地区）申请相关专利以获得知识产权的保护。因此，该国家（地区）专利申请量的多少大致可以反映出其市场的大小。

同族专利分布情况反映了各国家（地区）专利布局的情况，同时也反映出哪些国家（地区）比较重视有机太阳能电池技术市场。从图7－8可以看到，世界各国在日本申请的有机太阳能电池技术专利占专利总量的21.12%，之后是美国（21.11%）、中国（17.38%）、欧洲（12.57%），可见世界各国家（地区）都比较重视日本、美国、中国和欧洲的有机太阳能电池技术市场。

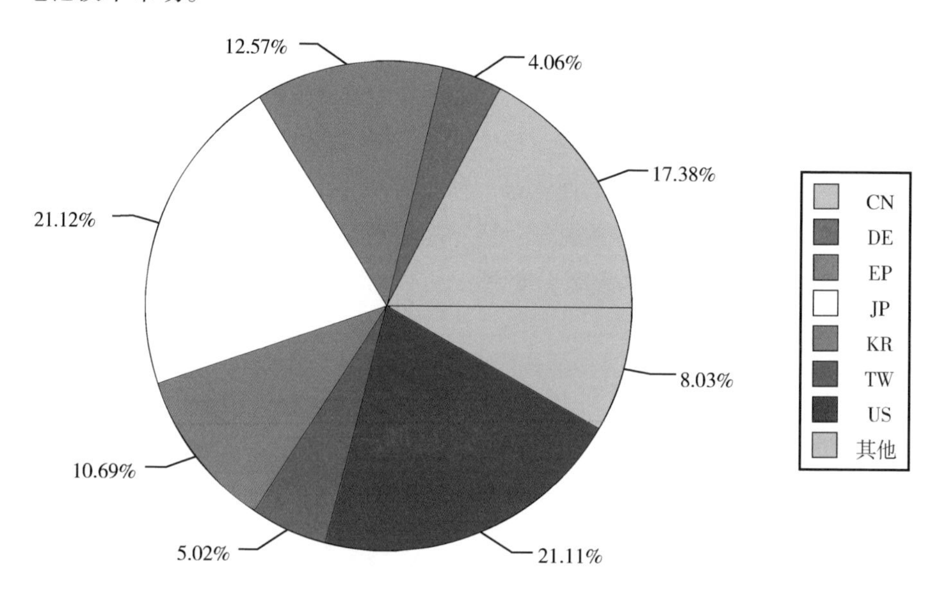

图7－8　有机太阳能电池技术领域主要国家（地区）专利布局总态势（同族专利）

（3）重点技术领域分析

图7－9为主要国家（地区）的技术领域分布。由前文可知，美国、日本、中国、欧洲在有机太阳能电池技术领域中处于相对领先地位，从图中可以看出，各国有机太阳能电池技术研发重点都集中在Y02E（涉及能源生产、传输和配送的温室气体减排技术）和H01L小类（半导体器件，其他类目中不包括的电固体器件），2个技术领域分别占美国、日本、中国、欧洲专利申请量的65.41%、67.48%、70.17%、59.01%。而美国和欧洲对这2个领域的重视程度比较均衡，中国和日本更加重视在Y02E领域的专利布局。

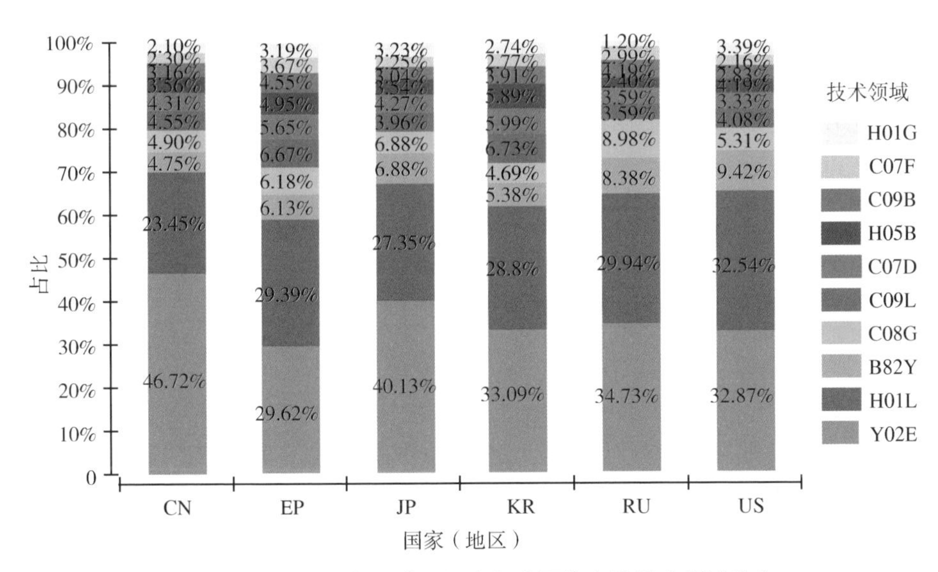

图 7－9　主要国家（地区）有机太阳能电池技术领域分布

7.5.3　机构竞争态势分析

（1）主要竞争对手及其专利申请规模分析

图 7－10 为有机太阳能电池技术领域专利申请数量前 10 名的专利权人统计情况。从图中可以看出，排名前 10 名的专利权人有 8 家企业、2 家大学。其中，默克专利有限公司（MERCK PATENT GMBH）的专利申请量占据首位，为 1801 件，其次是住友化学公司（SUMITOMO CHEMICAL CO），

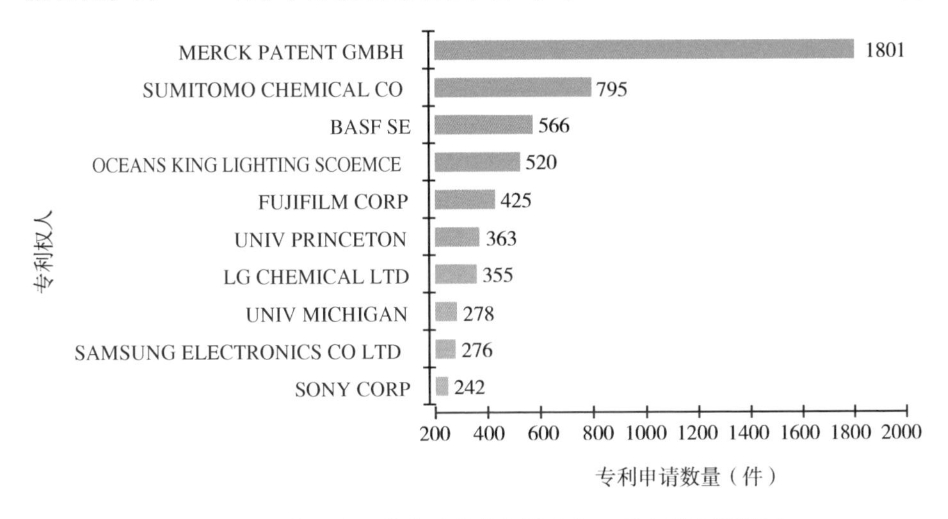

图 7－10　有机太阳能电池技术领域竞争对手专利申请数量

为795件。在8家企业中，有3家日本企业，分别是住友化学公司、富士公司（FUJIFILM CORP）和索尼公司（SONY CORP），可见日本企业研发实力相对比较分散；有2家韩国企业，分别是LG化学公司（LG CHEMICAL LTD）和三星电子有限公司（SAMSUNG ELECTRONICS CO LTD）；美国、德国、中国的企业各1家，分别是默克专利有限公司、巴斯夫股份公司（BASF SE）、海洋王照明科技股份有限公司（OCEANS KING LIGHTING SCIENCE），可见这几个国家的研发实力相对比较集中；2家大学分别是美国普林斯顿大学（UNIV PRINCETON）和密歇根大学（UNIV MICHIGAN），说明美国的企业和大学都比较重视有机太阳能电池技术领域的研究。

（2）重点研发投入产出分析

表7-4为专利申请数量前10名的企业（机构），其中，“平均每人专利数”为专利数除以发明人数的值，代表发明人研发有机太阳能电池技术的效率；“每件专利平均投入人次数”为发明人次数除以专利数，代表企业（机构）对技术的人力成本投入量。

从表中可以看出，海洋王照明科技股份有限公司的每件专利平均投入人次数最高，为8.66人次/件。海洋王照明科技股份有限公司和普林斯顿大学的平均每人专利数大约为各自每件专利平均投入人次数的2倍，说明他们的投入与产出效率相对较高。巴斯夫股份公司、三星电子有限公司、奎斯尔显示器有限公司（GRACEL DISPLAY INC）的每件专利平均投入人次数比平均每人专利数要高很多，说明其技术投入的人力成本较高而产出较低，说明出其投入与产出效率较低。

表7-4　有机太阳能电池技术领域主要企业（机构）研发投入统计

专利权人	专利数量（件）	发明人次数（人次）	发明人数（人）	每件专利平均投入人次数（人次/件）	平均每人专利数（件/人）
MERCK PATENT GMBH	1334	5959	458	4.47	2.91
OCEANS KING LIGHTING SCIENCE	466	4034	26	8.66	17.92
SUMITOMO CHEMICAL CO	456	1161	218	2.55	2.09
BASF SE	400	2323	329	5.81	1.22

续表

专利权人	专利数量（件）	发明人次数（人次）	发明人数（人）	每件专利平均投入人次数（人次/件）	平均每人专利数（件/人）
UNIV PRINCETON	294	813	71	2.77	4.14
LG CHEMICAL LTD	281	1507	267	5.36	1.05
FUJIFILM CORP	269	731	153	2.72	1.76
UNIV MICHIGAN	220	705	75	3.20	2.93
SAMSUNG ELECTR-ONICS CO LTD	216	967	377	4.48	0.57
GRACEL DISPLAY INC	191	1253	56	6.56	3.41

（3）重点研发技术分析

这些企业（机构）都比较重视 Y02E 和 H01L 领域的研究。其中，默克专利公司相比其他企业（机构）更重视 C09B、H05B 和 C09K 领域的研发。

7.5.4 技术领域发展趋势分析

本节将对有机太阳能电池技术领域的发展趋势进行分析，主要包括市场布局扩张趋势、技术发展趋势及专利权人和发明人变化趋势。

（1）市场布局扩张趋势分析

专利族成员国的数量可以体现有机太阳能电池技术领域市场布局情况。图 7-11 为有机太阳能电池技术 2000—2015 年的专利族成员国数量变化情况，蓝色部分为当年度中，此前已经存在的专利族成员国；红色表示当年新出现的专利族成员国。

由图可知，2000—2015 年有机太阳能电池技术专利族成员国数量呈现波动上升的态势，表明在此期间有机太阳能电池技术的市场还不太稳定；2009—2013 年专利族成员国数量较为稳定，基本维持在 27 个国家以上的水平，且近几年没有新出现专利族成员国，说明这段时间有机太阳能电池技术领域并没有继续开拓新的市场，可能一些国家在有机太阳能电池技术研发方面遇到技术瓶颈，市场扩张能力有所减弱。

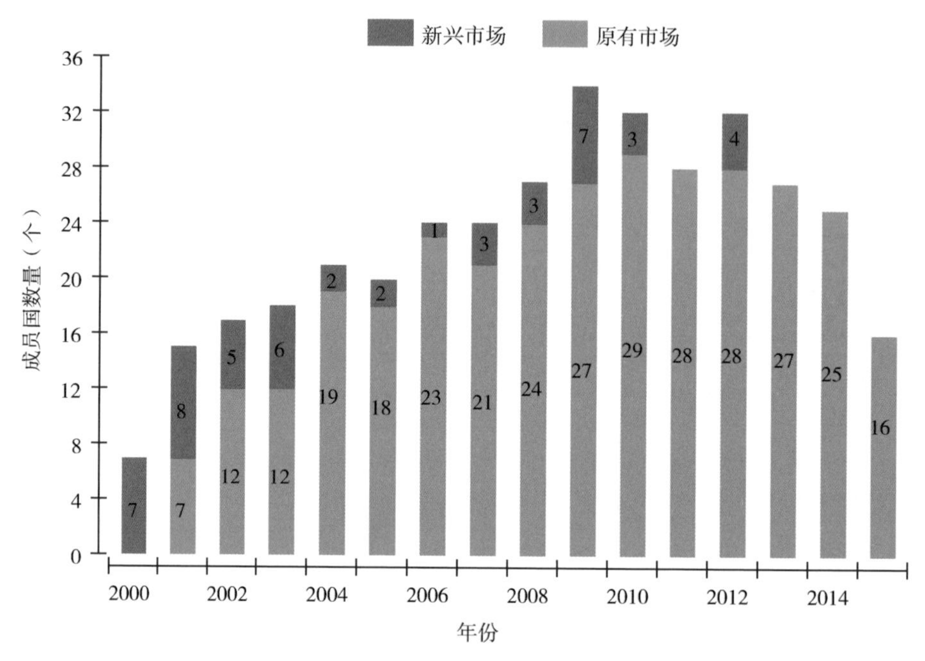

图 7-11 有机太阳能电池技术领域专利族成员国数量年度分布

（2）技术发展趋势分析

图 7-12 为有机太阳能电池技术专利（CPC 大类）种类年度分布情况，蓝色部分为当年度中，此前已经存在的专利技术种类（CPC 大类）；红色表示当年新出现的专利技术种类（CPC 大类）。

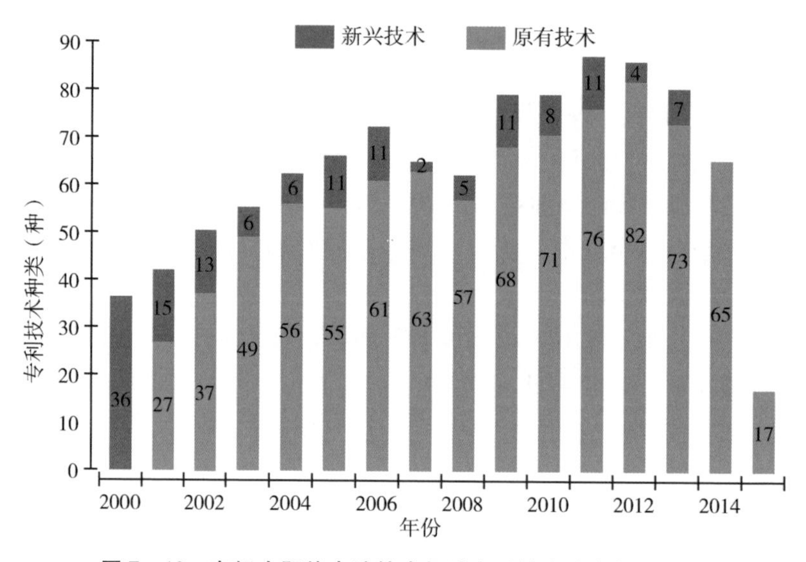

图 7-12 有机太阳能电池技术领域专利技术种类年度分布

从图中可以看出，有机太阳能电池技术种类在2001—2004年增长较快，2005年以后呈现波动上升趋势。而每年新增技术种类相对较少，且没有呈现出任何变化趋势。2014年和2015年没有新增的技术种类。可见各国在有机太阳能技术领域的技术创新能力不足，需要加大对新技术研究的投入力度，促进该领域的创新发展。

（3）专利权人、发明人变化趋势分析

图7－13和图7－14为有机太阳能电池技术专利权人、发明人数量年度分布情况，蓝色部分为当年度中，此前已经存在的专利权人或发明人；红色表示当年新出现的专利权人或发明人。

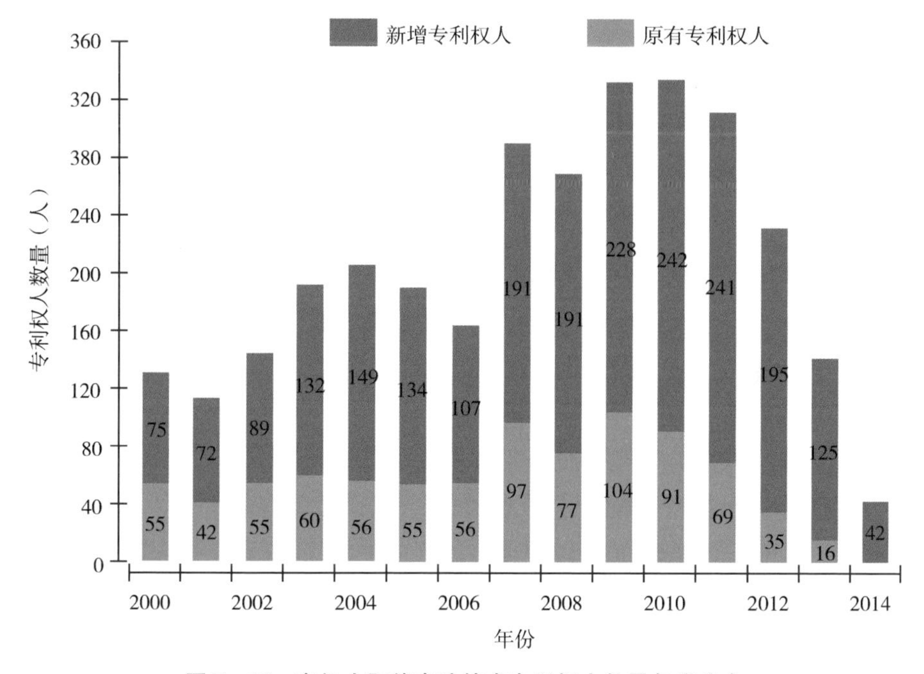

图7－13　有机太阳能电池技术专利权人数量年度分布

图7－13和图7－14的变化趋势基本一致：2000—2014年专利权人和发明人的总量在增长，2002年和2003年新增专利权人与专利发明人数量有明显增加，此后专利权人与专利发明人都呈现波动上升趋势。这说明，越来越多的企业和研发机构加入有机太阳能电池技术的研发行列，研发的人力投入也不断增加，有机太阳能电池产业被世界各国看好。

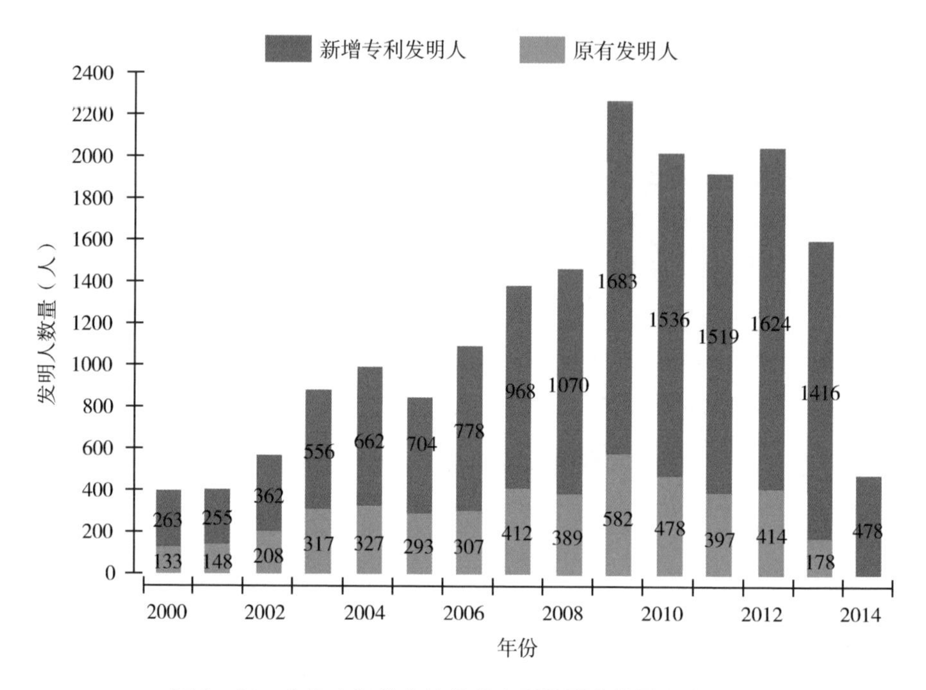

图 7－14　有机太阳能电池技术专利发明人数量年度分布

7.6　结　论

各国都把太阳能作为有潜力的可再生能源进行大力支持。各个国家政府主要是从电价补贴和研发支持方面着手，不遗余力地大力发展太阳能，积极开展太阳能技术研发、示范活动，出台扩大太阳能技术应用的激励措施，推动太阳能产业的发展。各国支持发展太阳能，大多采用多种政策工具结合的方式进行，包括上网电价政策、“净计量”政策、可再生能源配额制、政府补贴政策、税收优惠政策、金融政策、节能环保建筑要求和政府采购政策等。多种政策手段的有机结合，进行综合性的激励政策，可以加快太阳能技术商业化进程，促进太阳能产业的发展壮大，并为节能减排做出贡献。例如，一些国家实行资金补贴和分类上网电价政策或同时实行“净计量”政策，来促进光伏屋顶并网发电，这些政策无疑对近年来并网光伏市场的迅速增长起了很大的作用。

有机太阳能电池技术已经成为太阳能技术研发的重要领域。近年来，有机太阳能电池技术领域专利数量持续飙升，目前专利的分布比较分散，说明各个子领域都在蓬勃发展。中国在有机太阳能电池技术领域虽然起步较晚，但是发展速度很快，正在逐步追赶美国和日本的脚步。各国的技术研发重点大同小异。中国仍然缺乏技术巨头，在以企业为主体的国际技术竞争中不占优势。

参考文献

[1] Fukuo A. The present status and future direction of technology development for photovoltaic power generation in Japan [J] . Progress in PhotoVoltaics, 2008, 16 (1): 69 -85.

[2] 任东明．可再生能源政策法规知识读本 [M] . 北京：化学工业出版社，2009.

8 风能发展态势分析

8.1 引 言

风能是来自大自然无污染的可再生能源，取之不尽、用之不竭，开发潜力巨大。随着化石能源价格的上涨和风能技术水平的提高，风力发电成本将逐步与核电相当，与传统火力发电接近，大规模开发的规模效益正逐渐显现。风能正成为除水电之外开发技术最成熟、开发成本最低的可再生能源，具有大规模开发的广阔前景。

近年来，诸多国家高度重视风能技术发展，德国、丹麦、日本等国的政府和企业都投入了大量财力和人力，以加快风能技术创新，力图在技术竞争中占领市场先机。与此同时，全球风能产业迅猛发展，促进了经济增长，创造了大量的就业岗位，并为减少温室气体排放做出了贡献。根据全球风能理事会（GWEC）的统计，截至2015年年底，全球风电累计装机容量达到432 419 MW，累计年增长率达到17%。中国风电累计装机容量达到145.1 GW，超越欧盟的141.6 GW。2015年是全球风电市场大发展的一年，中国、美国、德国、巴西等国家都实现了创纪录的新增装机容量。

8.2 风能产业政策与发展概况

8.2.1 主要国家风能产业政策

风能是世界上公认的最接近商业化的可再生能源之一。加快风电发展，对于增加能源供应、调整能源结构、保护生态环境、实现能源工业可持续发展具有重要作用。目前，全球有超过70个国家已经开始采用风能，许多国家制定了鼓励政策来促进风电产业的发展。

从国际经验看，政府的激励政策在新能源产业发展过程中的作用举足轻重。这些政策措施包括各种形式的补贴、价格优惠、税收减免、贴息或低息贷款等。高强度的激励机制是克服发展障碍、促进产业发展的关键性措施之一。

目前，在考虑成本下降、资源条件较好、外部环境成本和碳税的情况下，风电基本上可以与煤电、油电相竞争，但是由于其具有间歇性等技术问题，风电还需要政府的支持和协调，需要电网企业的配合，放开对风电上网的限制，这样才能加快风电发展。支持风能产业发展的政策措施可以分为两类：直接政策措施和间接政策措施。直接政策措施是那些能直接影响当地风电产业发展目标的政策；间接政策措施相对比较宏观一些，主要目的在于为当地的风电制造产业提供良好的发展空间和大环境。

（1）美国

美国风力资源丰富，东西两岸绵长的海岸和广阔的大湖区是罕见的优质风场，内陆有近 1/2 的适宜风能开发的地区。美国能源部提出的战略目标是，到 2030 年风电将占美国电力需求的 20%，支持 50 万个工作岗位，减少的温室气体排放相当于 1.4 亿辆汽车的排放量，节水 4 万亿加仑。

美国作为世界上最大的能源消耗国和总体科技实力最强的国家，把风能作为国家新能源计划中的“三驾马车”之一，并制定了一系列的优惠政策。近年来，美国风电行业的快速增长很大程度上得益于税收优惠政策及一些州施行的可再生能源配额制度。2009 年 2 月颁布的《美国经济复苏和再投资法》对于风能行业在经济下滑的形势下保持增长起到关键性的作用。

1）联邦支持政策

可再生能源生产税收抵免（The Production Tax Credit，PTC）是美国联邦政府最主要的风能产业激励政策，对于美国风能产业增长一直以来必不可少。2000 年、2002 年和 2004 年，PTC 政策因期满中断，随后又相应地经历了多次短期延长。由于是在有效期届满后由美国国会表决决定是否延长，而且每次延长的有效期又比较短，所以这项政策的不确定性在很大程度上影响了那段时期美国风能产业的稳步发展。2005 年之后，美国联邦政府吸取以往的经验教训，在 PTC 法案有效期期满之前就对其做出延长，并且将生产税收抵免额调整至 1.9 美分/kW·h。从而，较为连续的 PTC 政策促进了美国风电行业的持续发展。为了应对经济危机对风能产业产生的不利影响，2009 年 2 月通过的《美国经济复苏和再投资法》则将 PTC 政策延长

3年，直至2012年12月31日。2009年，风电的生产税收抵免额调整为2.2美分/kW·h。2013年1月，PTC和ITC（投资税收抵免）政策的延期姗姗来迟，以至于美国2013年一整年风电装机容量大幅下滑，2012年年末，美国整个风电产业链的失业现象严重。但由于这一政策最终延长了1年，所以2014年和2015年美国风电产业出现大幅反弹。值得注意的是，2013年的PTC出现了一个重要的政策调整，即允许开发商在项目建设启动时申请补贴，而现行政策规定，只有在风机安装完成并发电后才能申报。这意味着政策制定者已将风电的间歇特性和2年左右的建设周期纳入考量，相当于强化了风电刺激政策。2015年12月19日，美国共和党和民主党达成协议，将延长针对风电的可再生能源发电PTC和针对太阳能发电的联邦商业能源ITC政策。

对于风力涡轮机制造商，《美国经济复苏和再投资法》为符合条件的国内工厂的新建、扩建或设备更新投资提供30%的税收抵免。税收抵免的发放是一个竞争性的申请过程。申请人能否获得税收抵免主要取决于项目的商业可行性、预计创造的就业机会、空气污染物和温室气体减排、技术创新及迅速实施项目的能力。

为使可再生能源的项目业主加快回收投资成本，美国政府实行了成本加速折旧政策（MACRS）。《能源税法》（1979年）提出可再生能源利用项目可以享受成本加速折旧政策的优惠。该政策在此后的《国内税收法》（1986年）、《联邦能源安全法》（2005年）、《能源改进和延长法》（2008年）等法案中有所调整，1986年风能也被纳入5年加速折旧的范围。《联邦经济刺激法》（2008年）还提出，对于2008年购买并投入运行且符合条件的可再生能源系统，可以在第一年将相关费用的50%予以折旧，其余部分的折旧按照正常折旧程序操作。《美国经济复苏和再投资法》将这一条款延长至2009年年底。

《美国经济复苏和再投资法》还规定，对于2009年和2010年投入运营的风能设施，以及2010年年底开工建设并于2013年前投入运营的风能设施，项目开发商可以放弃PTC，选择相当于投资减税额30%的ITC，并且投资税收抵免可以转换为现金补助，财政部在申请提交60日内须向开发商发放补助金。根据这一规定，2009年财政部至少为37个项目提供了超过15亿美元的关键资金，成为风能产业的一根救命绳，保住了超过40 000个就业岗位。在2009年的风电新增装机容量中，由开发商选择财政补贴而不是PTC的占64%以上。

《美国经济复苏和再投资法》还将由能源部管理的现有联邦贷款担保计划扩大至使用成熟技术的可再生能源项目，因此，风能开发项目可以申请贷款担保。但是，能源行业人士认为，能源部的贷款担保程序缓慢，对于可再生能源创新不利。此外，根据“清洁可再生能源债券”（Clean Renewable Energy Bonds，CREB）计划，利用符合条件的可再生能源设施发电的机构，可以利用州、地方或部落政府和电力合作社发行的项目特定债券。

2）州级的支持政策

可再生能源配额制（Renewable Portfolio Standard，RPS）政策是一个国家或者地区的政府用法律的形式对可再生能源发电的市场份额做出的强制性规定。目前，美国已有29个州和华盛顿特区制定或强化了可再生能源配额制，涵盖美国电力交易额的50%以上[2]，而且其中绝大多数州已将可再生能源证书（REC）列入可再生能源配额制中，允许电力供应商出售可再生能源证书并用于可再生能源项目。美国还没有一个全国性的可再生能源配额制，这一问题还处于争议之中，不过来自共和党、民主党的一些立法人士正在准备制定相应的法案，并希望能够在国会获得通过。反对者的理由是，各州情况不一，而且多数州已经实施了地方性的制度。美国风能协会则呼吁，美国联邦政府有必要实行统一的可再生能源配额制，以解决各州各行其是的问题。

美国各州设计可再生能源配额制的形式千差万别，但其核心都是要求可再生能源电力在整个电力生产或供应中达到一定份额。综合来看，按现有州一级的可再生能源政策要求，到2025年可再生能源发电装机容量要达到约73 GW。

州一级的可再生能源政策在引导风能开发和风电项目选址方面也发挥了重要作用。1999—2009年，美国61%的风能装机容量位于那些制定了可再生能源配额制的州，2009年这一比例为57%。除了可再生能源配额制之外，超过15个州还通过设立可再生能源基金，来支持风能的开发。

（2）德国

德国风电产业能够成为世界的领导者，与其政府的政策支持密不可分。1991年至今，德国政府出台了多项政策扶持和鼓励德国风能产业发展的措施，其中，《可再生能源法》为风能产业的发展奠定了基础。

2008 年 7 月，德国议会通过了《可再生能源法》的修正案，并且从 2009 年 1 月 1 日开始强制执行。该修正案的目的是，到 2020 年由可再生能源提供的电力在德国总电力供应中的比例至少达到 30%。同时，它还可以抵消由于能源与原材料（尤其是钢材与铜）价格急剧上涨所带来的影响，并且推动德国滞后的海上风能产业的发展。

2009 年，德国政府还通过了旨在加快海上风能建设的《风能园条例》，意味着德国海上风能技术的重大突破。建设海上风力发电园区，一直在德国政府近几年的规划之中，但是由于一时未能解决远离海岸线的巨大风能发电设备与陆地电网的连接问题，所以一拖再拖。此次《风能园条例》获得通过，意味着相关难题已经迎刃而解。根据这一条例，德国将加快在北海和波罗的海规划的 40 个风力发电园区建设。

根据 2008 年《可再生能源法》的修正案，陆上风力电场发电初期可以得到 5 ~20 年 0.092 欧元/kW · h 补贴，补贴时间长短取决于风电场发电量的多少。超过补贴期限后则实行 0.0502 欧元/kW · h 的入网电价，最长期限为 20 年。只有达到规定基准发电量 60% 的风力发电场才能得到政府补贴。从 2010 年起补贴额按每年 1% 递减。对于旧风力发电机改造，以及为了并网而进行的技术调整（调压和调频）和照明系统的风力发电场，可以得到 0.005 欧元/kW · h 的特殊补贴（截至 2013 年）。

2011 年 7 月，德国再次通过了《可再生能源法》的修改，《可再生能源法》2012 修正案于 2012 年开始实施。新法案中，陆上风电电价并未下调。从 2012 年起，每年新项目的电价在前一年基础上下降 1.5%，而修改前的电价年均降幅为 1%。对于更新退役风机的机组，电价维持原水平 0.05 欧元/kW · h，并且只针对 2002 年以前安装的风机。新法案提高了海上风电的电价水平，修改前海上风电的起始电价为 0.13 欧元/kW · h，修改后海上风电的起始电价为 0.15 欧元/kW · h，此电价维持 12 年；或企业也可以选择起始电价为 0.19 欧元/kW · h，此电价维持 8 年。之后电价降为基础电价 0.035 欧元/kW · h。每年开发的新项目电价在前一年基础上下降 7%。

根据《可再生能源法》的规定，由可再生能源生产的电力有优先入网权，而电网运营商可以当地最低价格来购买。另外，电网运营商有责任延伸、优化和提高电网运行效率。如果电网运营商不执行优先入网原则，则风电业主有权进行索赔。

为了促进风电的发展，对德国《联邦建筑规范》进行了修改。按照该规范规定：风电场属于“享有优惠的项目”，地方当局必须指定一个区域用于发展风电场项目。

此外，德国政府还提供了财政补贴计划。自 1990 年起对投资可再生能源的企业提供长达 12 年的低于市场利率 1% ~2%，相当于设备投资成本 75% 的优惠贷款，还为中小风电场提供总投资额 80% 的融资。地方政府也为风电生产企业提供了税收及贷款优惠，如下萨克森州为可再生能源公司提供了无息贷款、厂房租金补贴、前 3 年免税等优惠政策。

2016 年 4 月，德国的《可再生能源法》修正草案及一部新的海上风电草案《WindSeeG》透露了相关细节，探讨将如何在 2031 年前实现 15 GW 的运营海上风电容量。在新提议中，德国新的风电项目仍可在 2021 年前享受入网电价溢价补贴，而在这之后，获准风电项目则需在 2021—2024 年的转型招投标中参与竞争；2025—2030 年则需在新增容量集中招投标中参与竞争。在海上风电草案《WindSeeG》中，德国将在未来 10 年内，从当前的入网电价溢价补贴机制转型至竞争性集中招投标机制。集中招投标的中标者可获得获准电厂及相应容量分配、已完成的前期准备项目、补贴和联网保证。为了与成本的缩减相对应，德国《可再生能源法》修正草案针对 2018 年之后的新项目制定了逐渐减少入网电价溢价补贴机制。对标准电价而言，溢价补贴的减少意味着相比当下水平，2018—2019 年的电价将下降 3%，2020 年的电价将下降 6%。

（3）丹麦

相比大多数欧洲国家，丹麦的风力资源更适合于发电，丹麦的气候条件使风电成为其最受认可的可再生能源之一。丹麦是世界上最早大规模开发利用风力发电的国家，其风电水平居世界领先地位。

20 世纪 70 年代爆发的石油危机使丹麦油价飞涨，经济受到冲击，丹麦感受到过度依赖石油的风险。政府因此制订了第一个能源计划，决定利用开发风能。如今，面对能源和气候政策的严重挑战，丹麦政府把保证能源安全、促进经济增长和保护环境可持续发展作为能源政策的 3 个核心目标，并大力提倡利用可再生能源、开发清洁能源技术。在 2007 年发布的《2025 年丹麦能源政策展望》中，丹麦政府提出了从长远角度，逐渐放弃使用石油、煤、天然气等传统化石燃料的设想，并指派气候委员会为实现这一设想提供具体的指导意见。

在丹麦，风电项目的相关政策法规框架主要由2008年2月21日通过的《能源政策协议》和2008年12月丹麦议会通过并于2009年1月1日开始实施的《可再生能源促进法案》共同组成。《能源政策协议》提出，到2011年可再生能源占总能源消耗量的比例要到达20%。另外，按照欧盟的整体能源与气候目标和相应的各成员国的责任分配情况，丹麦必须促进本国可再生能源的发展，在2020年使可再生能源占能源消耗总量的30%。据预计，到2020年，生物质能（包括废弃物利用）和风能将是丹麦最主要的可再生能源来源。

根据《能源政策协议》，丹麦政府计划在2010年和2011年每年风电新增装机容量75 MW；截至2012年年底，应该有400 MW的新建海上风电场建成并投入运行。《能源政策协议》还推出了一系列的促进风电发展的举措，并写入《可再生能源促进法案》。《能源政策协议》还批准了2004年旧风力发电机组销毁计划的后续措施。

从20世纪70年代后期开始，丹麦政府就对风电开发商给予了一定的财政支持，在早期，财政支持主要有2种方式：装机基金和电价补助。20世纪90年代伊始，财政支持方式变为固定上网电价或差价补贴。现行风电享受电价补贴政策是在2009年1月1日开始正式生效的《可再生能源促进法案》中确立的。丹麦议会以多数票通过了提高电价补贴政策，以鼓励安装更多陆上风力发电机组。风力发电机组所生产的电力要接入电网，并在市场中销售。从2008年2月21日开始，对风力发电机组前22 000满负荷小时所发电力实行0.25丹麦克朗/kW·h的差价补贴。此外，在风力发电机组的整个运行寿命期，均可得到0.023丹麦克朗/kW·h用于补贴各种成本费用。对2008年2月21日前已并入电网的风力发电机组，对不同并网时间和风力发电机组功率，另有专门规定。

在海上建设新风电场可以通过2种方式来完成，享受不同的电价补贴。海上风电场以政府招标的方式建造，其所发电力也以固定竞价方式投标。目前，中标者均是出最低保护价的投标人。例如，Horns Rev Ⅱ项目由丹麦能源公司中标，承诺发电量10 TW·h，出价为0.518丹麦克朗/kW·h，预期满负荷寿命50 000 h。按照公开流程安装海上风力发电机组的，均与陆上风电场享受同等价格补贴待遇。

目前的电价补贴是由丹麦国家电网公司支付的，并由丹麦的所有电力用户分担（公众服务义务基金 PSO），每户所支付的数额被列在电力账单上。近年来，当北欧电力市场的平均电力价格在 0.2 ~ 0.35 丹麦克朗/kW·h 波动时，公众分担的电价义务税为 0.1 丹麦克朗/kW·h 左右。

除了上述可再生能源发电的价格补贴措施之外，《可再生能源促进法案》还包括风力发电机组的技术要求和安全要求及对海上风力发电机组的特别条款。为了继续提升当地居民对风力发电的接受度和让更多人参与到陆上风电项目的建设中，《可再生能源促进法案》还涵盖了 4 个新机制：新的风电场周边民众财产损失补偿机制；当地居民参股机制；当局给风电场所在地提升景观及旅游价值的绿色机制；给通过初步调查的当地开发商提供的担保机制。所有这些都由丹麦国家电网公司负责执行。

相比其他国家海上风电场开发的政府管理方式，丹麦的管理模式更快捷、更有效，为海上风电项目的运作和整个海上风电事业的发展均提供了便利。丹麦能源署是负责规划和建设海上风电场的政府管理部门。为向海上风电场开发商尽可能地提供便利，丹麦能源署协调各个机构，建立了“一站式服务窗口”，风电项目开发商只需要和丹麦能源署交涉，就可以获得所有建设海上风电场需要的批示和许可。在 2008 年 2 月 21 日签署的《能源政策协议》的基础上，丹麦能源署于 2008 年 9 月发布了《海上风力发电机组行动计划》，标识出 26 处可以分别装机 200 MW 风电项目的合适地点。这些拥有丰富风能资源的项目选址地点能够允许风力发电机组年发电小时数达到 4000 小时左右的水平。在海水深度 10 ~ 35 m，距离海岸 22 ~ 45 km 处，海上风电场已经在经济因素和土地因素限制之间找到了一个平衡点。

2012 年 3 月 26 日，丹麦议会以压倒性多数票通过了被该国政府称为“世界最具雄心的能源计划”，该计划提出了全新的减排和可再生能源利用目标。该能源计划为丹麦未来 8 年的绿色战略确定了行动路线，同时也为实现该国的长期能源目标——2050 年完全摆脱化石能源打下了基础，具体内容包括：以 2020 年为基准，可再生能源满足全国 35% 的能源需求，其中，风电将满足全国 50% 的电力需求；碳排总量在 1990 年的基础上降低 34%；丹麦家庭的平均能源支出降至 231 美元/年，相当于每周 4.81 美元，这在工业化国家中将是非常低的水平；在波罗的海和北海各建 1 座海上风电场，总装机 100 万 kW，同时通过一些其他项目将海上风电的总装机提高 180 万 kW；能耗在 2006 年的基础上降低 12%。

（4）日本

为了落实《京都议定书》的目标，日本政府制定了 2008—2014 年减少温室气体排放量 6% 的目标（与 1990 年水平相比）。为了减少温室气体排放量，扩大可再生能源利用，日本政府 2003 年 4 月实施了《可再生能源组合标准法》。该法规提出，到 2010 年可再生能源发电装机容量要达到 12.2 TW·h，占总发电量的 1.35%。并且规定，每 4 年对《可再生能源组合标准法》中制定的目标进行审议。在 2007 年的目标审议中，提出了新的目标，即到 2014 年可再生能源发电量要达到 16.0 TW·h，占总发电量的 1.63%。

日本可再生能源政策制定和发展过程非常艰难和复杂。在 20 世纪 90 年代由非政府环境保护组织、地方政府和一些绿色电力公司组成了一个绿色能源网络联盟。该联盟与一些政治家共同努力推进《可再生能源组合标准法》制定，该法规与德国的上网电价法相似。该法于 2003 年正式批准实施。

2001 年，日本政府制定了到 2010 年风力发电装机容量要达到 3000 MW 的目标。为了促进太阳能、风能等可再生能源的发展，日本政府在 2003 年 4 月开始实施《可再生能源组合标准法》。但是按照现在日本风电发展速度，要实现这一目标非常困难。除了《可再生能源组合标准法》之外，日本风能产业也从实地试验和新能源商业化支持项目等政府补贴项目中获得了益处。

过去十几年日本风电产业发展迅速，但最近其增长明显放缓，风力发电量由指数增长转变为线性增长。造成增速放缓的主要因素包括 3 个方面：极端恶劣的气候条件、缺乏稳定的法律体系及输电网状况。

首先，恶劣的气候条件限制了日本风能市场的发展。日本是一个恶劣天气多发的国家，包括台风、雷电、强风和气旋等。2004—2007 年许多风电机组由于恶劣的气候而遭到严重损坏。因此，需要制定一套适合日本气候和地理状况的风电标准，该标准可以提供抗台风和雷电袭击的技术措施，从而有利于风能产业的长远发展。

促进国际电工委员会标准和日本工业标准间的融合是一项非常重要的工作。因为如上所述，日本的自然条件与 IEC 标准的条件有很大不同。日本新能源产业技术综合开发机构和日本电力制造者协会支持在日本经济产业省的领导下开发 J 级（适用于日本）风力涡轮机标准。由 NEDO 为 J 级风力发电机生产制定出指导准则，并在其中提出一些安全措施要求。

其次，2007 年 6 月开始实施的新的日本建筑法规中规定，如果风力发电机高度达到 60 m 或以上则被视为建筑物。在新的法规中，风力发电机的安装需要政府的批准，而申请批准的程序非常复杂。新法规实施后第一个被批准项目是在 2008 年 7 月，几乎使日本风能市场“瘫痪”了 1 年。

风力发电系统引进补贴制度的减少、废除也是造成日本风电市场低迷的重要因素，2012 年 7 月实行可再生能源固定价格收购制（FIT）开始的一段时间存在空白，这期间基本没有新项目启动。另外，2012 年 10 月日本开始实行环境影响评估法修订，适用于风力发电站建设，因此大型项目的开建时期变得更长。

最后，输电网基础设施面临风电发展的挑战。日本风电场主要建在北部的东北地区和北海道地区及南部的九州地区，而用电需求最大的地区在中部。目前，适合建设风电场的地点大部分位于偏远地区，那里的输电网能力相对较弱。

地区电力公司对输电网接入的限制及对电网的垄断，也妨碍了日本风电的发展。因此，日本风能协会和日本风电协会支持在输电网稳定性、安全技术、海上风能和共性先进技术方面的研究工作。

（5）中国

我国政府将风力发电作为改善能源结构、应对气候变化和能源安全问题的主要技术之一，给予了有力的扶持，出台了一系列的支持政策，包括宏观政策、产业政策、财政政策、税收政策等。自 2005 年起，国家相继出台了《可再生能源法》《可再生能源发电有关管理规定》《可再生能源发电价格和费用分摊管理试行办法》《可再生能源电价附加收入调配暂行办法》《可再生能源中长期规划》《节能发电调度办法（试行）》《可再生能源“十一五”规划》《促进风电产业发展实施意见》《关于风电建设管理有关要求的通知》《风力发电设备产业化专项资金管理暂行办法》《海上风电开发建设管理暂行办法》等多项扶持风电政策。其中，最重要的是 2005 年通过的《可再生能源法》，并在 2009 年进行了修订。自 2008 年起，能源局把发展风电作为改善电源结构的重要任务之一，分别在内蒙古、甘肃、新疆、河北和江苏等风能资源丰富地区，开展了 6 个千万千瓦级风电基地的规划和建设工作。2010 年，能源局基本明确了今后的规划目标：到 2015 年实现 9000

万 kW 风电规划装机，2020 年完成 1.5 亿 kW 的风电规划装机目标，风电将成为继火电、水电之后的第三大常规能源。

总的来说，目前国内的风电扶持政策主要涉及以下几项内容。

1）设备国产化

1996 年，当时的国家计委推出了“乘风计划”。该计划以市场换技术为策略，提出了在“十五”期间实现大型风力发电机风机国产化率 60% ~ 80% 以上的目标。2005 年 7 月，国家发改委出台了《关于风电建设管理有关要求的通知》，明确规定风电设备国产化率要达到 70% 以上，未满足国产化率要求的风电场不许建设，进口设备要按章纳税。财政部发布《风力发电设备产业化专项资金管理暂行办法》，明确了中央财政安排风电设备产业化专项资金的补助标准和资金使用范围，提出将对风力发电设备制造商给予直接的现金补贴。由于欧美企业对设备国产化率要求的反应强烈，2010 年，国家发改委结合我国风电产业发展现状和需要，取消了风电工程项目采购设备国产化率的要求。2014 年，《关于印发全国海上风电开发建设方案（2014—2016）的通知》主要涉及我国海上风电项目的建设计划。该方案涉及天津、河北、辽宁、江苏、浙江、福建、广东、海南 8 个省市，共 44 个项目，总装机容量为 1053 万 kW。同时该方案还强调，为规范海上风电设备市场秩序，开发企业选用的海上风电机组须经有资质的第三方认证机构的认证，未通过认证的设备不能参加投标。

2）风电全额上网

2006 年，国家发改委颁布的《可再生能源法》要求电网公司全额收购新能源发电量。此后颁布的《可再生能源发电有关管理规定》明确，大型风电场接入系统工程由电网企业投资，并根据国家发改委《可再生能源发电价格和费用分摊管理试行办法》和《可再生能源电价附加收入调配暂行办法》，将风电场接网费用纳入可再生能源电价附加给予补偿。

3）风电特许权招标

2003 年，国家发改委开始推行风电特许权开发方式，即通过招投标确定风电开发商和上网电价。目前，国内的风电项目招标已经先后进行了 7 期，通过招标综合考虑风电项目投标商的融资能力、财务方案、技术方案、机组本地化方案、上网电价等因素。特许权招标政策自 2003 年实施后，风电特许权招标原则做出了修订。总的看来，电价在招标中的比重有所减小；技术、国产化率等指标有所加强；风电政策已由过去的注重发电转向了注重设备制造。2010 年，首批海上风电特许权招标启动。

4）风电价格和费用分摊

除了特许权招标确定电价之外，国家发改委也通过各种方式核准了一批风电项目的电价。国家发改委先后颁布了《可再生能源发电价格和费用分摊管理试行办法》和《可再生能源电价附加收入调配暂行办法》，明确了可再生能源发电上网和费用分摊的机制。

价格政策是影响开发商投资和市场增长水平的关键因素。中国风电的支持机制已经从以资本回报率为基础的价格和通过风电场开发合同的竞争性招标制度实现的平均价格逐步改革，最终实现了根据风能资源的差异性进行调整的固定电价制度。从 2009 年开始，通过将全国划分为 4 类风能资源区域，固定电价制度确立了陆上风电的基准价格。2014 年，在《关于印发 2014 年能源工作指导意见的通知》和《关于印发能源发展战略行动计划（2014—2020 年）的通知》中所提到的到 2020 年“风电与煤电上网电价相当”，引起了广泛争议。

5）约束性指标

根据国家有关可再生能源发电配额的规定，到 2010 年和 2020 年，权益发电装机总容量超过 500 万 kW 的投资者，所拥有的非水电可再生能源发电权益装机容量应分别达到其权益装机总容量的 3% 和 8% 以上。但是这些规定至今没有落到实处，使得电网企业无压力积极接纳包括风电在内的可再生能源电力。

6）税收财政支持

我国政府还制定了对可再生能源发电技术的增值税、所得税减免优惠制度，其中，风电的增值税税率从正常的 17% 降到 8.5%，风力发电项目的所得税税率为 15%。

8.2.2 主要国家的风能技术研发现状

（1）美国

在推进风能技术研发方面，美国能源部与产业界的合作经历超过 25 年。目前，美国大多数的风能技术公共研发活动是由能源部能效与可再生能源办公室管理的“风电与水电技术计划”资助的，并由产业界、国家实验室、州政府和地方政府、其他联邦机构共同推进。

针对风能技术的利用和开发，该计划确立了以下5个目标。

①分布式风电技术：到2015年，美国市场的分布式风力机（1~1000 kW）的装机数量达到2007年2400台的5倍；

②大型风力发电技术：到2012年，4级风速（15.7~16.8 m/s）中运行的大型陆上风电机组的发电成本从2002年的5.5美分/kW·h降低到3.6美分/kW·h；

③海上风力发电技术：到2014年，6级风速（17.9~19.7m/s）中运行的大型近海风电机组的发电成本从2005年的9.5美分/kW·h降低到7美分/kW·h；

④可再生能源系统并网：到2012年，完成电力市场规则、风电并网的影响、运营策略、可再生能源的系统规划4个方面的工作；

⑤技术接受度：到2010年，促使风电装机容量达到100 MW以上的州的个数由2002年的8个上升到至少30个，到2018年，促使风电装机容量达到1000 MW以上的州的个数由2008年的3个上升到至少15个。

经历了20世纪80年代末的萎靡之后，美国能源部风能计划的经费有了较大幅度增长，2009财年该计划针对风能技术发展的预算为5437万美元，2010财年达到了约7900万美元。2011年，联邦政府向国会提出的风能技术的预算请求大幅增加，达到1.23亿美元之多，以期支持美国风能产业的持续扩张。从2009财年和2010财年风能计划的经费使用方向情况（图8-1和表8-1）来看，低风速技术受到进一步关注。

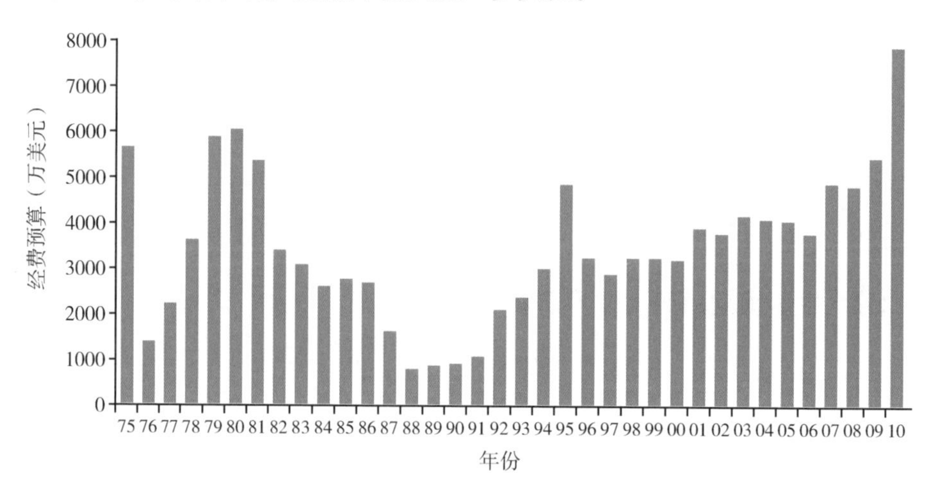

图8-1 美国风能技术年度预算

表 8－1 美国风能技术经费使用方向

经费使用方向	2008 年		2009 年	
	经费额（万美元）	比例	经费额（万美元）	比例
低风速技术	452	8%	1590	20%
分布式风能技术	350	6%	590	7%
支持性的研究与测试	2335	43%	2430	31%
系统整合（并网）	1600	30%	1970	25%
技术接受度	700	13%	1310	17%
合计	5437	100%	7890	100%

数据来源：美国能源部能效与可再生能源办公室。

（2）德国

当前，德国风能研发的重点是降低风力涡轮机生产和运行的成本，从而降低风力发电成本，并持续改进风电技术，以实现风电的生态友好型扩张。2008 年，德国联邦环境部提供的研发投入大幅增加，总共批准和启动了 32 个项目，资助总额近 4010 万欧元。另外，德国联邦环境部为风能在研项目拨付了 2990 万欧元的资金。

德国联邦环境部与专家定期召开战略会议拟定德国风电研究工作的目标与重点。德国联邦环境部于 2014 年发布新一期资助公告，该公告将以下几项内容作为今后数年研究工作的重点：

①降低风力发电成本，提高产量和风力发电机的效率；

②促进海上风电技术发展，包括在阿尔法文图斯（Alpha Ventus）试验站开展的研究工作；

③将生态研究与风力发电机技术优化工作相结合，减少风电对生态的影响。

德国联邦环境部支持了 123 个风电在研项目，其中，海上风电项目是重中之重。在新启动的 28 个项目中，以下领域作为重点：

①完成在阿尔法文图斯试验站有关海上风力发电场安装基础、风电入网、生态研究及重要测量项目的 RAVE 研究网络建设；

②开发用于安装海上风力发电机的新型基础、支撑结构及新工艺，也包括海上风力涡轮机的降噪问题；

③采用新材料改进转子叶片的设计；

④研制新型多兆瓦级风力发电机，并在近岸环境中加以验证。

成立于2009年的德国弗劳恩霍夫风能与能源系统技术研究所（IWES）对德国风电业具有重要意义。其前身机构是弗劳恩霍夫风能与海洋科技研究所。2009年，卡塞尔大学的太阳能源系统研究所并入IWES。IWES的核心机构是位于不来梅港的弗劳恩霍夫风电技术中心（CWMT）及德国联邦环境部和不来梅地方政府所资助的叶片质量检测中心。检测中心的一期工程将建起一座容纳70 m转子叶片的大厅。该项目的目标是确保转子叶片能够达到20年的海上和陆上工作寿命。检测中心的二期工程将是针对未来海上风电场所用的、长度达90 m的转子叶片而修建的。如同德国弗劳恩霍夫协会的其他研究所一样，IWES将与大学紧密合作。除了继续与卡塞尔大学保持合作之外，IWES也将和汉诺威大学、不来梅大学及奥登堡大学进行合作。

IWES的所在地——不来梅，近年来也已发展成为集海上风机研发制造、海洋生物产业、旅游观光等于一体的德国可再生能源研发示范基地。世界顶级风机制造企业瑞能（Repower）、BARD、爱纳康（Enercon）、Multibrid等目前已纷纷进驻不来梅。

另外，德国汉堡也已发展成为德国乃至全球的风能研发中心。著名企业如西门子（Siemens）及印度风电巨头苏司兰（Suzlon），已将其德国研发中心设在汉堡；来自丹麦的世界风机制造领头羊维斯塔斯（Vestas）和美国能源巨头皮博迪（Broadwind），将其欧洲总部建于汉堡；德国风能开发商瑞能（Repower）及恩德（Nordex）更是选择汉堡作为其进军全球市场的总部。全球最知名的15家风能企业中，目前已有一半聚集在汉堡，而且这种势头仍在继续。风电企业纷至沓来的原因有3个：一是汉堡拥有较强的经济实力，为发展昂贵的风能产业奠定了经济基础。二是汉堡具有优越的地理位置，辐射半径囊括风电产业聚集区。北德20多年来一直是德国风电产业发展比较集中的地区，距汉堡约150 km的胡苏姆（Husum）国际风能展，自1989年创办以来，已成为该领域当今规模最大的行业风向标。三是政府的招商引资定位超前。数年前，汉堡市政府就开始致力于将本市建成国际环保示范城市的努力，其中，引进国际风能开发商是其主要目标之一。在常规招商引资的基础上，各类经济促进机构还针对该领域的特点，通过深入周到的特色一站式服务，吸引风能开发商落户汉堡。

（3）丹麦

自20世纪70年代以来，丹麦建立了强大的风电科技和研究能力，风力发电机组也取得了明显的技术进步，风电已经成为丹麦最具竞争力的可再生能源之一。2008年，丹麦最大的两家风力发电机组制造商占全球风力发电机组制造市场份额的27%。

在丹麦，研究者们致力于提高技术，获得发展新式风机的应用技术的相关知识并进行试验，这些新式风机能在各种天气状况下使用。世界一流的研究人员正集中力量提高现有风力产业中的应用技术，并力图建立新的标准。

在丹麦研究机构研究的各项技术覆盖了整个技术价值链体系，从空气动力学的深层次竞争力到近海知识与经验。目前，发展大型海上风力发电场及降低海上风力发电成本已成为发展重点。风能基础科研亦受到重视。

丹麦风能研究主要集中在4个研究机构，它们在许多项目上都有合作。通过紧密合作逐渐形成了一个集团，涵盖了RISO国家实验室的众多研究中心、丹麦水利研究所、丹麦技术大学及奥尔堡大学。它们共同构成了风能研究领域的国家电力中心，也因此成为风能集群的重要组成部分。在教育前沿，这些大学提供了风能技术工程师的专业教育，而这些研究中心则提供特别针对风能产业的各种培训课程。

在“丹麦风谷”落址进行研发的国际型企业包括丹麦维斯塔斯风力系统公司（Vestas Wind System）、德国西门子风能公司（Siemens Wind Power）、德国恩德公司（Nordex Energy）、西班牙歌美飒公司（Gamesa）、印度苏司兰能源公司（Suzlon Energy）、丹麦艾尔姆玻璃纤维制品公司（LM Glasfiber）。

在风能技术领域，丹麦公共部门的研发与示范投入低于私营部门。研究表明，丹麦风能行业的研发与示范投入强度为营业收入的2.6%~3.0%。2009年，丹麦风能产业实现销售收入510亿丹麦克朗，因而研发与示范投入将达到13亿~15亿丹麦克朗。实际上，丹麦企业的研发与示范投入相当高，但更加精确的数字不详。而同年，丹麦所有的公共能源研发与示范投入的总和约为10亿丹麦克朗，其中，1.31亿丹麦克朗用于风能。

（4）日本

为了克服自然和社会环境对风力发电发展不利的影响，日本政府正在进行一些项目的研究，包括：风能商业化支持项目、先进风能技术的研发、海上风能技术研究、实地试验项目、电网稳定性示范项目、风电场电池蓄能示范项目、接入电网的补贴、风能技术标准（日本工业标准 JIS/国际电工委员会 IEC）。

日本有 3 个已执行的涉及风能技术研发和示范的计划。虽然研究的焦点是应用技术，但基础研究重新受到重视。

日本可再生能源研究计划及预算如表 8－2 所示。

表 8－2　日本可再生能源研究计划及预算

计划	类别	组织	金额（亿日元）	持续时间
新能源开发补助（风能）	补助	METI	204.50	2006—2013 年
先进风能技术计划	研发与示范	NEDO/METI	2.10	2008—2012 年
海上风电技术项目	研发与示范	NEDO/METI	2.00	2008—2013 年
实地试验计划	研发	NEDO/METI	0.60	2006—2008 年
电网稳定性计划	研发	NEDO/METI	1.85	2006—2008 年
电池蓄能示范项目	研发	NEDO/METI	24.00	2006—2010 年
对电池储能电站并网的支持	补助	NEDO/METI	29.60	2007—2012 年
国际能源署风能研发	研发与示范	NEDO/AIST	属于“高级风能技术”部分	2006—2013 年
标准化（JIS、IEC）	标准	NEDO/JEMA	0.18	2006—2013 年

注：METI 为日本经济产业者；NEDO 为日本新能源产业技术综合开发机构；AIST 为日本产业技术综合研究所；JEMA 为日本电力制造育协会。

先进风能技术计划是一个包含基础研究和应用研究的计划。其重点研究领域是：风力、闪电数据的遥感测量技术和 J 级风力涡轮机安全标准。这些项目分别与国际能源署（IEA）进行风能研发和示范合作，与国际电工委员会（IEC）进行标准方面的合作。

海上风电技术项目已经筛选了几个海上风电场地点，以启动可行性研究和项目设计工作。在可行性研究方面，在风力、波浪和海底土壤等的数据测量及海上风能预测的基础上，2009 年进行了详细设计工作。

实地试验计划是与新能源产业技术综合开发机构（NEDO）合作的研究项目，在几个有可能建立海上风电场场址的高空采集风力数据，以便建立风力数据库。

电网稳定性计划和电池蓄能示范项目于2008年结束。电网稳定性计划的主要技术目标是使用流体力学计算模型来预测风力涡轮机的运行情况。虽然它具有实用性，但还不能作为解决电网稳定性问题的通用有力工具。电池蓄能示范项目取得了技术数据和经验，这些数据资料将会在将来风电发展上发挥作用。

由于日本陆上或海上的自然环境情况都非常复杂、恶劣，因此对于风电场稳定性和安全性来说，风力涡轮机技术的标准非常重要。日本经济产业省（METI）、日本新能源产业技术综合开发机构（NEDO）、日本电力制造商协会（JEMA）、日本产业技术综合研究所（AIST）共同开展风力涡轮机技术的标准制定工作。

（5）中国

中国国家科技计划从“六五”计划开始就对风能研究开发给予了支持，尤其是“十五”“十一五”以来，国家科技计划加大了对风电技术研究的资金投入，为中国风电行业自主创新技术发展奠定了坚实的基础。国家“十一五”科技支撑计划主要设有风电机组研发及产业化、关键零部件设计和制造、近海风电场建设等关键技术研究项目，共设课题30个。该项目中，国家财政拨款约1.7亿元，课题承担单位自筹经费13.7亿元，总投资15.4亿元。为配合科技支撑计划重大项目的实施，国家在“十一五”863计划的研发课题中设置了风电机组、风电场运行技术、设计软件、叶片翼型设计等技术研发课题，继续在风电高技术研发上进行投入。

“十二五”科技部进一步加大风力发电研发投入力度，重点支持（3~5）MW陆上风电机组、（5~10）MW海上关键零部件研发工作。

国家积极支持风电产业发展，并努力扶持风能装备制造企业通过引进联合研制、自主研发来发展自身技术能力。中国基本形成了风电机组整机和零部件生产体系，中国（1.5~3）MW风电技术已经实现规模化生产，3 MW风电技术已投入运行，5 MW风电技术也于2010年下线。

国内前10名企业都成功建立了自己的研发团队，完善整机制造能力，逐步改变以购买生产许可证为主的局面，委托设计、联合设计和自主设计成为国内品牌获得自主技术的主要手段。新疆金风科技股份有限公司选择的是技术引进、消化吸收转向自主创新的道路，通过利用国家风力发电工程中心的技术平台，组建技术队伍，开发出自主创新的风电产品。在

1.5 MW直驱风电机组和3 MW 半直驱技术方面获得重大突破。上海电气集团采取引进技术、联合设计、自主研发等技术发展与进步的3 阶段模式，已开发出具有完全自主知识产权的2 MW 双馈式风电机组，正在研发3.6 MW 离岸型双馈式风力发电机组。在科技部的支持下，重庆海装风电公司联合4 家企业开始进行5 MW 离岸型风力发电机组研发。此外，华锐风电、东汽集团、运达风电、北重集团、常州新誉、三一重工等知名企业也在风电开发自主创新的道路上迈出了坚实的步伐。

在零部件方面，10 年前依赖进口，现在基本都能国产，一些主要零部件，由于性价比高，接到国外的订单也不少。然而，大部分零部件实现了国产化并不等于风机就能实现国产化，在风机整机研发与设计、关键材料等方面，中国掌握的核心技术依然很少。

“十三五”风电规划将淡化装机目标，重在调整政策，并重点解决补贴资金、弃风限电问题。“十三五”期间，风电新增装机1 亿 kW 以上是“硬任务”，根据资源条件和消纳能力初步研究分解。“三北”地区将要新增风电规模6000 万 kW，其中，本地消纳2000 万 kW，4000 万 kW 需要统筹外送；中东部和南方地区及海上风电新增约4000 万 kW，需要就地消纳。“十三五”规划提出全面协调推进风电的开发，加快内蒙古、新疆、甘肃、宁夏、河北、山西等地区的大型风电基地建设，全面开展中东部、南方地区分散风能资源的开发，稳妥推进海上风能的开发，完善风电产业的服务体系，推进风电产业持续健康发展。

1）新能源微电网

国能新能〔2015〕265 号《推进新能源微电网示范项目建设指导意见》中提出，可再生能源发展“十二五”规划把新能源微电网作为可再生能源和分布式能源发展机制创新的重要方向。新能源微电网是“互联网 +”在能源领域的创新性应用，对推进节能减排和实现能源可持续发展具有重要意义。同时，新能源微电网是电网配售侧向社会主体放开的一种具体方式，符合电力体制改革的方向，可为新能源创造巨大发展空间。

2）能源互联网

未来能源互联网无疑将会是可再生能源时代的运行机制，主体是人 + 人工智能，再加上智能风机、风场、软件平台、操作系统及各种 APP 等智能硬件，这三者构成了能源互联网的有机整体。

3）技术发展趋势

①增大风电机组的单机容量；②提高叶轮的捕风能力（叶轮直径增大，单位千瓦扫掠面积提高）；③提高风能转换效率，使风机叶轮转换效率从0.42提高到接近0.5；④提高风电机组及部件质量；⑤风电机组大型化受到道路（如隧道高度）的限制，需要重型拖车和安全驾驶，须增强机组运输和安装便捷性；⑥风电机组工作环境面临极端气候，需要增强机组环境适应性。

8.3 风电技术领域专利分析

本节以ISTIC专利分析数据库为基础，对1990—2010年世界各国申请的风能汽轮机控制技术领域相关专利数据进行统计分析，分别从申请年、IPC分类、技术构成、专利权人等角度深入分析风能汽轮机控制技术专利的整体产出情况、国家竞争情况、机构竞争情况及发展趋势。

8.3.1 专利申请总体态势分析

（1）时间序列分析

世界各国风能汽轮机控制技术领域专利申请情况如图8－2所示。统计结果表明，2000—2014年共申请专利13 620件。2000年以来，专利申请量呈现逐年上升的趋势，尤其是2007年以后，专利申请量迅速增加，2012年

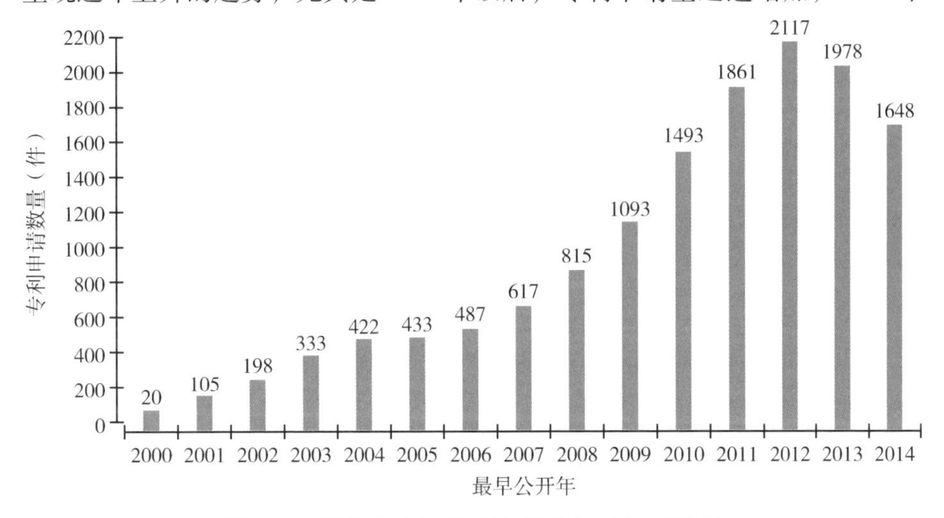

图8－2 风能汽轮机控制技术领域专利申请数量

达到峰值 2117 件。这说明，风能汽轮机控制技术正处于高速发展阶段。这主要是由于各国政府对环境保护和应对全球气候变暖的重视程度不断上升，发展风能等可再生能源的力度加大，同时，欧美的一些老牌风能企业和重要部件供应企业也开始在全球重要的新兴市场进行广泛的专利布局，使得专利申请数量开始显著增长。

（2）专利类型分析

剔除无效数据和空值数据，发明专利和实用新型专利总共有 13 959 件（图 8－3）。其中，发明专利 12 587 件，占专利申请总数（13 959 件）的 90%；实用新型专利 1372 件，占专利申请总数的 10%。这说明，大约 90% 的专利能体现技术发展实力。

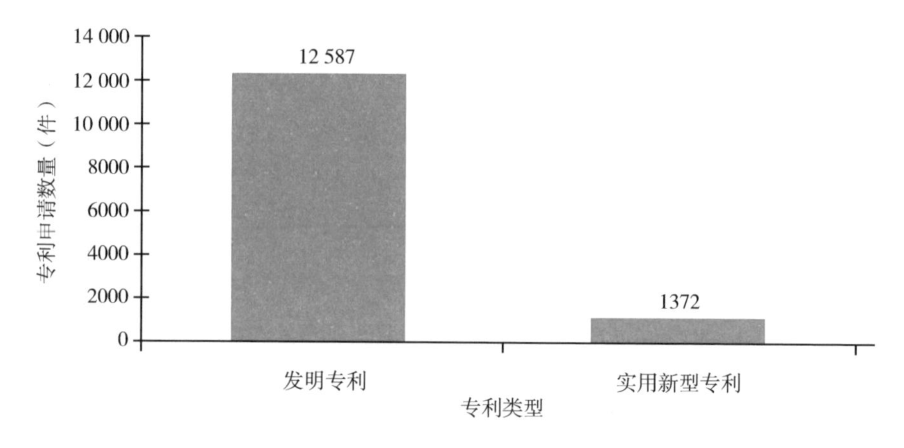

图 8－3　风能汽轮机控制技术专利类型分布

（3）技术构成分析

由图 8－4 可以看出，风能汽轮机控制技术专利的分布比较集中。申请量排名第一的 CPC 小类是 Y02E（涉及能源产生、传输和配送的温室气体减排技术），共有 13 936 件专利申请；排名第二的是 F03D（风力发动机），共有 10 102 件专利申请；排名第三的是 F05B（与机器或发动机有关的非排水性机器或发动机，风机），共有 8701 件专利申请。其他关于风能汽轮机控制技术的申请专利还包括一般的控制或调节系统，电机，主要涉及电动机、发电机或机电变换器的控制或调节，控制变压器、电抗器或扼流圈方面的技术，与建筑有关的气候变化减缓技术等方面。

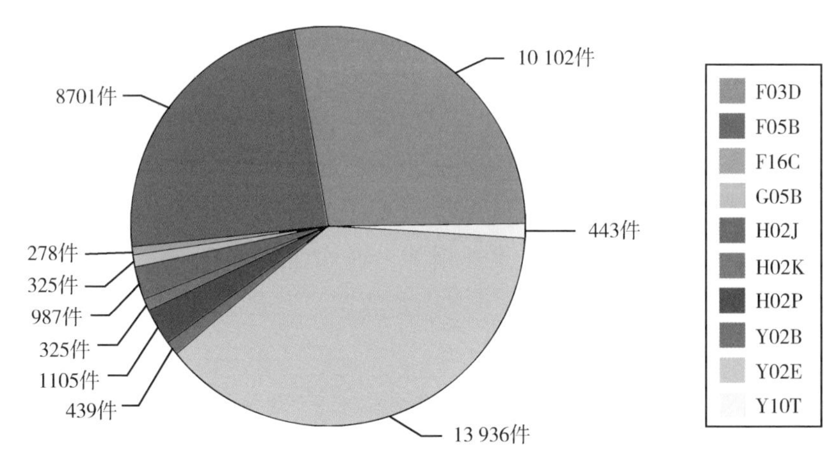

图 8－4　风能汽轮机控制技术专利构成分布

8.3.2　国家竞争态势分析

（1）技术实力态势分布

专利申请人一般在其所在国家首先申请专利，然后在 1 年内利用优先权申请国外专利。本国专利申请量是衡量一个国家科技开发综合水平的重要参数，也是该国经济技术实力的具体体现。从专利申请人优先权所属国的专利数量分布上可以了解各国家在该领域的技术实力。图 8－5 为优先权专利申请的国家分布，从中可以看到，中国、德国、日本、美国是风能汽轮

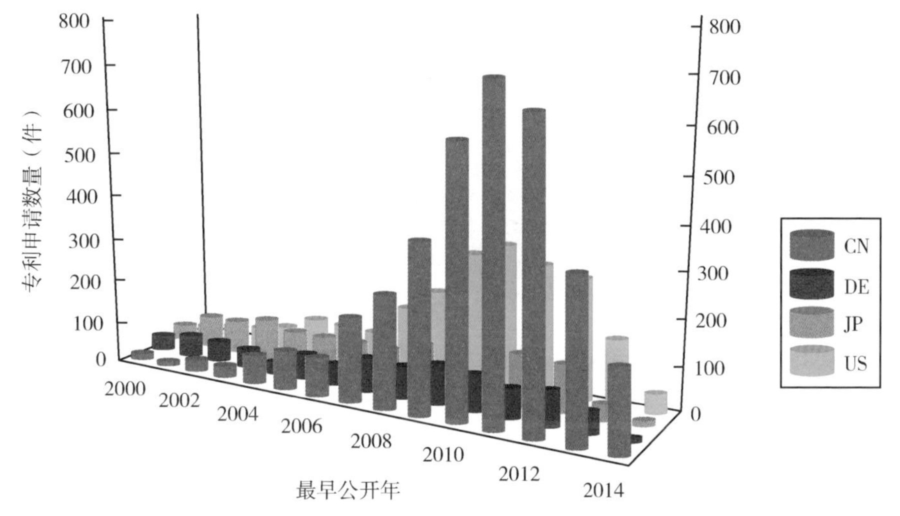

图 8－5　风能汽轮机控制技术领域主要国家专利申请的年度分布

机控制技术领域的技术强国，尤其是中国和美国，在风能汽轮机控制技术的研发上占据了领导地位。

从图 8－5 可以看到，2000 年以来，最早公开年专利申请排名前 4 位的国家，在风能汽轮机控制技术研发投入上基本保持持续增长的态势，表明各国均极为看好风能汽轮机控制技术产业。自 2007 年开始，中国风能汽轮机控制技术领域专利的申请量迅速增加，远远超过了其他几个国家，可见中国在风能汽轮机控制技术领域虽然起步较晚，但是发展速度很快。

（2）市场布局态势分析

企业为了在某一个国家（地区）生产、销售其产品，必须在该国家（地区）申请相关专利以获得知识产权的保护。因此，该国家（地区）专利申请量的多少大致可以反映出企业市场的大小。图 8－6 中同族专利分布情况反映了各国家（地区）专利布局的情况，同时也反映出哪些国家（地区）比较重视风能汽轮机控制技术市场。另外，从图中可以看出，中国、欧洲和美国的风能汽轮机控制技术专利申请量居前 3 位，表明国际上对上述 3 个国家（地区）的市场非常重视。

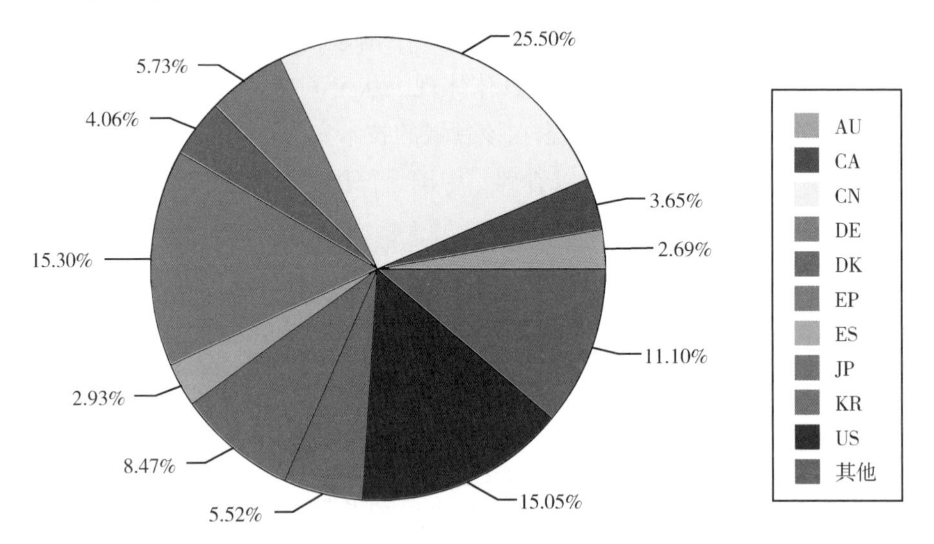

图 8－6　风能汽轮机控制技术领域主要国家（地区）布局态势（同族专利）

（3）重点技术领域分析

图 8－7 和图 8－8 为主要国家（地区）的技术领域分布。对于中国来说，在 Y02E、F03D 和 F16C（轴承）方面的专利比较多；其他几个国家（地区）也是在这 3 个技术领域的专利最多，只是侧重点略有不同。中国、韩国和俄罗

斯在 Y02E 方面的专利最多，而欧洲和美国虽然也是 Y02E 方面的专利最多，但是在 F03D 方面的专利只略少于 Y02E 方面，也占据了很大比重。

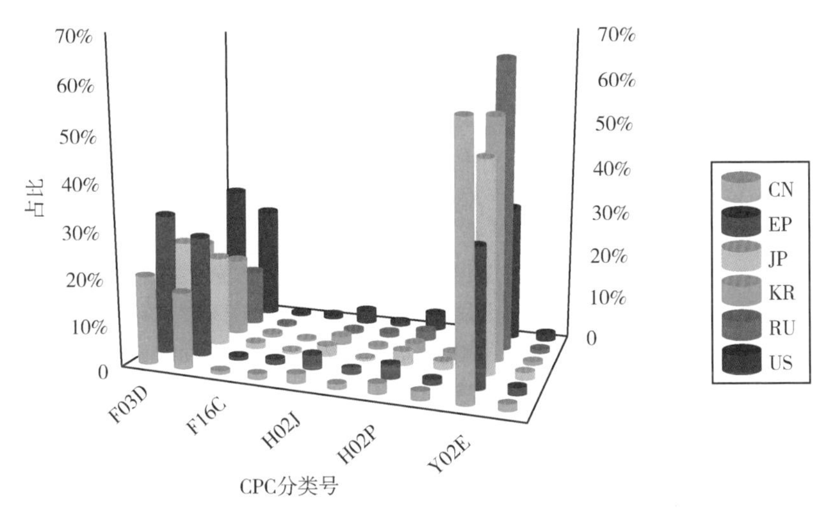

图 8-7 主要国家（地区）风能汽轮机控制技术领域分布

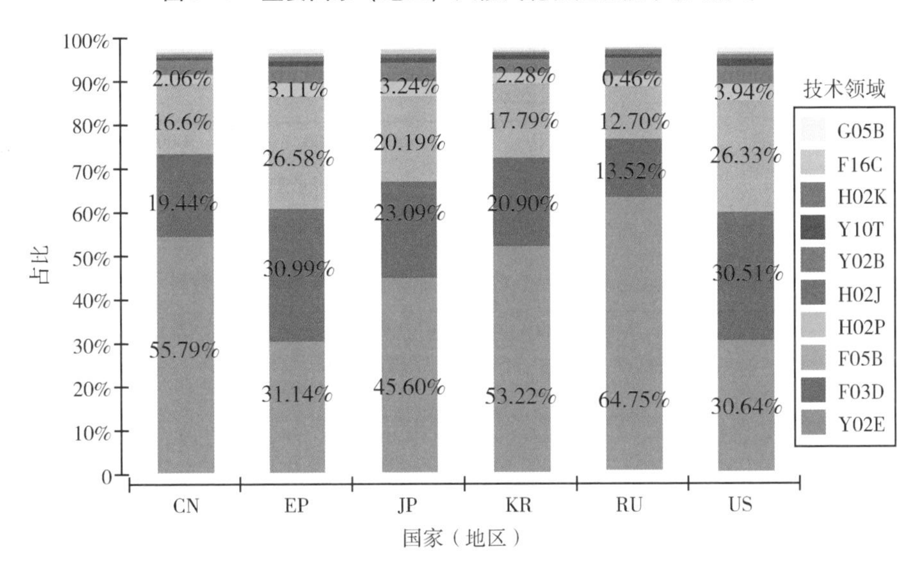

图 8-8 主要国家（地区）风能汽轮机控制技术领域比例

8.3.3 机构竞争态势分析

（1）主要竞争对手及其专利申请规模分析

经过对风能汽轮机控制技术专利进行分析，得到排名前 10 位的主要申请人，如图 8-9 和表 8-3 所示。可以看到，排名前 10 位的申请人都是世界知名企业。这 10 家企业中，有 5 家德国企业，2 家日本企业，美国、西班牙和丹麦的企业各有 1 家。由此可见，德国虽然整体专利数量不如中国多，但是其有多家具备全球竞争力的大企业。而中国虽然整体专利数量排名世界第 1 位，但是具备全球竞争力的大型企业却很少。虽然美国进入前 10 名的企业只有 1 家（美国通用电气公司），但是该公司的专利数量排名第 1 位，远远超过其他企业，显示了强大的技术实力。

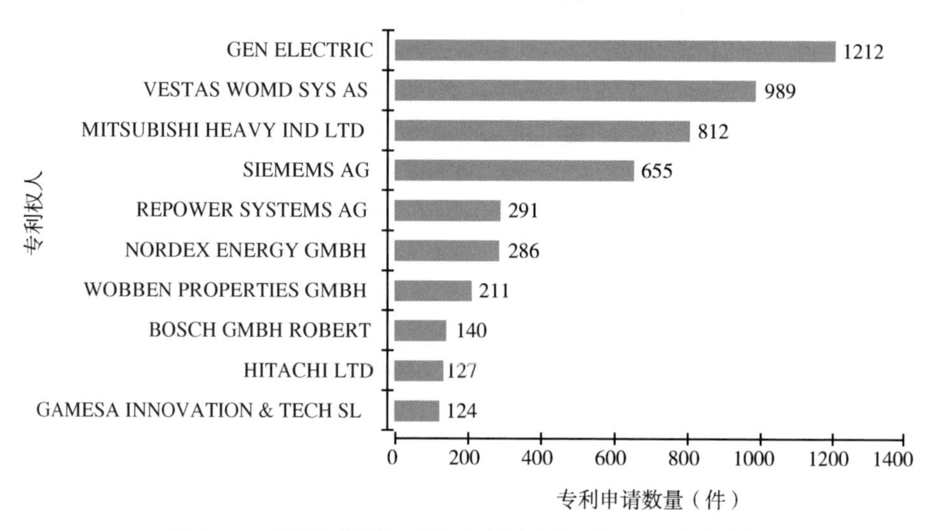

图 8-9 风能汽轮机控制技术领域竞争对手专利申请数量

表 8-3 风能汽轮机控制技术领域竞争对手专利申请数量

排名	企业名称	中文名称	专利数量（件）	机构性质	公司总部所属国家
1	GENERAL ELECTRIC	通用电气	1212	公司	美国
2	VESTAS WIND SYSTEMS AS	维斯塔斯	989	公司	丹麦
3	MITSUBISHI HEAVY IND LID	三菱	812	公司	日本
4	SIEMENS AG	西门子	655	公司	德国
5	REPOWER SYSTEMS AG	瑞能	291	公司	德国
6	NORDEX ENERGY GMBH	恩德	286	公司	德国

续表

排名	企业名称	中文名称	专利数量（件）	机构性质	公司总部所属国家
7	WOBBEN PROPERTIES GMBH[①]	爱纳康	211	公司	德国
8	BOSCH GMBH ROBERT	博世	140	公司	德国
9	HITACHI LTD	日立	127	公司	日本
10	GAMESA INNOVATION & TECHNOLOGY SL	歌美飒	124	公司	西班牙

（2）重点研发投入产出分析

为了进一步了解重点企业的研发能力状况，对排名前10位企业的研发能力进行分析，如表8－4所示。

表8－4　风能汽轮机技术领域主要企业研发投入统计

序号	企业名称	专利申请数量（件）	发明人次数（人次）	发明人数（人）	每件专利平均投入人次数（人次/件）	平均每人专利数（件/人）
1	GENERAL ELECTRIC	1212	2763	814	2.28	1.49
2	VESTAS WIND SYSTEMS AS	989	1936	465	1.96	2.13
3	MITSUBISHI HEAVY IND LID	812	1746	211	2.15	3.85
4	SIEMENS AG	655	1301	286	1.99	2.29
5	REPOWER SYSTEMS AG	291	452	91	1.55	3.2
6	NORDEX ENERGY GMBH	286	530	89	1.85	3.21
7	WOBBEN PROPERTIES GMBH	211	373	45	1.77	4.69
8	BOSCH GMBH ROBERT	140	340	93	2.43	1.51
9	HITACHI LTD	127	398	87	3.13	1.46
10	GAMESA INNOVATION & TECHNOLOGY SL	124	249	104	2.01	1.19

① 因为德国爱纳康公司在风能技术领域申请的专利几乎都是以其公司董事长 Aloys Wobben 名义申请的，为方便在公司间进行对比分析，本研究将其归类为爱纳康公司的专利。下文中凡后续出现“爱纳康公司”均符合这一规则。

其中，“每件专利平均投入人次数”为发明人次数除以专利数，代表企业对技术的人力成本投入量；“平均每人专利数”为专利数除以发明人数的值，代表发明人研发风能汽轮机控制技术的效率。

从表 8－4 可以看到，通用电气、维斯塔斯、三菱和西门子不仅专利数量多，发明人次数和发明人数也多，远远超过了其他企业；从“每件专利平均投入人次数”来看，日立的人力成本投入量最高，之后是博世和通用电气；从“平均每人专利数”来看，爱纳康公司的发明人研发风能汽轮机控制技术的效率最高，之后是三菱和恩德公司，明显超过了其他公司。

（3）重点研发技术分析

对风能汽轮机控制技术专利申请数量前 10 位企业的主要技术领域进行统计，所选技术领域以 CPC 小类划分。各企业都是在 Y02E 技术领域的专利申请数量最多，其他技术领域的专利申请数量都比较少。

8.3.4 技术领域发展趋势分析

本节将对风能汽轮机控制技术的发展趋势进行分析，主要包括市场布局扩张趋势、技术发展趋势及专利权人和发明人变化趋势。

（1）市场布局扩张趋势分析

专利族成员国的数量可以体现技术领域市场布局情况。图 8－10 为风能汽轮机控制技术 2000—2015 年的专利族成员国数量变化情况，蓝色部分为当年度中，此前已经存在的专利族成员国；红色表示当年新出现的专利族成员国。

由图可知，2003 年之前，风能汽轮机控制技术每年都会新增很多专利族成员国，表明在此期间风能汽轮机控制技术的市场处在加速扩张的状态中；从 2004 年开始，每年新增的专利族成员国都很少，不超过 3 个，说明以当前的技术水平，风能汽轮机控制技术的市场已经逐渐饱和，很难继续开拓新的市场。

（2）技术发展趋势分析

图 8－11 为风能汽轮机控制技术年度分布情况，蓝色部分为当年度中，此前已经存在的专利技术种类；红色表示当年新出现的专利技术种类。

从图 8－11 可以看出，在 2001—2009 年，风能汽轮机控制技术每个年度都会出现一批新兴技术，数量比较稳定；从 2010 年开始，新兴技术开始

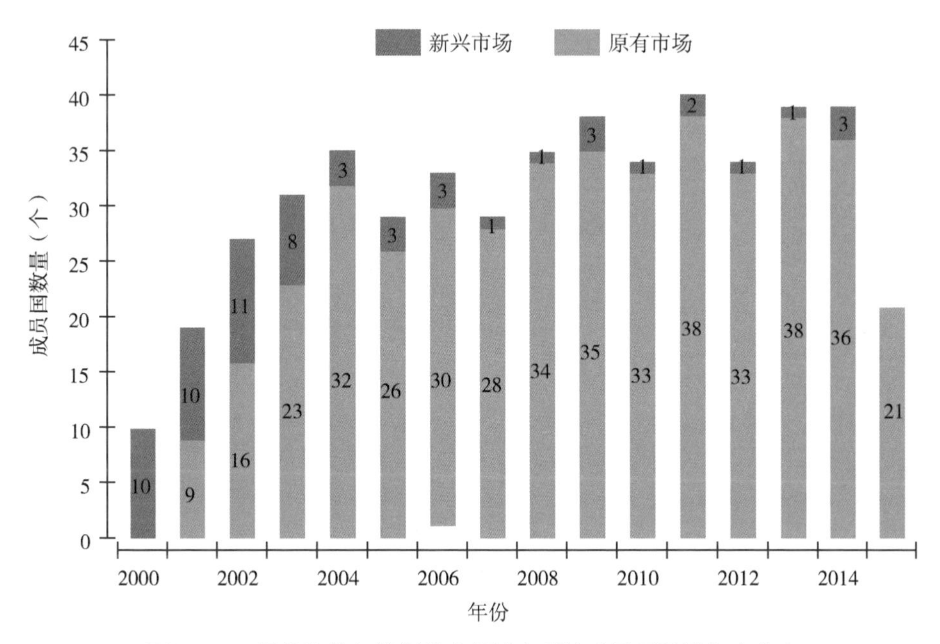

图 8-10 风能汽轮机控制技术领域专利族成员国数量年度分布

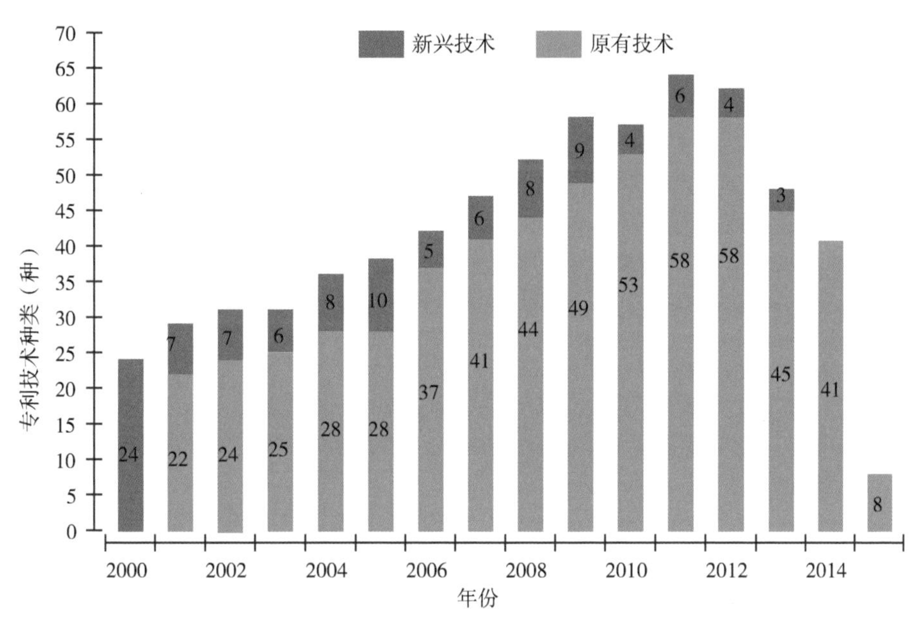

图 8-11 风能汽轮机控制技术领域专利技术种类年度分布

减少，2014 年没有出现新兴技术，说明当前的技术已经比较成熟，突破性的技术尚未出现。

(3) 专利权人、发明人变化趋势分析

图8-12和图8-13为风能汽轮机控制技术专利权人、发明人数量分布情况，蓝色部分为当年度中，此前已经存在的专利权人或发明人，红色表示当年新出现的专利权人或发明人。

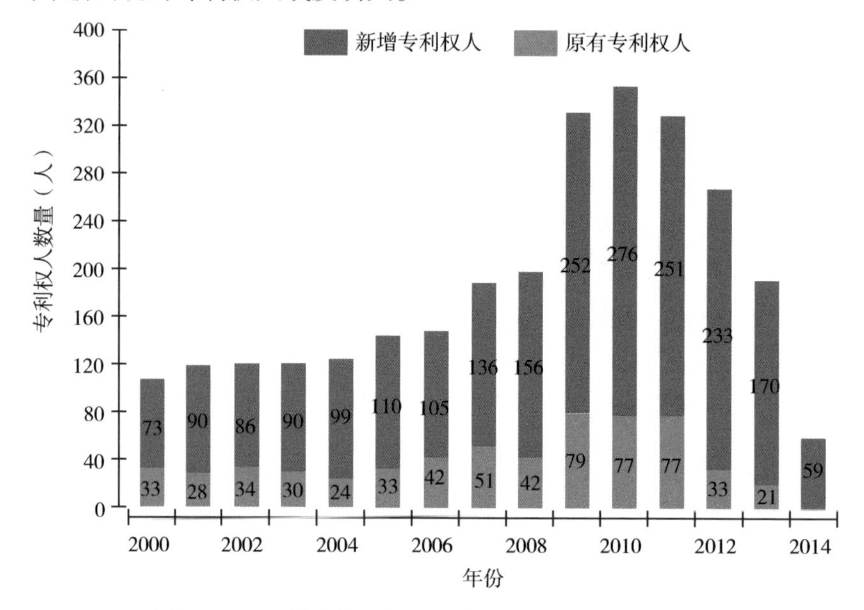

图8-12　风能汽轮机控制技术专利权人数量年度分布

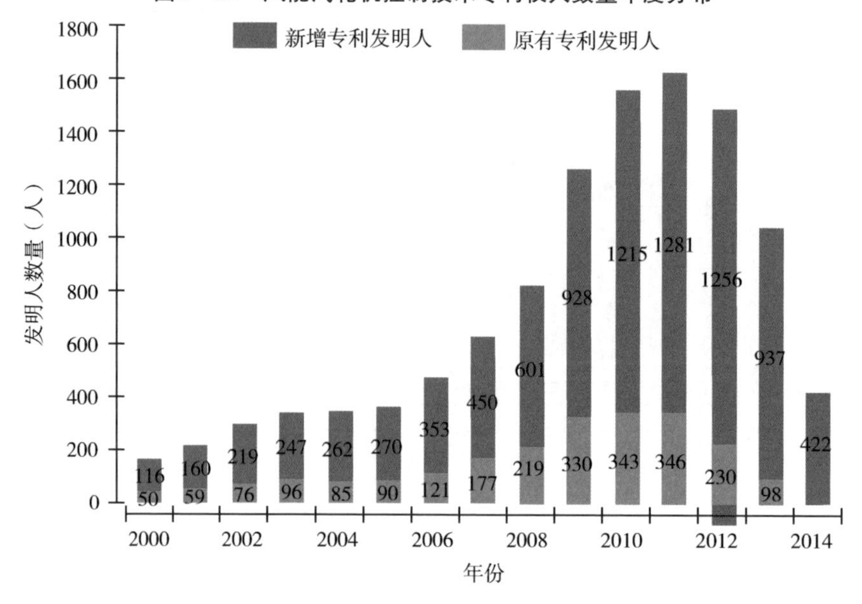

图8-13　风能汽轮机控制技术专利发明人数量年度分布

图 8－12 和图 8－13 的变化趋势基本一致：专利权人和发明人的总量在 2006 年之前基本保持一个比较稳定的增量，从 2007 年开始快速增长，尤其是 2009—2011 年保持增幅，表明这期间国际上风能汽轮机控制技术研发队伍不断扩大，而且持续加速增长。这说明，越来越多的企业和研发机构加入风能汽轮机控制技术的研发行列，研发的人力投入也不断增加。但是最近 2 年，增幅明显下降。

8.4 结 论

当前，世界能源消耗量持续增加，使全球范围内的能源危机形势越发严峻，缓解能源危机、开发可再生能源、实现能源可持续发展成为世界各国能源发展战略的重大举措。作为重要的可再生能源之一，风能具有储量巨大、分布广泛、清洁无污染和可再生的特点。加快风电发展，对于增加能源供应、调整能源结构、保护生态环境、实现能源工业可持续发展具有重要作用，越来越受到世界各国的广泛关注。

从风能技术领域的专利情况来看，近年来风电产业发展较快的中国、美国和风能技术大国德国处于风能技术领域专利申请活动的领先位置；日本虽然近年来风能市场发展较慢，但专利申请却相对较多；欧洲专利局排名第 2 位，说明国际专利申请受到专利申请人的重视，从而达到在更广泛的范围保持、保护其原创发明的目的。而在风能利用较早且技术领先的丹麦和西班牙这 2 个欧洲国家，专利申请量远远少于前 4 个国家（地区）。

为了了解风力发电技术的发展趋势，对该技术领域的专利申请状况进行分析，分析结果发现，风电技术专利的申请数量整体呈上升趋势，尤其最近几年增幅很大。中国的风电技术专利数量快速增长，尤其是 2007 年之后，超过其他国家（地区），年度申请量均位居第一。

从专利申请人情况来看，排名前 10 位的申请人都是企业，其中，有 5 家德国企业，没有中国企业。美国通用电气公司雄踞榜首，其申请专利（Y02E 小类）数量达到 1212 件，反映出该公司在风能技术领域的领导地位和强劲的全球竞争实力。丹麦维斯塔斯、日本三菱重工也非常重视在全球范围保护其技术的专有性，具有大量的专利申请。此外，一些从事叶片、轴承等重要部件生产的专业生产企业也十分重视相应的专利申请。

参考文献

[1] 郑雄伟. 风能有望成为世界新能源的重要力量 [EB/OL]. [2015-09-01]. http://cn.chinagate.cn/zhuanti/xxcy/2010-09/16/content_20947538.htm.

[2] 风能或能提供世界当前和未来全部能量需要 [EB/OL]. [2015-09-01]. http://www.fenglifadian.com/fengdianzhishi/4051253AB.html.

[3] 丹麦成功发展风能历程 [EB/OL]. [2015-09-01]. http://news.sina.com.cn/c/sd/2009-09-01/122218555889_9.shtml.

[4] 丹麦：世界领先的风能产业集群 [EB/OL]. [2015-09-01]. http://www.investindenmark.china.um.dk/NR/rdonlyres/AC518D5B-335F-45E1-86C7-3B86CA4355C3/0/ABE_Wind.pdf.

[5] 海上风电发展现状分析 [EB/OL]. [2015-09-01]. http://finance.ifeng.com/roll/20100903/2584711.shtml.

[6] 欧洲海上风电一枝独秀：份额最大技术领先 [EB/OL]. [2015-09-01]. http://www.zsr.cc/Returnee/StudentAbroadinfo/201007/465806.html.

[7] New Offshore Strategy From Partnership Megavind (Denmark) [EB/OL]. [2015-09-01]. http://www.offshorewind.biz/2010/12/13/new-offshore-strategy-from-partnership-megavind-denmark-2/.

[8] 朱卫东. 国家科技计划与风电发展 [J]. 可再生能源, 2009, 27 (2): 1-5.

[9] 美国风能协会宣布成立新的海上风电联盟 [EB/OL]. [2015-09-01]. http://www.chinaero.com.cn/zxdt/djxx/07/41022.shtml.

[10] 海上风电认证方兴未艾 [EB/OL]. [2015-09-01]. http://www.china5e.com/show.php?contentid=147881.

[11] European Wind Energy Association. Wind energy factsheets [EB/OL]. [2015-09-01]. http://www.ewea.org/fileadmin/ewea_documents/documents/publications/factsheets/Factsheets.pdf.

[12] 预计2030年全球风电总装机容量将增加4倍以上 [EB/OL]. [2015-09-01]. http://www.ebnew.com/newsDetail-v-id-388206159.html.

[13] “十三五”风电行业展望 [EB/OL]. [2016-01-01]. http://www.fenglifadian.com/news/201601/20223.html.

[14] 顾家瑞. 丹麦实施第二次能源革命 [EB/OL]. [2012-12-26]. http://finance.people.com.cn/n/2012/1226/c70846-20019307.html.

[15] 关伟, 卢岩. 国内外风力发电概况及发展方向 [J]. 吉林电力, 2008, 36 (1): 47-50.